GRAPHIC USA

AN ALTERNATIVE GUIDE TO 25 US CITIES

그래픽 USA

지기 해녀오어 엮음 | 권호정 옮김

아 人 표

CONTENTS

편집자의 말

안녕하세요! 저는『그래픽 USA』의 편집자 지기(Ziggy)입니다. 저와 함께 전체 레이아웃을 담당한 스튜디오 애이프릴을 대표하여, 이 책을 구입해주신 여러분께 감사드립니다.

『그래픽 USA』는 컬래버레이션 프로젝트인『그래픽 유럽』의 뒤를 이어 제작되었습니다. 이 프로젝트는 색다른 감각을 겸비한 그래픽 아티스트라면 여느 여행 안내서에서는 찾을 수 없는 기발한 요소들을 그들이 속한 환경에서 집어내리라는 콘셉트를 바탕으로 하고 있습니다. 이 책에 소개된 장소는 기고가들이 개인적으로 좋아하는 곳입니다. 전문 연구진이 편집하지 않은 데다 상당 부분은 대다수 관광객이 꼭 가야 할 곳으로 여기는 버킷 리스트에 포함되지도 않습니다. 대신 각 도시 이면의 얼터너티브 또는 인디 문화를 담아냅니다. 이러한 문화가 도시 전체 모습에 반영되고 있지만 외부인의 눈에 띄는 요소들은 아니지요. 이 책에 소개된 곳들이 독자 여러분의 취향에 딱 맞지 않을 수도 있겠지만, 이러한 접근이 스스로 얼터너티브 문화에 속한다 여기는 분들에게는 각 도시를 원하는 방식으로 탐험할 수 있도록 차별화된 시각을 선사해줄 것입니다. 여행지에 대해 자신만 아는 최신 정보를 쭉 적어주는 친구와 같다고 생각하셔도 될 듯합니다.

이 책의 제작 과정은『그래픽 유럽』과 비슷합니다. 우선 미국 전역의 도시 목록을 만들어 익히 알려진 곳뿐 아니라 소규모 도시들도 넣었습니다. 그 후 작풍이 대단히 흥미로운 아티스트들을 찾아나섰습니다. 결과는 놀라웠습니다. 아름답고 개성 넘치는 작업을 하는 뛰어난 프리랜스 디자이너들이 넘쳐나는 도시도 있었고(딱히 당신이 상상하는 곳들은 아닐 것입니다) 어떤 도시에서는 남다르고 유의미한 작업을 하는 자유로운 영혼을 찾기 위해 오랜 시간 공을 들여야 하기도 했습니다. 이 과정에서 구글 이미지 검색이 상당한 도움이 됐습니다.

저는 최종적으로 선정된 기고가 목록에 매우 만족합니다. 이들의 작업은 한결같이 환상적입니다. 각 도시에 대한 소개글은 다채로운 데다 사려 깊으며 익살스러우면서도 꾸밈없고 각양각색의 일러스트레이션과 조화를 이룹니다. 유럽에서는 프리랜스 그래픽 디자이너를 흔히 만날 수 있습니다. 하지만 미국의 일러스트레이터와 디자이너는 대체로 회사에 소속된 채 업무 외 남는 시간에 개인 작업을 합니다. 그러니 이 프로젝트에 참여한 기고가들의 크나큰 노력과 헌신이 더욱 고맙습니다.

근사한 화집으로든, 유능한 일러스트레이터와 디자이너 들의 명단으로든, 미국 전역을 남다르고 신나게 다닐 수 있도록 해줄 여행 안내서로든, 또는 여러분이 원하는 무엇으로든 이 책을 즐기시기를 바랍니다.

지기 해너오어(Ziggy Hanaor)

Illustration by Elizabeth Graeber

Laura feraco's
Anchorage

알래스카주 앵커리지 - 로라 페라코

ANCHORAGE, ALASKA BY LAURA FERACO

알래스카는 상당히 뒤늦게 미국에 편입된 곳으로, 본토 48개 주에 비해 어느 정도 동떨어져 있다. 알래스카는 대자연이 살아 숨쉬는 머나먼 땅이며, 가장 큰 도시인 앵커리지 역시 마찬가지이다. 해안가 저지대에 있으면서 여섯 개 산맥으로 둘러싸인 앵커리지는 헬싱키, 상트페테르부르크, 오슬로와 스톡홀름보다도 북쪽에 놓인 도시 중 최대 규모를 자랑한다. 바다에 접해 있어 기후는 온화한 편이지만 겨울철 기온은 흔히 영하 15°C 에 이르며, 특히 추운 날에는 영하 34°C까지 내려가기도 한다.

앵커리지의 디자인계 역시 아한대 기후처럼 가혹하고 매서워 강인한 자만이 살아남을 수 있다. 관광객 대상의 유치찬란한 술집이나 티셔츠 가게, 끊임없는 자원 개발의 틈새에서 눈이 가려질 수 있으나 이 모든 것을 뒤로하고 나면 영감을 주는 요소가 가득 발견될 것이다. 그 첫 번째로, 앵커리지의 빛은 너무도 특별하다. 겨울이면 모든 풍경에 스산한 푸른빛이 스미고 백야로 인해 여름에는 자정이 되어서야 산꼭대기 노을이 돌연 사방을 비춘다. 두 번째 (가장 중요한 요소)로, 도시를 둘러싼 자연이야말로 경이로움 그 자체이다. 이 자연이 정신을 맑게 하고 참신한 아이디어와 새로운 접근방식을 끌어낼 수 있게 해준다. 시내 어디에서나 추가치(Chugach), 케나이(Kenai), 탈키트나(Talkeetna), 토드릴로(Tordrillo), 알루샨(Aleutian), 그리고 알래스카(Alaska) 산맥을 어느 때건 볼 수 있다. 나는 그 어디에서도 이토록 장엄하고 감명 깊은 풍경을 본 적이 없다. 시외로 10분만 운전해 나가도 황무지가 나타나는데 운전하다 길을 잃으면 이듬해 여름에나 발견될지 모른다.

이 모든 장점을 바탕으로 앵커리지는 야외 활동 애호가들의 놀이터가 되었다. 한때 많은 사람을 이 외진 땅까지 데려온 개척자 정신이 곳곳에 드러나는데, 주류 문화의 이면에서는 창의적인 하위문화가 태동하기 시작했다. 미국 원주민의 수가 다소 줄고 있기는 해도(현재 앵커리지 인구의 5%밖에 안 된다) 그들은 여전히 도시의 변화를 주시하고 있다. 궁극적으로 앵커리지는 독특한 발견과 재기 발랄한 재능이 한데 섞인 용광로라 할 수 있다. 경외심을 불러일으키는 대자연에 둘러싸여 있으며 그 경외심이 부족한 자에게는 가혹한 형벌을 내린다. 난 이곳에 살면서 구스다운 패딩점퍼를 숭배하게 되었다. 본토 48개 주의 사람들은 패딩점퍼를 일종의 과한 패션쯤으로 여기겠지만 내게 있어서는 생존 도구이다.

CAPTAIN COOK HOTEL 고풍스러운 감각의 고급 호텔. 아늑하고 낮은 조명의 복도는 쿡 선장(Captain Cook)의 바다 모험 이야기를 담은 목각 장식과 벽화로 꾸며져 있다. 939 West 5th Ave, Anchorage, AK 99501, www.captaincook.com

COPPER WHALE INN BED & BREAKFAST 이 작고 독특한 B&B는 토니놀스 해변 산책로(Tony Knowles Coastal Trail) 바로 위에 있으며 쿡만 (Cook Inlet)에서부터 알래스카산맥을 지나 맥킨리산(Mount McKinley) 까지 한눈에 펼쳐지는, 그야말로 입이 쩍 벌어지는 경치를 자랑한다. 공동 휴게실에서 아침식사를 하며 대머리 독수리나 흰돌고래가 눈에 띄는지 살펴보자. 440 L St, Anchorage, AK 99501, www.copperwhale.com

INLET TOWER HOTEL AND SUITES 자연 풍광에 둘러싸인 현대적인 공간. 앵커리지에서 가장 오래된 동네인 웨스트체스터 라군(Westchester Lagoon)에 있는 부티크 호텔이다. 1200 L St, Anchorage, AK 99501, www.inlettower.com

EAT

SNOW CITY CAFE 현지인들에게 인기 있는 곳으로 다운타운 끝자락에 있다. 밝고 모던한 분위기에 걸맞게 편안한 곳. 아침과 점심 메뉴는 신선한 재료로 마련되며 직원들의 유쾌함이 사이드 메뉴로 더해진다. 벽면에 장식된 현지 미술품을 감상하거나 천장에 난 창으로 내리비쳐 아롱거리는 햇살을 바라보아도 좋을 것이다. 맥주와 와인도 판매한다.
1034 West 4th Ave, Anchorage, AK 99501,
www.snowcitycafe.com

URBAN GREENS 트렌디한 샌드위치 전문점으로 한결같이 맛깔난 샐러드와 샌드위치를 만들어내고 있다. 내가 좋아하는 메뉴는 'Tuna Salad Salad'인데 정말 맛있다! 높다란 목재 테이블과 바 형식의 창가 좌석은 도시인을 위한 자리이며, 뒤편에는 더 편하게 쉬고 싶은 이들을 위한 소파 좌석도 마련되어 있다. 304 G St, Anchorage, AK 99501,
www.urbangreensak.com

NAMASTE SHANGRIA 숨겨진 보석 같은 곳으로, 이곳의 미얀마, 네팔, 인도, 티벳 요리는 너무 맛있어서 깜짝 놀랄 정도이다. 주인이 직접 운영하는 곳으로 아주 친절하고 편안한 분위기이다.
2446 Tudor Rd, Anchorage, AK 99507

SPENARD ROADHOUSE 현대적인 요소를 가미한 컴포트 푸드(Comfort food)를 맛볼 수 있는 곳. 평범한 식당과 통나무집이 합쳐진 듯한 콘셉트의 가로변 식당이다. 이 식당의 하이라이트는 둘이 먹다 하나가 죽어도 모를 스모어(s'more)와 '이달의 베이컨', 매월 두 번째 토요일에 펼쳐지는 로컬 밴드의 라이브 무대, 여덟 가지 현지 생맥주, 모든 것이 구비된 바, 본토 48개 주의 그 어떤 식당도 질투할 만큼 방대한 버번위스키에 대한 지식 등이다.
1049 West Northern Lights Blvd, Anchorage, AK 99503, www.spenardroadhouse.com

FIRE ISLAND RUSTIC BAKESHOP 가족이 운영하는 작은 아티잔 베이커리로, 유기농 빵, 머핀, 페이스트리와 샌드위치를 판다. 신선함과 유기농 재료를 최우선으로 하며, 공정 무역 커피와 차도 구매할 수 있다. 아침에 들러서 따뜻한 스콘을 맛보거나, 점심때 샌드위치를 사서 근처 웨스트체스터 라군 공원(Westchester Lagoon Park)에서 즐겨보자. 1343 G St, Anchorage, AK 99501, www.fireislandbread.com

MIDDLE WAY CAFE 천장이 높아 밝고 공간이 탁 트인 카페. 현지 예술가들의 작품으로 꾸몄고 건강에 좋은 음식과 음료를 제공한다. 창의성이 발휘된 색다른 샌드위치, 샐러드, 아침식사 메뉴와 스무디는 채식주의 육식주의를 막론하고 식성이 다양한 사람들에게 사랑받고 있다. 1200 West Northern Lights Blvd, Anchorage, AK 99503

SACK'S CAFE 앵커리지 내 고급 식당들 중에서도 단연 최고인 곳. 매혹적인 공간에서 아시아 요리의 영향을 받은 다양한 해물 요리를 선보이며 현지에서 공수한 재료만을 고집한다. 앵커리지를 여름에 방문하게 된다면, 야외 테이블을 예약한 후 알래스카의 하늘 아래서 식사를 즐겨보기 바란다.
328 G St, Anchorage, AK 99501,
www.sackscafe.com

CRUSH WINE BISTRO AND CELLAR 안락하고 편안한 분위기에서 와인을 경험해보자. 한 잔 또는 한 병을 주문한 뒤 전혀 다른 방식으로 와인을 체험할 수 있을 것이다. 음식도 맛있다. 343 West 6th Ave, Anchorage, AK 99501, www.crushak.com

TAP ROOT CAFE 앵커리지 남쪽에 있는 카페로 분위기가 독특한 사교 공간이다. 밤이면 음악 공연이 펼쳐지며 이외에도 누구나 참여할 수 있는 오픈 마이크 행사, 시 낭독회 등이 열린다. 바에 자리를 잡고 맥주를 골라보자. 1330 Huffman Rd, Anchorage, AK 99503

KINLEY'S RESTAURANT AND BAR 없는 것이 없는 바, 다양한 맥주와 와인 리스트, 진정한 16온스 파인트, 해피아워 메뉴 등으로 퇴근 후 가장 인기 있는 장소이다. 따스하고 편안한 분위기에 바 뒤편의 석재 벽면이 현대적인 감각을 더해준다. 입구의 콘서트 포스터들도 눈여겨보자. 3230 Seward Hwy, Anchorage, AK 99503, www.kinleysrestaurant.com

SIMON AND SEAFORT'S SALOON AND GRILL 창가에 앉아 쿡만(Cook Inlet)의 장관을 파노라마로 감상하며 해피아워 스페셜 메뉴를 맛보자. 벽에 걸린 유화 작품은 전통적인 알래스카만의 분위기를 완성해준다. 420 L St, Anchorage, AK 99501, www.simonandseaforts.com

BEAR TOOTH THEATRE PUB AND GRILL 현지 수제맥주와 영화 한 편. 이제 인생은 완벽해진다. 이곳의 모든 맥주는 가게에서 직접 주조되는데 라이트 에일에서 다크 스타우트까지 종류가 다양하다. 입맛에 맞는 맥주를 고른 후 바에 앉아 현지인들과 이야기를 나누자. 각자 자랑하고 싶은 모험담이 한둘은 있을 것이다. 가게 안에 마련된 영화관에서 영화를 보며 맛있는 음식을 먹어도 좋겠다. 1230 West 27th Ave, Anchorage, AK 99503, www.beartooththeatre.net

MIDNIGHT SUN BREWERY 앵커리지 남쪽에 있는 수제맥주집으로, 공장처럼 꾸며진 시음실에서는 그때그때 제조되는 각종 생맥주를 맛볼 수 있다. 맥주 맛은 각각의 이름 못지않게 개성 있다. "자연을 보호하자, 그라울러(병)를 이용하자 (Go Green, Go Growler)"가 이들의 모토. 포장은 그라울러(growler)나 케그(keg)로도 가능하다. 8111 Dimond Hook Dr, Anchorage, AK 99507, www.midnightsunbrewing.com

DRINK

SHOP

CIRCULAR 재활용품을 이용해 환경친화적이며 멋진 디자인 제품이 가게를 가득 채우고 있다. 생활용품, 장신구, 성인과 아동 의류 등 선물을 구입하기에도 안성맞춤인 곳이다. 320 West 5th Ave, Suite 132 (6번가 노드스트롬 백화점 맞은편), Anchorage, AK 99501, www.circularstore.com

OCTOPUS INK GALLERY 독특하고 아름다운 수공예품은 자신이나 친구를 위한 좋은 선물이 될 것이다. 제품들은 지속가능성에 초점을 두고 있다. 주얼리, 도자기, 마린 콘셉트의 문양이 들어간 의류와 가방 등은 모두 현지 작가들의 작품이다. 410 G St, Anchorage, AK 99501

MODERN DWELLERS CHOCOLATE LOUNGE 매장 자체가 설치미술 작품 같은 곳. 주인들이 고물을 모아 직접 제작한 특이한 가구를 구경하기 위해서라도 가볼 만하다. 독특한 장신구, 가방, 홈웨어, 초콜릿 음료와 수제 트러플 초콜릿 등을 팔고 있다. 나는 "Spicy Hot Chocolate"과 "Indian Bop Truffle"을 좋아한다. 핫초콜릿 한 잔 쥐고 자리에 앉아 주변을 둘러보자. 매장은 두 군데에 있다. 751 East 36th Ave #105, Anchorage, AK 99510, 423 G St, Anchorage, AK 99501, www.moderndwellers. com

TIDAL WAVE BOOKS 알래스카 최대의 서점. 현지인 소유이며 신간과 중고 서적을 모두 취급하는데 특히 알래스카를 주제로 한 도서들이 많이 있다. 세계 그 어느 곳에서도 보기 힘든 놀라운 책들을 이곳 책장에서 발견할 수 있을 것이다. Midtown (연중무휴): 1360 West Northern Lights Blvd Anchorage, AK 99503, Downtown(여름에만 운영): 415 West 5th Ave, Anchorage, AK 99501, www.wavebooks.com

ANCHORAGE FARMERS' MARKETS(앵커리지의 파머스 마켓들) 마타누스카 밸리 (Matanuska Valley)의 농부들은 야채와 과일을 어마어마하게 많이 생산해낸다. 양상추는 사람 몸통만 하고 무는 사과처럼 달콤하다. 이 밖에 현지 제과점들도 참여하며 꽃과 화분, 나무도 판매한다. 5월부터 10월까지 토요일마다 두 군데에서 열린다. Anchorage Farmers' Market: 15th Ave at Cordova St, www.anchoragefarmersmarket. org, South Anchorage Farmers' Market: Subway/Cellular One Sports Centre(Old Seward and O'Malley가 만나는 코너). www. southanchoragefarmersmarket. com

ALASKA NATIVE MEDICAL CENTER CRAFT SHOP 그렇다. 이곳은 병원이다. 하지만 품질과 가격 면에서 시내 최고인 원주민 예술품을 판매하고 있다. 작품 하나 하나에 이야기가 담겨 있으며 여느 갤러리에 비해 작품당 작가에게 돌아가는 금액도 많은 편이다. 공예품점으로 가면서 훌륭한 전시품들을 감상해보자. 4315 Diplomacy Dr, Anchorage, AK 99508, www.anmc.org

MTS GALLERY 시에서 동쪽으로 약간 떨어진 마운틴뷰(Mountain View)에 있다는 위치상 특징과 마찬가지로, 다루는 미술 작품이 주류와는 차이가 있다. 독특한 월례 전시를 통해 다양한 국내외 아티스트들을 만날 수 있다. 매월 셋째 주 금요일에 새 전시가 시작된다. 3142 Mountain View Dr, Anchorage, AK 99514, www. mtsgallery.wordpress.com

FIRST FRIDAYS ART WALK 매월 첫째 주 금요일이면 앵커리지의 미술관들은 늦게까지 문을 연다. 앵커리지 프레스(Anchorage Press) 에서 지도를 한 장 얻은 뒤 찬찬히 둘러보자. 일부 미술관은 현지 식당의 음식을 받아 제공하니, 현지 작가들의 작품을 감상하면서 식음료도 즐길 수 있을 것이다.

ANCHORAGE MUSEUM 2009년 오래된 콘크리트 건물에 유리를 주로 써 증축한 별관으로, 산자락에 둘러싸여 있다. 앞의 자작나무 숲을 거닐어 보는 것도 좋겠다. 박물관 안에는 방대한 양의 북극지방 예술품과 전 세계에서 온 기획 전시품들이 당신을 기다리고 있을 것이다. 625 C St, Anchorage, AK 99501, www.anchoragemuseum.org

BEAR TOOTH THEATER AND GRILL 앵커리지 사람들과 함께 해외 영화를 볼 수 있는 곳. 월요일 저녁마다 독립 예술영화를 상영한다. 1230 West 27th Ave, Anchorage, AK 99503, www. beartooththeatre.net

ALASKA NATIVE HERITAGE CENTER 러시아인과 미국인이 개척하기 이전 시대의 알래스카를 엿볼 수 있는 곳. 복원된 원주민 마을은 당시와 현재의 토착민 생활상을 보여준다. 8800 Heritage Center Dr, Anchorage, AK 99504, www.alaskanative.net

DOS MANOS 자칭 '펑크셔널(Funktional) 미술 갤러리' 로, '형태는 기능을 반영한다'의 알래스카식 버전이다. 알래스카 관련 예술품들로 기획 전시를 꾸준히 연다. 나선형 계단을 따라 전시된 작품들을 감상해보자. 1317 West Northern Lights Blvd, Suite 3, Anchorage, AK 99503

AFTER HOURS BY DESIGN 매월 둘째 주 수요일에 현지 디자이너들이 모여 디자인, 트렌드, 미술에 대해 토론하거나 친목을 도모한다. 누구나 참여 가능하며 모임 장소(바, 레스토랑)는 매번 바뀐다. 자세한 사항은 웹사이트에서 확인해보자. www.graphicdesignalaska.com

ANCHORAGE MARKET AND FESTIVAL 신비로운 오로라 사진이나 수공예 조각품 등 알래스카 특산품을 파는 부스들이 가득 들어서는 축제 같은 시장이다. 사슴 소시지나 훈제 연어도 맛볼 수 있다. 여름철 주말마다 열린다. Cnr 3rd & E St, Anchorage, AK 99501, www. anchoragemarkets.com

FUR RONDY FESTIVAL · THE IDITAROD 2월 말부터 3월 초까지 열리는 퍼 론디 축제는 알래스카의 역사와 문화를 기리는 행사로, 개 썰매, 간이 화장실 썰매, 사슴 경주 등 다양한 이벤트가 펼쳐진다. 특히 유명한 개 썰매 경주 '아이디타로드'의 개회식은 앵커리지에서 3월 첫 번째 주말에 열린다. www.furrondy.net, www.iditarod. com

자전거 또는 크로스컨트리 스키를 통한 앵커리지 투어
여름철에 오게 된다면 파블로 자전거 대여점(Pablo's Bike
Rentals(440 L St.))에서 자전거를 빌려 토니 놀스 코스탈
트레일(Tony Knowles Coastal Trail)에서 출발해
다운타운을 거쳐 웅장한 추가치 산맥의 경치와 야생
조류를 관찰할 수 있는 웨스트체스터 라군까지 둘러보자.
웨스트체스터 라군에서는 선택할 수 있는 경로가 두 가지이다.
남쪽으로 가면 어스퀘이크 파크(Eartquake park)를
지나며 경이로운 야생의 자연을 볼 수 있다. 경로는 내부에
자전거로가 많고 멋진 프리즈비(Frisbee) 골프장이 있는
킨케이드 파크(Kinkaid Park)까지 이어진다. 아니면 체스터
크릭 트레일(Chester Creek Trail)을 따라 동쪽으로 갈 수도
있다. 물줄기를 따라 숲과 습지를 통과하는 여정에서 각종
새와 무스도 볼 수 있을 것이다. 이 자전거 여행을 여름날
자정쯤에 시도해보자. 알래스카의 백야를 체험할 수 있을
것이다.
겨울철이 되면 이 경로들은 크로스컨트리 스키용으로 바뀌며
조명도 설치된다. 스키를 타면서 청량한 겨울 공기를 한껏
마셔보자. 이따금씩 몹시 빠르게 달리는 사람들이 나타나니
조심해야 한다. 웨스트체스터 라군에서는 스케이트를 타거나
하키를 할 수도 있다.

추가치 주립 공원(Chugach State Park)에는 내가 마음을 비우고 싶을 때면 즐겨찾는 하이킹 코스가 있다. 대자연의 품 속에서 몸과 마음을 재충전하는 것이다. 모든 코스에서 뇌조, 호저, 무스, 양 등 알래스카 특유의 야생동물을 볼 수 있다. 준비물은 다음과 같다: 부츠, 물, 카메라, 지도, 모자, 충분한 겉옷, 하이킹 스틱, 곰 스프레이 등. 겨울에는 추가로 스노슈즈가 필요하다.

NEAR POINT TRAIL 난이도 하~중: 첫 3마일은 넓고 평평하며 정상까지 가는 마지막 구간은 좁고 가파르다. 알래스카 산맥(Alaska Range), 슬리핑 레이디 (Sleeping Lady, 잠자는 여인의 형상과 비슷해서 붙은 서시트나Susitna산 의 별칭), 추가치 산맥(Chugach Mountains), 앵커리지 시내와 쿡만(Cook Inlet) 의 경치를 마음껏 감상할 수 있다. 힐사이드 드라이브 (Hillside Drive) 부근의 프로스펙트 하이츠 트레일 (Prospect Heights trail)에서 들어갈 수 있다. 산행 고도: 1900피트(약 579미터). 첫 3마일 구간은 겨울철에 스노 슈즈를 신고 크로스컨트리 스키를 타기에도 좋다.

LITTLE O'MALLEY TRAIL · THE BALLPARK
난이도 하~중: 볼파크 뒤편까지 왕복 5마일 구간. 허프만 로드(Huffman Road) 북단의 글렌 알프스트레일(Glen Alpstrail) 입구로 진입할 수 있다. 산행고도: 1900피트 (약549미터). 여름철에는 빙하가 스쳐간 바위의 형상과 화려한 색채의 들꽃, 그리고 야생 양을 볼 수 있을 것이다. 볼파크 끝에는 깊은 산중 호수가 있고 그곳에서 다시 윌리워 레이크스 트레일(Williwaw Lakes Trail) 이 시작된다. 겨울철에는 스노슈즈를 신고 걷거나 컨트리 스키를 즐기면 된다.

SEWARD HIGHWAY 수어드 하이웨이 (Seward Highway) 남쪽으로 턴어게인 암 (Turnagain Arm)을 따라 달리다보면 쿡만 (Cook Inlet), 케나이 반도(Kenai Peninsula), 바위 절벽과 사람 손이 닿지 않는 해변의 경치를 감상할 수 있다. 벨루가 포인트(Beluga Point) 와 버드 포인트(Bird Point)를 둘러보자. 운이 좋다면 흰고래(beluga whale)를 볼 수 있을 것이다. 멸종해가는 이 하얀 거인은 밀물 때면 고기 떼를 따라 깊숙이 들어오기도 한다. 수어드 하이웨이를 따라 선 절벽의 경치를 탐험할 수 있는 산책로도 많으니 참고하자.

KENAI FJORDS NATIONAL PARK 더 멀리 운전해 나갈 의향이 있다면 루트 1(Route 1) 을 따라 케나이 반도를 달려 케나이 피요르드 국립공원(Kenai Fjords National Park)까지 가보자. 운전하는 동안 실로 황홀한 경치를 만나게 될 것이다. 길은 반도 동쪽의 수어드 (Seward, 앵커리지에서 차로 두세 시간 거리) 또는 서쪽의 호머(Homer, 앵커리지에서 네 시간 거리)에서 끝날 것이다. 두 도시 모두 문화, 역사와 자연의 아름다움이 넘치는 곳이다.

atlanta

조지아주 애틀랜타 - 로리 포핸드

ATLANTA, GEORGIA BY LAURIE FOREHAND

미국 남부의 중심에 위치한 애틀랜타는 이 지방의 느긋한 여유와 졸린 듯한 속도와는 구분되는 저만의 매력을 지니고 있다. 애틀랜타는 다양한 장르의 음악과 고급 레스토랑, 디자이너 상점, 시끌벅적한 주택가가 어우러진, 모든 것을 제대로 갖춘 허브 도시라 할 수 있다. 걸어다니기 좋은 편은 아닌데 대부분 지역은 전철(MARTA)이나 자동차 또는 자전거를 타야 이동 가능하다. 하지만 각 구역 대부분의 주요 시설까지는 걸어갈 수 있다.

둘러봐야 할 주요 지역은 미드타운 애틀랜타(Midtown Atlanta), 벅헤드(Buckhead), 다운타운 애틀랜타(Downtown Atlanta)이다. 미드타운은 도심에 살고 싶어 하는 도시 거주자들이 모인 곳이다. 가로수가 늘어선 거리는 아름다운 콘도와 아기자기한 주택으로 가득 차 있으며 괜찮은 식당도 여럿 있다. 이 지역의 하이라이트는 피드몬트 공원(Piedmont Park)이라 할 수 있는데, 산책을 하거나 풀밭에 눕거나 프리즈비 놀이를 하거나, 아니면 오가는 사람들을 구경만 해도 좋은 곳이다. 버지니아 하이랜즈(Virginia Highlands) 쪽은 특히 가볼 만한데 멋진 바와 상점, 식당이 모여 있다.

벅헤드는 미드타운 바로 북쪽에 있는 곳으로 내가 살고 있는 지역이다. 이곳은 화려한 저택과 고급 레스토랑, 디자이너 부티크들이 있는 상류층 주거지로서 '동남부의 쇼핑 메카' 라 알려졌다. 이곳에 대해 사람들은 호불호가 분명한데, 나는 십여 년 전 이사를 왔을 때부터 이곳이 무척 마음에 들었다.

마지막으로 미드타운에서 서남쪽으로 약간 떨어진 다운타운 애틀랜타 또한 볼거리가 많다. CNN, 터너 브로드캐스팅(Turner Broadcasting), 필립스 아레나(Philips Arena), 올림픽 선수촌 (Olympic Village), 조지아주립대학(Geaorgia State University), 조지아 공과대학(Georgia Tech)이 있는 곳이다. 이 지역의 고층건물들이 애틀랜타만의 스카이라인을 이루고, 오래된 산업용 건물들이 이제는 로프트와 아파트 공간으로 변신하여 도시 거주민과 예술가들을 유혹하고 있다. 이 부근에는 근사한 레스토랑과 호텔도 있으며 일부 갤러리는 캐슬베리힐 예술구역(Castleberry Hill Arts District)을 중심으로 즐거운 월례 예술 산책 행사를 주최하곤 한다. 같은 시기에 애틀랜타에 머문다면 절대 놓쳐서는 안 될 이벤트다!

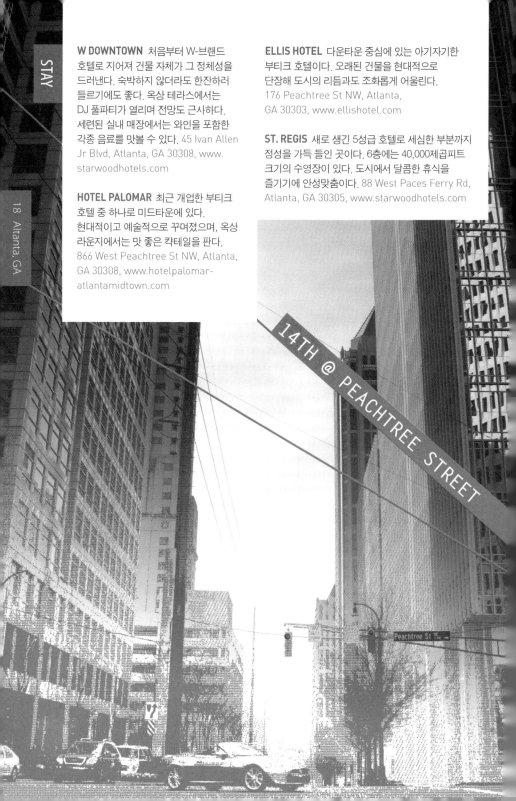

W DOWNTOWN 처음부터 W-브랜드 호텔로 지어져 건물 자체가 그 정체성을 드러낸다. 숙박하지 않더라도 한잔하러 들르기에도 좋다. 옥상 테라스에서는 DJ 풀파티가 열리며 전망도 근사하다. 세련된 실내 매장에서는 와인을 포함한 각종 음료를 맛볼 수 있다. 45 Ivan Allen Jr Blvd, Atlanta, GA 30308, www. starwoodhotels.com

HOTEL PALOMAR 최근 개업한 부티크 호텔 중 하나로 미드타운에 있다. 현대적이고 예술적으로 꾸며졌으며, 옥상 라운지에서는 맛 좋은 칵테일을 판다. 866 West Peachtree St NW, Atlanta, GA 30308, www.hotelpalomar-atlantamidtown.com

ELLIS HOTEL 다운타운 중심에 있는 아기자기한 부티크 호텔이다. 오래된 건물을 현대적으로 단장해 도시의 리듬과도 조화롭게 어울린다. 176 Peachtree St NW, Atlanta, GA 30303, www.ellishotel.com

ST. REGIS 새로 생긴 5성급 호텔로 세심한 부분까지 정성을 가득 들인 곳이다. 6층에는 40,000제곱피트 크기의 수영장이 있다. 도시에서 달콤한 휴식을 즐기기에 안성맞춤이다. 88 West Paces Ferry Rd, Atlanta, GA 30305, www.starwoodhotels.com

14TH @ PEACHTREE STREET

Peachtree St

HALO 내가 좋아하는 라운지 중 한 곳으로, 역사적인 빌트모어 건물 1층에 있다. 개업한 지 10년쯤 됐어도, 늘 근사한 DJ들이 나오며 야간 외출에 걸맞은 분위기이다. 817 West Peachtree St NW, Atlanta, GA 30308, www.halolounge.com

AURUM 애틀랜타의 인테리어 디자이너인 마이클하바키(Michael Habachy)가 디자인한 곳. 잘 차려 입은 손님들이 황금빛 테마의 오닉스가 쓰인 바에 가득하다. 수요일부터 토요일까지만 영업한다. 108 8th St, Atlanta, GA 30309

OCTANE 커피숍 겸 라운지로, 시내에 지점이 두 군데 있다. 내가 즐겨찾는 곳은 웨스트사이드 지점이다. 무료 와이파이 덕분에 미술 학도, 디자이너, 웹 종사자들이 몰려든다. 이 카페는 페차쿠차 이벤트나 바리스타 대회 등의 행사를 1년 내내 개최한다. 이곳 에스프레소 마티니를 마시면 동틀 무렵까지 정신이 멀쩡할 것이다. 늦은 시간까지 연다. 꼭 가볼 것. 1009-B Marietta St NW, Atlanta, GA 30318, www.octanecoffee.com

APRES DIEM 레스토랑, 카페, 비스트로, 바, 라운지가 한군데 모였다. 컨티넨탈 퀴진과 훌륭한 음료, 향 좋은 커피가 있으며 밤이면 DJ나 라이브 공연이 펼쳐진다. 하루 저녁 시간을 내서 들러보자. 931 Monroe Dr, Atlanta, GA 30308, www.apresdiem.com

WHISKEY BLUE 누군가에게 잘 보이고 싶다면 이곳이 딱이다. 벅헤드(Buckhead)에 있는 W호텔 꼭대기 층이라 전망도 좋고 밤이면 DJ들이 멋진 음악을 들려준다. 아주 근사하다! 3377 Peachtree Rd NE, Atlanta, GA 30326

MARTA

LUPE 최근 생긴 멕시칸 식당 중에서도 내가 특히
좋아하는 곳이다. 미드타운 내 주니퍼 스트리트
(Juniper Street)에 있다. 현대적인 공간에서
정통 멕시칸 요리를 선보인다. 이곳의 추천 메뉴는
Goat Tacos, Chicken in Red Mole, 그리고
Chipotle Martini 같이 환상적인 칵테일이다.
905 Juniper St, Atlanta, GA 30309

REPAST 아시아인은 미국 요리에 현대적인
솜씨로 영향을 줬다. 이곳 와인 리스트는 시내
최고인 데다 드물게도 자연식 및 무(無) 글루텐
메뉴까지 갖춘 곳이다. 둘이 먹다 하나 죽어도
모를 이곳의 추천 메뉴는 Chocolate Terrain Cake
with Olive Oil and Sea Salt이다. 620 Glen Iris
Dr NE, Atlanta, GA 30308

BELEZA Lupe 바로 옆에 있는 브라질리안 바 겸
레스토랑. 타파스 스타일의 나눠 먹는 메뉴도 있고
음료만 시켜도 충분하다. 미래적인 분위기의 실내
장식은 아늑하다. 라이브 음악이나 DJ가 늘 있어
활기차다.
905 Juniper St, Atlanta, GA 30309

HOLY TACO 이스트 애틀랜타 지역의 친근한 동네
멕시칸 음식점이다. 밤에 친구들과 만나기 좋은
곳. 마가리타가 맛있다. 1314 Glenwood Ave
SE, Atlanta, GA 30316, www.holy-taco.com

LEON'S FULL SERVICE 디케이터(Decatur)
부근에 있는 특색있는 곳. 원래 주차장이었지만
지금은 편한 분위기의 동네 레스토랑 겸 바로
바뀌었다. 음식도 맛있고 음료는 더 맛있어 단골
손님이 끊이지 않는다. 131 East Ponce de
Leon Ave, Atlanta, GA 30030,
www.leonsfullservice.com

CAKES & ALE 이곳도 디케이터에 있다. 개성
넘치고 즐거운 곳. 현지의 제철 재료를 이용해
감동적인 남부 가정식을 만든다. 254 West
Ponce de Leon Ave, Atlanta, GA 30030,
www.cakesandalerestaurant.com

EAT

DTOWN ATLANTA

SHOP

BEEHIVE CO-OP 벅헤드 지구에 있는 작은 부티크. 스타일리시한 선물류, 가정용품, 문구 및 의류를 판다. 모두 현지 장인과 신진 디자이너들이 제작했다. 1831 Peachtree Rd NE, Atlanta, GA 30309

YOUNG BLOOD GALLERY & BOUTIQUE 독립 갤러리 겸 상점으로, 신진 디자이너와 DIY 공예가들이 본인 작품을 전시하고 판매하기도 하는 공간이다. 최신 미술 작품을 감상하거나 남다른 선물을 찾고 싶은 이들에게 추천한다. 636 North Highland Ave, Atlanta, GA 30306

FAB'RIK BOUTIQUE 패셔니스타를 위한 곳으로 미드타운에 있다. 다른 곳에서는 찾기 힘든 레이블과 유명 브랜드를 모두 갖추었다. 너무 비싸지 않으면서도 유행에 민감한 가게. 1114 West Peachtree St NW, Atlanta, GA 30309, www.fabrikstyle.com

K'LA 쇼핑을 좋아하는 이라면 누구든지 꼭 들러야 할 곳이다. 흔치 않은 브랜드들로 구성되어 있으니 이곳에서 옷을 사 입으면 주위 반응이 뜨거워질 것이다. 애틀랜틱 스테이션 (Atlantic Station)에 있다. 1380 Atlantic Dr, Atlanta, GA 30363

JEFFREY 내 지갑을 마구 열게 되는 이곳은 애틀랜타 안의 뉴욕이라 할 만하다. 당신이 꿈꾸던 최고급 디자이너 슈즈만을 갖추고 있다. 서비스도 완벽해서 특정 제품을 원한다면 이곳 직원들이 직접 구해주기도 할 것이다. 3500 Peachtree Rd NE, Atlanta, GA 30326, www.jeffreynewyork.com

HIGH MUSEUM OF ART 반드시 가봐야 할 곳. 장관을 이루는 이 현대식 흰색 건물은 원래 리차드 마이어(Rchard Meier)가 설계했고 이후 건축가 렌조 피아노(Renzo Piano)가 손길을 더했다. 고전 및 현대 미술품을 두루 갖춘 컬렉션이 훌륭하다.
1280 Peachtree St NE, Atlanta, GA 30309, www.high.org

MUSEUM OF DESIGN ATLANTA (MODA) 사우스이스트 지역 유일의 박물관으로, 모든 종류의 디자인을 다룬다. 건축, 제품 디자인, 인테리어, 가구, 그래픽, 패션 등의 분야에서 영감 넘치는 작품들이 전시된다. 285 Peachtree Center Ave, Atlanta, GA 30303, www.museumofdesign.org

MUSEUM OF CONTEMPORARY ART OF GEORGIA (MOCA-GA) 현지 및 국내 아티스트의 작품만 다루는 소규모 박물관/미술관이다. 현지 미술계를 들여다보고 싶다면 이곳으로 가면 된다. 75 Bennett St NW, Atlanta, GA 30309, www.mocaga.org

WHITESPACE GALLERY 전시 기획이 신중해 예술계에서도 선도적인 위치에 있는 갤러리. 전시 공간은 근사하고 세련되었으며 개막 행사도 매번 성황을 이룬다. 인맨 파크 (Inman Park) 안에 있다. 814 Edgewood Ave, Atlanta, GA 30307, www.whitespace814.com

EYEDRUM 현대 설치 미술, 뉴 미디어, 공연 등 미술과 음악을 한꺼번에 다루는 비영리 갤러리. 독특하고 세련된 공간이니 좋은 시간을 보낼 수 있을 것이다. 290 Martin Luther King Jr Dr, Atlanta, GA 30312, www.eyedrum.org

CASTLEBERRY HILL ART STROLL 둘째 주 금요일마다 캐슬베리 힐 예술 구역에서는 환상적인 행사가 열린다. 이 멋진 곳의 갤러리들이 늦게까지 문을 열어 미술, 음악, 와인, 사람을 만날 수 있게 해준다. www.castleberryhill.org

FOX THEATRE 본래 1920년대에 회교 사원으로 지은 건물로, 지금은 순회 공연 중인 브로드웨이 작품, 영화, 연극, 콘서트 등을 애틀랜타로 초대하는 창구 역할을 한다. 분위기가 근사하고 건축물도 훌륭한 이곳에서 나는 여러 놀라운 작품을 보았다. 660 Peachtree St NE, Atlanta, GA 30308, www.foxtheatre.org

PIEDMONT PARK

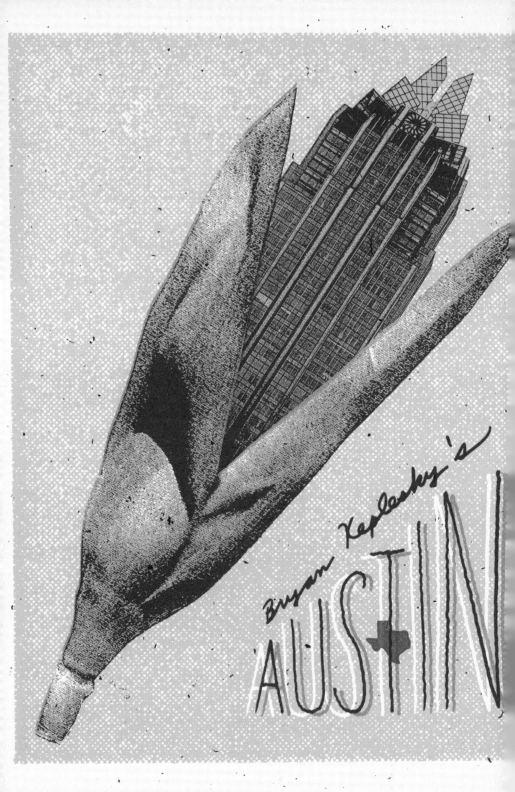

Bryan Keplesky's AUSTIN

텍사스주 오스틴 - 브라이언 케플스키

AUSTIN, TEXAS BY BRYAN KEPLESKY

나는 오스틴에 살 수 있어 행운이라고 생각한다. 오스틴에서 나는 지난 6년간 일하고 즐기고 난관을 이겨내며 개인적·직업적인 면에서 성장할 수 있었다. 이 도시를 방문할 계획이라면 무엇보다도 텍사스와 텍사스 사람들에 대한 모든 편견을 버려야 한다. 오스틴은 주도인데도 텍사스 가족 모임에서 언제나 혼자 시끄럽고 오만하고 괴상하고 만취한 일원 같은 존재였다. 한 세대를 거슬러 올라가면 오스틴은 히피와 괴짜들의 집합소였으며 도시가 점차 성장하고 팽창함에 따라 급진적이고 창의적이며 느긋한 분위기의 도시로 진화했다.

도시 브랜딩에 대해 항상 비판적인 내가 보기에도, 오스틴의 공식 슬로건 '세계 라이브 뮤직의 수도'는 꽤 괜찮고 맞는 말이기도 하다. www.showlistaustin.com에 한번 접속해보면 모든 장르의 음악인이 모인 이 도시가 음악으로 얼마나 사랑받는지 알 수 있을 것이다. 덕분에 같은 사고와 욕구를 지닌 이들이 유입되었고, 포스터를 제작하거나 예술품을 만들거나 잡지를 출판하고 싶어 하는 사람들이 모여들었다. 이들은 낮에는 커피를 나르거나 소프트웨어를 제작하는 등 이곳 생활을 유지시켜 줄 생계 활동을 닥치지 않고 해낸다. 그 결과 이 창의적인 사람들의 쾌락적 욕구를 충족시켜줄 술집이 우후죽순으로 생겨났다.

오스틴은 지리상 여러 구역으로 나뉘며 각 구역마다 개성을 지니고 있다. 다운타운 오스틴(Downtown Austin)은 라이브 뮤직(Red River District)과 유흥(6th Street)의 중추라 할 수 있다. 서쪽으로는 텍사스 최대 대학인 텍사스 주립대 오스틴 캠퍼스(University of Texas at Austin)가 있어 문화와 젊은 층을 끌어당기고 있다. 사우스 오스틴(South Austin, 특히 South Congress Avenue 에서 확연히 볼 수 있다)은 초기의 소박하고 여유로운 분위기를 그대로 간직하고 있다. 이스트 오스틴(East Austin)은 최근 부상하는 지역으로 대규모 히스패닉 및 흑인 인구 거주지이다. 한때 위험지역으로 여겨졌으나 이제는 수많은 바와 갤러리 등으로 활성화되어 생기가 넘친다. 이 모든 지역은 걸어서 다닐 수 있으며 자전거를 타도 되고 자동차로는 잠깐이면 닿을 만한 거리에 있다.

마지막으로, 오스틴은 음주 도시로도 유명한데 이 명칭은 다소 부족한 감이 있다. 오스틴은 아주 특별하고 독보적인 음주도시이다.

AUSTIN MOTEL 텍사스 한가운데 처박혀 술 마시러나 나가고 싶어하는 별종과 몽상가들이 한가하고 정겹게 살던 1950년대 수도로 되돌아간 듯한 곳. 두말할 나위 없이 방마다 각기 다른 키치적 벽지가 발라져 있지만 집처럼 아늑하다. 한편, 거대한 남근 모양의 네온사인 때문에 국제적으로 유명한 곳이기도 하다. 1220 South Congress Ave, Austin, TX 78704, www.austinmotel.com

HOTEL ST CECILIA 시내 최고급 호텔일 것이다. 펄잼이나 롤링스톤즈가 오스틴을 방문할 때 일주일 내내 숨어드는 곳이기도 하다. 방갈로 열두 채로 구성된 이곳은 사우스 콩그레스(South Congress) 근처에 있다. 112 Academy Dr, Austin, TX 78704, www.hotelsaintcecilia.com

STAY

HOTEL SAN JOSE 이 모던한 2층짜리 호텔의 모든 것은 의도된 연출이다. 외벽을 따라 늘어선 커다란(그리고 비싸 보이는) 선인장부터 각 객실에 놓인 구식 가구까지, 구석구석 세련된 디자인 감각이 돋보인다. 나는 수영장과 야외 테라스(밤에는 멋진 바로 변신)까지 갖춘 이 호텔을 참 좋아한다. 예약할 때 혹시 노벨상 수상자이기도 한 밥 딜런 룸(Bob Dylan Room)이 가능한지 확인하도록. 1316 South Congress Ave, Austin, TX 78704, www.sanjosehotel.com

SHERATON 체인 호텔이지만 오스틴의 쉐라톤 호텔은 레드리버 디스트릭트 (Red River District)라는 완벽한 위치를 자랑한다. 최근 급부상하고 있는 이스트사이드(East Side)의 바들과는 고작 몇 블록 거리이다. Mohawk(Music 섹션 참조)가 타 지역 밴드를 초청할 때 이곳에 숙소를 마련해주는데 저녁 8시경 바에서 한잔하고 있다보면 손님들 중에서도 유독 튀는 네다섯 명의 무리를 발견할 수 있을 것이다. 701 East 11th St, Austin, TX 78701, www.sheraton.com

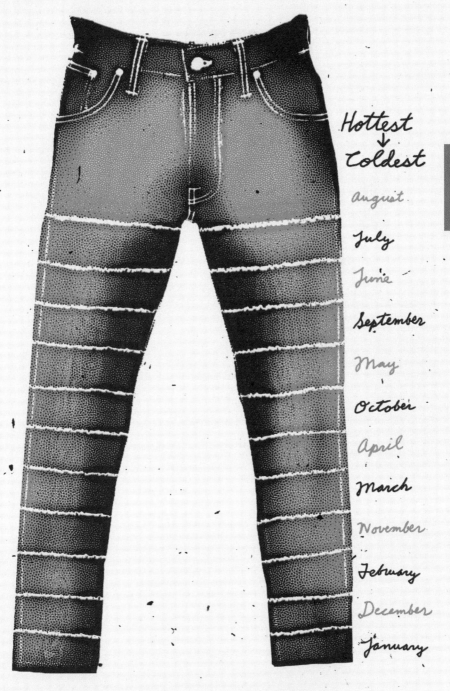

Hottest
↓
Coldest

August
July
June
September
May
October
April
March
November
February
December
January

Austin Cut-Offs Calendar

EAT

EAST SIDE PIES 다음의 이야기는 East Side Pies를 완벽히 요약 정리해준다: 어느 날 밤 친구들과 놀다가 모두 갑자기 피자가 너무나도 먹고싶어졌다. East Side Pies에 다섯 번 이상 전화를 걸었으나 실패했고, 결국 모두 차를 타고 그곳까지 가게 되었다. 점원에게 전화기가 고장났냐고 물어보니, '그냥 받기 싫었다'고 심드렁하게 대답했다. 오스틴의 마약중독자들은 다루기 쉽지 않지만, 피자의 맛은 그 모든 불편을 감수하고도 남을 정도이다. 1401 Rosewood Ave, Austin, TX 78702, www.eastsidepies.com

CISCO'S RESTAURANT BAKERY 내가 오스틴으로 이사와서 가장 먼저 깨달은 사실은 이곳 사람들이 브랙퍼스트 타코(breakfast taco)를 정말 좋아한다는 것이었다. 숙취 해소에 이보다 더 좋은 것은 없다. 그리고 이 타코를 즐기기에 Cisco's 보다 나은 곳은 없다. Miga(스크램블 에그, 양파, 할라피뇨, 잘게 썬 토티아 칩, 살사소스)를 먹어보자. 소문에 의하면 제36대 미국 대통령이자 브랙퍼스트 타코 매니아였던 린든 B 존슨(Lyndon B Johnson)이 50 년대부터 60년대까지 이곳을 즐겨 찾았었다고 한다. 1511 East 6th St, Austin, TX 78702

MOTHER'S CAFE AND GARDEN 오스틴에는 채식주의자들을 위한 식당이 많은데, 이곳은 그중에서도 최고라 할 수 있다. 놀랍게도 이곳 점원들은 모두 마음씨 푸근한 엄마들이다. 맛있는 요리와 데이트하기 좋은 분위기, 그리고 신선한 채소가 있는 곳. 식사 후 옆 가게 Dolce Vita에 들러 아이스크림도 먹어보자. 4215 Duval St, Austin, TX 78751, www.motherscafeaustin.com

CASINO EL CAMINO 이스트 6번 가 최후의 펑크록 바 중에 하나다. 오스틴 최고의 햄버거를 만드는 것으로도 유명하다. 음식이 나올 때까지 말도 안 되게 오래 기다리게 될 수도 있는데, 특히 바쁜 날에는 한 시간 넘게 기다릴 수도 있다. 하지만 요리사들도 이 상황을 잘 알고 있고, 당신 못지 않게 화가 나 있다. 만약 요리사가 한 시간 후에 음식이 준비된다고 말했다면, 정말로 한 시간 뒤에 나오니 인내심을 갖고 기다려야 한다(그 전엔 절대 불가능할 것이다). 하지만 너무 슬퍼하지 말자. 그 핑계로 뒤뜰에 나가 쓰레기통을 두어 개 후려 차도 용서받을 테니. 517 East 6th St, Austin, TX 78701, www.casinoelcamino.net

HOT DOG KING "이곳에서의 식사는 왕과 함께하는 만찬이다" 라는 슬로건의 너무나 맛있는 핫도그 집. 적어도 그 비슷한 수준까지는 된다고 생각한다. 사실 세부적인 정보는 뚜렷이 기억이 나지 않는다. 그 이유는 레드 리버 스트리트(Red River Street) 한복판이라는 위치 때문인데, 한마디로 내가 밤새 술을 마시느라 끼니를 놓쳤을 때 주로 들르는 곳이라는 얘기다. 시카고 스타일의 핫도그(채식 메뉴도 준비되어 있다)를 파는 사나이들은 '왕(King)'이라는 별칭을 쓰는데, 딱히 이에 이의를 제기하고 싶지는 않다. 8th St & Red River, Austin, TX 78701

SOUTH CONGRESS CAFE 주말 브런치는 오스틴에서 빼놓을 수 없는 습관이며, 나는 항상 South Congress Cafe에서 일요일 낮 시간을 보내곤 한다. 블러디메리와 커피가 흘러넘치고 음식은 최상의 맛을 자랑한다. 끔찍할 정도로 오래 대기해야 할 때도 있지만 사우스 콩그레스(South Congress) 지역엔 시내에서 가장 둘러볼 만한 가게들이 있으니 마음에 드는 곳을 발견할 때까지 흥미진진한 탐험을 해보는 것도 좋겠다. 1600 South Congress Ave, Austin, TX 78704, southcongresscafe.com

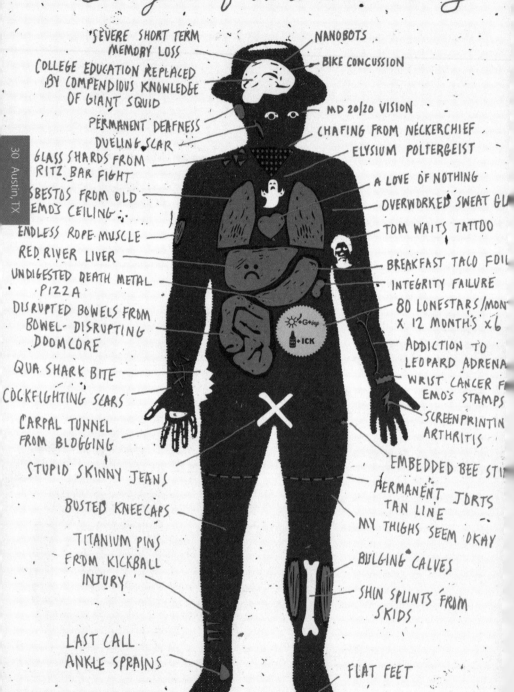

Six Years of Hard Austin Living

SEVERE SHORT TERM MEMORY LOSS

NANOBOTS

BIKE CONCUSSION

COLLEGE EDUCATION REPLACED BY COMPENDIOUS KNOWLEDGE OF GIANT SQUID

MD 20/20 VISION

PERMANENT DEAFNESS

CHAFING FROM NECKERCHIEF

DUELING SCAR

ELYSIUM POLTERGEIST

GLASS SHARDS FROM RITZ BAR FIGHT

A LOVE OF NOTHING

ASBESTOS FROM OLD EMO'S CEILING

OVERWORKED SWEAT GL

TOM WAITS TATTOO

ENDLESS ROPE MUSCLE

RED RIVER LIVER

BREAKFAST TACO FOIL

UNDIGESTED DEATH METAL PIZZA

INTEGRITY FAILURE

DISRUPTED BOWELS FROM BOWEL-DISRUPTING DOOMCORE

80 LONESTARS/MON X 12 MONTHS x 6

ADDICTION TO LEOPARD ADRENA

QUA SHARK BITE

COCKFIGHTING SCARS

WRIST CANCER F EMO'S STAMPS

CARPAL TUNNEL FROM BLOGGING

SCREENPRINTIN ARTHRITIS

STUPID SKINNY JEANS

EMBEDDED BEE STI

PERMANENT JORTS TAN LINE

BUSTED KNEECAPS

MY THIGHS SEEM OKAY

TITANIUM PINS FROM KICKBALL INJURY

BULGING CALVES

SHIN SPLINTS FROM SKIDS

LAST CALL ANKLE SPRAINS

FLAT FEET

THE SIDE BAR 내가 진심으로 가장 아끼는 곳. 나는 수년간 이곳에서 좋은 시간을 보내왔다. 인위적인 요소나 가식 하나 없는 곳으로, 인테리어, 테이블, 화장실 등에 나타나는 부족함은 이곳의 분위기 하나만으로 모두 상쇄된다. 바텐더들은 당신을 반갑게 맞아줄 것이며 그 환영하는 마음을 넘치는 잔으로 표현해줄 것이다. 레드 리버에 있기 때문에 위치도 편리하며, 근처 음악 공연을 보러 왔다가 들르기에 딱 좋다. 602 East 7th St, Austin, TX 78701, www. thesidebaraustin.com

LONGBRANCH INN 과거 이스트사이드의 밤 문화는 재즈와 주크 조인트(juke joint, 주크박스가 있는 작은 술집)가 주를 이루었다. 슬프게도 그 시대는 이미 지나가버렸지만, 이곳만큼은 그 불씨를 유지해오고 있다. 오스틴에서 가장 오래된 바를 갖추고 있는데, 원래 있었던 드리스켈 호텔(Driskell Hotel)에서 지금의 자리로 옮겨왔다. 실내 장식(그리고 박제품들)은 과거를 상기시키고, 이들의 주크박스는 현대와 과거를 오가며 비길 데 없는 최고의 선곡을 들려준다. 1133 East 11th St, Austin, TX 78702

DONN'S DEPOT 이곳은 일상적인 술집이라기보다는 특별한 커뮤니티 장소라 할 수 있는데, 그 주된 이유는 이곳을 찾는 손님들의 나이대가 상당히 높기 때문이다. 오래된 객차의 모습으로 꾸며진 이곳에는 고급스러운 카펫과 피아노, 그리고 다른 무엇보다도 무료 팝콘이 있다. 아무 저녁때나 이곳을 찾으면 귀여운 노인 커플이 춤을 추고 사장인 돈 (Donn)이 피아노를 연주하는 모습을 볼 수 있을 것이다. 1600 West 5th St, Austin, TX 78703

THE GOOD KNIGHT 최근 몇 년 새 오스틴에는 칵테일 바가 유행하게 되었고 당신 할아버지가 사무실에서의 기나긴 하루를 마친 뒤 만들어 마셨을 것 같은 음료들을 팔기 시작했다. 이곳은 그중 선구자 역할을 했던 바로 올드패션드(Old Fashioned)에 핌스컵넘버원(Pimm's Cup No.1) 을 섞어내면서 롱넥(Longneck) 정도에 만족했던 바들과는 다른 차원을 보여주었다. 이곳은 시내에서 말 그대로 가장 어두운 바이기도 하다. 조용하고 그윽한 분위기를 지녔지만, 최고의 수준을 자랑한다. 음료 메뉴는 계절에 따라 바뀌며, 몇 종류뿐이지만 안주 메뉴도 맛있다. 1300 East 6th St, Austin, TX 78702

CHEERS SHOT BAR 6번 가(6th Street)는 대학생들이 가는 바들이 밀집되어 있는데, 내가 좋아하기도 하고 전체적으로 아주 재미있는 곳이라고 할 수 있다. 모든 바가 정말 다 좋냐고 묻는다면 물론 그렇지는 않다. 하지만 그것이 핵심은 아니다. 그 바들은 21~35세의 우애 넘치는 열혈 동아리 회원들, 그리고 아가씨들의 결혼 축하 파티를 위해 존재하는 곳이다. 6번 가에 위치한 바 가운데 유일하게 나의 순수한 애정을 끌어낸 곳이 바로 이곳이다. 하나같이 미묘한 이름으로 불리는 샷 200여 종을 갖추고 있고 나는 그 가운데 'Dirty Girl Scout'를 가장 좋아한다. 6번 가는 레드리버, 이스트 6번 가 등 다른 번화가에 비해 주목받지 못하고 있지만 하위문화의 다양성과 상관없이 오스틴 사람 모두 파티를 하며 즐거운 시간을 보내고 싶어할 뿐이다. 416 East 6th Street, Austin, TX 78701

SHANGRI-LA 오스틴의 이스트 사이드(East Side), 특히 이스트 6번 가(East 6th)는 최근 가장 떠오르는 유흥가다. 이 지역 신생 바의 운영주들은 대부분 레드리버의 유명한 바 출신이다. 이 중 샹그릴라 (Shangri-la, 흔히 Shang 이라고도 불린다)는 이 지역을 쿨하게 만들어 준 장본인이라 할 수 있다. 음료는 저렴하고, 직원들은 친절하며, 야외 테라스는 널찍하면서도 아늑하다. 이곳은 이스트사이드 유흥가에 처음 발을 들인 사람들의 첫 술집이 되곤 한다. 바를 가득 채운 손님들에게선 뚜렷한 특징을 찾을 수 없지만 이 다채로움이 이곳의 장점이다. 1016 East 6th St, Austin, TX 78702, www. shangrilaaustin.com

THE LIBERTY 더 리버티는 샹그릴라의 말썽쟁이 동생 같은 곳으로, 외양이 비슷하다. 이곳 음료는 저렴하고 바텐더들은 싸움에서 내 편을 들어줄 듯한 친근한 인상으로, 테라스의 분위기도 좋다. 한편 손님들은 다소 터프한 편으로 문신, 피어싱, 난동 부리기를 좋아한다는 면에서 일관성이 있다. 하지만 이런 요소들이야말로 이곳의 장점이다. 이 밖에도 가게에는 '터미네이터2'와 '스타트렉: 더넥스트제너레이션' 핀볼 오락기가 있는데 정말 재밌다. 1618 1/2 East 6th St, Austin, TX 78702

CHEAPO DISCS·FRIENDS OF SOUND

오스틴에는 괜찮은 레코드점이 너무도 많기에 딱 한 곳을 집어내려니 마음이 아프지만, 굳이 고르라면 1년 365일 운영하는 Cheapo를 선택해야 할 것 같다. 중고 CD 및 DVD를 풍부하게 갖추고 있는데, 무엇보다도 가게의 절반을 차지하고 있는 LP판 섹션이 압도적이다. 옵스큐어45, 빈티지 해외 레코드를 포함해 20세기의 주요 음악 동향이 모두 당신의 손 아래 펼쳐진다. LP판들이 잘 정리되지는 않았지만 다음에 무엇이 나올지 기대하며 한 장씩 넘겨보는 것도 레코드판 쇼핑의 큰 재미가 될 것이다. 만약 더 고급스러운 뉴웨이브나 일렉트로니카, 노블티 쪽 취향이라면 Friends of Sound를 방문해보자. **Cheapo:** 914 North Lamar, Austin, TX 78703, **Friends of Sound:** 1704 South Congress Ave, Austin, TX 78704, www.friendsofsound.com

UNCOMMON OBJECTS

타지에서 놀러 온 친구들을 데려가는 곳이다. Uncommon Objects가 어떤 곳이라고 콕 집어 설명하긴 어려운데, 부분 부분 뜯어보는 것은 가능해도 전체적으로 정의를 내리기는 쉽지 않아서다. 골동품, 빈티지 가구, 간판, 장신구, 의류, 옛날 지도와 목판활자, 해부도 포스터, 멜라민 식기, 그리고 옛날 엽서와 사진이 가득 담긴 캐비닛 등을 팔고 있다. 모든 상품이 매력 있지만 상품의 진열 방식이 더욱 돋보이는 곳이다. 가게 전체가 색채별(예를 들어 빨간색, 갈색, 흰색 등) 또는 주제별(바다, 몸, 오컬트 등) 테마로 분류되어 있다. 새로운 영감이 필요하거나 감각적인 믹스앤매치에 놀라고 싶을 때면 나는 주저 없이 이곳을 찾는다. 1512 South Congress Ave, Austin, TX 78704, www.uncommonobjects.com

DOMY BOOKS

예술 디자인 서적에 기꺼이 투자하고 싶다면 다른 곳으로 눈 돌릴 필요가 없다. 이곳은 믿기 어려울 정도로 방대한 잡지 컬렉션과 디자인 서적, 인쇄 제품이 있으며 시내에서 손꼽히는 소규모 갤러리도 운영하고 있다. 넓지 않은 공간이지만 나무랄 데 없이 잘 정리되어 있어 언제 들러도 좋은 곳이다. 913 East Cesar Chavez, Austin, TX 78702, www.domystore.com

FIESTA MART

오스틴에서 가장 큰 히스패닉 슈퍼마켓이다. 엄청나게 넓고 문화적 특징이 뚜렷한 식료품점 겸 벼룩시장이라 할 수 있다. 쇼핑 한 번으로 양질의 고추와 옛날 영화 포스터가 그려진 카펫을 살 수 있는 곳. 3909 N I-35 Service Rd, Austin, TX 78722, www.fiestamart.com

SERVICE MENSWEAR·BY GEORGE

오스틴의 옷 가게들은 빈티지 의류를 주로 다룬다(특히 사우스콩그레스 쪽에 많다). 하지만 남성의류점인 Service Menswear, 그리고 여성의류점인 By George는 현대적인 의류를 취급한다. By George는 고급 여성패션을 추구하는 곳으로, 개인적으로는 이해하기 어렵지만 내 여성 친구들이 이곳 수준이 높다며 인정한 바 있다. Service Menswear 역시 고급의류로 분류될 수 있지만 터무니없는 가격을 매기지는 않는다. 정장 셔츠, 밀리터리 스타일의 자켓과 기타 선별된 제품 및 액세서리를 만날 수 있다. 1400 South Congress Ave, Austin, TX 78704, www.servicemenswear.com, www.bygeorgeaustin.com

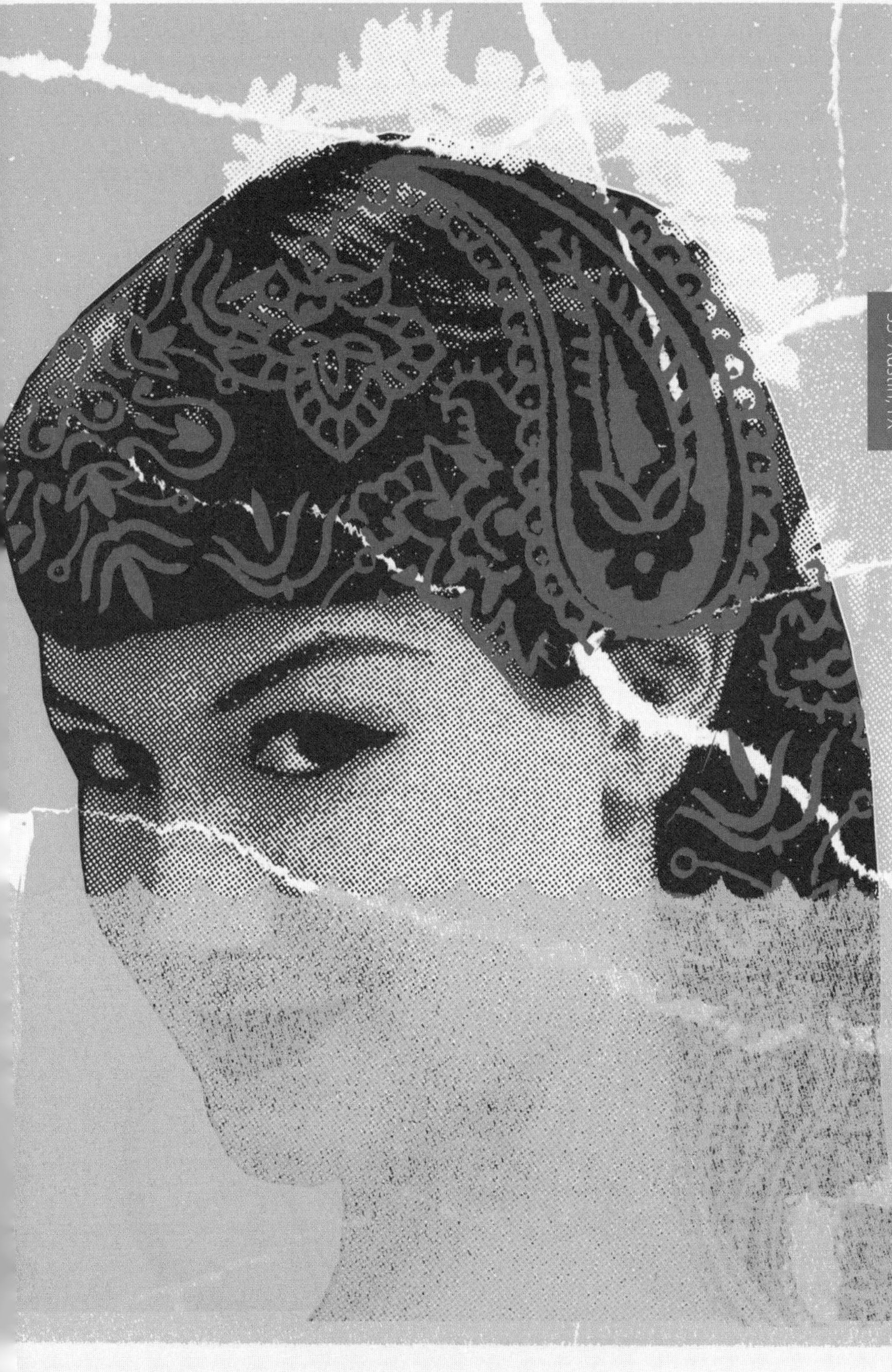

OK MOUNTAIN 오스틴의 미술계는 언제나 라이브 음악의 그늘에 가려 있었다. 미술과 미술가들이 이곳에서 활약해왔지만 이런 점을 매일 밤 스피커가 울려대는 상황에서 알아채기란 쉽지 않다. 이스트사이드 소재의 갤러리인 OK Mountain 은 이러한 상황에 변화를 불러오는 소수의 주역 중 하나로, 오스틴 및 각지 출신의 걸출한 신예 아티스트들의 작품을 전시하고 최고의 오프닝 파티를 여는 것만으로도 충분한 영향을 미치고 있다. 1312 East Cesar Chavez, Ste B, Austin, TX 78703, www.okaymountain.com

ARTHOUSE 대중에게 무료로 공개되어 있는 갤러리인 이곳은 현대미술 분야에서 최고의 장소라 할 수 있다. 월 1회 정도 바뀌는 전시는 국내외 그리고 텍사스 기반의 예술을 조명하고 있다. 오프닝 파티도 수준이 높고 사람들과 어울리기 좋다. 700 Congress Ave, Austin, TX 78701

AUSTIN MUSEUM OF ART 텍사스의 대도시들은 부유할 뿐 아니라 대규모 미술박물관을 보유하고 있다. 오스틴 미술관(Austin Museum of Art)도 그에 뒤지지 않는 수준을 자랑한다. 영구소장품이 없어도 꽤나 볼 만한 해외 순회 전시를 만나볼 수 있는 곳이다. 기프트숍도 괜찮고 무료 입장이다(박물관 입장은 유료). 823 Congress Ave, Austin, TX 78701, www. amoa.org

ALAMO DRAFTHOUSE CINEMA Alamo는 오스틴 현지 극장으로, 이곳에서 영화를 한 번 본 뒤 나는 다시는 멀티플렉스 영화관을 찾지 않게 되었다. 모든 최신작을 상영하는 동시에 B급 영화를 테마로 한 프로그램(공포의 화요일, 기괴한 수요일 등), 노래 모임 외 특별 행사들도 진행한다. 음식도 파는데, 최고의 맛을 자랑하고 심지어 술도 판다. Various locations, www.drafthouse.com

PARAMOUNT THEATRE 이곳은 근사하고 고전적인 극장으로 우아한 좌석, 발코니, 실내장식 등 모든 것이 완벽하다. 영화 상영은 물론 음악, 연극, 낭독회, 코메디 등 다양한 공연이 이곳에서 펼쳐진다. 713 Congress Ave, Austin, TX 78701, www.austintheatre.org

SOUTH BY SOUTHWEST 오스틴에서의 1년치 생활을 단 일주일 만에 모두 체험하고 싶다면 South by Southwest(SXSW)가 해결책이 될 것이다. 세계적으로도 손꼽히는 음악, 영화 및 인터렉티브 페스티벌인 SXSW는 도시 전체를 즐겁고도 거대한 사람, 파티, 영화, 술, 그리고 밴드의 혼잡한 군집체로 만들어버린다. 끝없는 열망, 군중, 교통체증과 무질서가 난무하지만, 이 축제야말로 이 도시가 최고가 될 수 있는 이유 중 하나라 할 수 있다. 한 가지 비밀을 공개하자면, 이곳에서는 생애 최고의 시간을 보내기 위해 돈을 쓸 필요가 없다. 당신이 감당하기 어려울 정도의 무료 파티와 이벤트가 도처에 널려 있기 때문이다. 3월 중순, www.sxsw.com

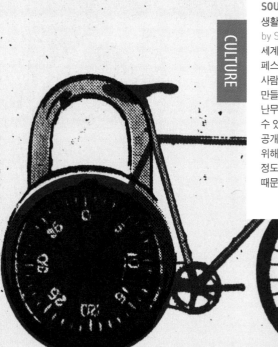

CULTURE

EMO'S 6번 가와 레드리버 사이에 위치한 Emo's는 20여 년 간 라이브뮤직계의 초석 역할을 해왔다. 화려한 곳은 아니지만 거대한 야외무대와 아담한 실내무대를 갖추었으며 양 무대에서는 완전히 다른 장르의 공연이 펼쳐진다. 두 공연장을 잇는 안뜰에 서서 어깨에 스파이크 장식을 단 무리와 빈티지 카디건을 입은 무리가 한숨 돌리기 위해 북적대는 모습을 구경하는 것도 큰 재미가 될 것이다. 603 Red River St, Austin, TX 78701, www.emosaustin.com

BEERLAND 'Beerland'라는 이름부터 마음에 들지 않는가? 이곳은 그 이름에 매우 걸맞는 곳이기도 하다. 공간이 협소한데도 레드리버에서 가장 열광적인 로커빌리/메탈/라우드 밴드의 공연이 벌어지는 곳이다. 이곳에서 일하는 문지기가 Beerland가 귀신에 씌었다고 내게 투덜거린 적이 한두 번이 아니다. 711 1/2 Red River St, Austin, TX 78701, www.beerlandtexas.com

THE MOHAWK 여기는 좋은 밴드, 좋은 사운드, 그리고 좋은 가격이 삼위일체를 이루는 몇 안 되는 곳 중 하나다. 두말할 필요 없이 오스틴에서 가장 유명한 클럽 중 하나이며 개중에서도 가장 최근에 생긴 곳이다. 이 도시를 마음 깊이 사랑하는 사람들이 운영하는 이 클럽은 완성도 높은 공연과 밴드, 그 팬들을 위한 서비스를 제공하며 금세 유명해졌다. 912 Red River St, Austin, TX 78701, www.mohawkaustin.com

BARTON SPRINGS 오스틴의 날씨는 전반적으로 화창하다. 3월부터 10월까지는 햇살이 가득하고 따뜻하며(또는 몹시 덥고), 바깥 경치가 아름답다. 날씨가 좋은 날 자전거에 올라탄 채 한바퀴 돌고 싶다면 이 장소를 추천한다. 질커파크(Zilker Park, 거닐거나 프리즈비 놀이를 하거나 개를 데리고 가기 좋은 공원) 내에 위치한 이곳은 자연조성된 일련의 샘과 연못으로 이루어져 있다. 관리가 잘 되어 있으며 물놀이를 즐기기에 최적의 장소이다. 오스틴에서의 완벽한 여름날이란 대체로 자전거, 브렉퍼스트 타코, 그리고 샘물에 뛰어들기를 말한다. 2201 Barton Springs Rd, Austin, TX 78746

CLUB 1808 오스틴 시의 구역 제한 때문에 이스트사이드의 바들은 번영했지만 뮤직바들은 자리를 잡지 못했다. Club 1808은 스포트라이트에서 멀리 떨어진 데다 오스틴의 주요 우범지대와 가까워 그다지 유명하지도 않다. 하지만 이것은 의외의 장점으로 작용했는데, 왜냐면 큰 소리로 연주하고 싶을 뿐인 다양한 비주류 밴드들이 자유롭게 설 수 있는 무대가 되었기 때문이다. 1808 East 12th St, Austin, TX 78702, www.myspace.com/club1808atx

RED 7 안타깝게도 좋은 바나 장소들은 곧잘 생겼다가도 이내 사라지곤 한다. 그런 전설적인 곳 중 하나가 Ritz였다(고이 잠들길). 하지만 Ritz의 정신만은 Red 7에서 이어지고 있으며, 이곳이 아니라면 더는 갈 곳이 없었을 퀴퀴한 펑크로커나 BMX 애호가의 아지트가 되고 있다. Red 7에는 스키볼과 당구대, 저렴한 텍사스 맥주, 요란한 펑크 밴드가 있다. 이 모든 것 덕에 밤이 즐거워진다. 611 East 7th St, Austin, TX 78701

메릴랜드주 볼티모어 - 엘리자베스 그레이버

BALTIMORE, MARYLAND BY ELIZABETH GRAEBER

나는 볼티모어에서 나고 자랐다. 지금은 워싱턴DC에 살지만 볼티모어는 나의 영원한 고향으로 남을 것이다. 볼티모어가 지닌 수많은 별명 중 하나는 매력 도시(Charm City)이다. 엇갈리는 평판 속에서도 거대한 올림머리와 형광 분홍색 입술 사이의 담배로 완성되는 볼티모어의 별난 매력은 여전히 생생하게 유지된다.

몇 가지 사실을 나열하자면, 볼티모어는 지리적으로 메릴랜드주의 남북 경계선에 있는데, 이곳의 문화는 상냥하고 마음씨 좋은 주민들과 맛좋은 크랩케이크, 노동자 계급의 강한 전통을 반영한다. 범죄가 주요 문제인 곳이기도 한데(유명 TV드라마 'The Wire'에 잘 표현되어 있다), 특히 웨스트 사이드(West Side)가 위험하다. 이곳의 밤 문화는 너무 싸구려거나 지옥만큼 위험한 콘셉트일 수 있는데, 그날 밤 어디를 마지막으로 가느냐에 따라 달라진다. 한편 볼티모어는 현재 여피화되는 중이기도 하다. 값싼 임대주택이나 햄든(Hampden), 하이랜드타운(Highlandtown)과 같은 과거 빈민가의 창고 공간에는 예술가들이 모여들고 있다. 볼티모어의 거리 풍경을 특별하게 해주는 연립주택 대부분을 개조 중인데 나머지 다른 지역에서는 방치되고 있다.

대중교통이 편리한 편은 아니지만, 볼거리가 몰린 대개의 주요 지역까지는 걸어 다닐 수 있다. 대표적인 볼거리로는 페더럴 힐(Federal Hill)이 있다. 이곳은 역사 깊은 지역으로, 구세대 육체 노동자와 신세대 전문직 종사자들이 살고 있다. 이너하버(Inner Harbor)가 내려다보이며 정다운 크로스 스트리트 마켓(Cross Street Market)이 있고 레스토랑도 많다. 항구의 반대편에는 펠즈 포인트(Fells Point)와 캔튼(Canton)이 있다. 앙증맞은 자갈길과 재미있는 상점, 오래된 레크리에이션 피어(recreation pier)가 있고 이 지역의 유명 맥주인 내티보(Natty Boh)를 파는 술집들이 들어선 곳이다. 항구에서 북쪽으로 올라가면 시내 번화가라 할 수 있는 찰스 스트리트(Charles Street)가 나온다. 이 거리를 따라 쭉 걷다보면 수많은 갤러리, 레스토랑과 상점 등을 통해 볼티모어의 다양한 건축양식을 감상할 수 있다. 존스 홉킨스 대학(Johns Hopkins Univeristy)과 인근의 학생 거주지(찰스 빌리지Charles Village와 햄든 포함)도 있다.

볼티모어는 호불호가 극명하게 갈리는 도시로, 당신이 좋아할 만한 것도, 싫어할 만한 것도 가득하다. 타락하고 더러운, 조금은 비열하면서 완전히 미국적인 곳이라 그만큼 재미도 가득하다. 볼티보어의 특징이 아주 다양하다는 점만은 분명하다.

HOTEL MONACO 다운타운에 있는 옛
볼티모어&오하이오 철도(B&O Railway)
본부 건물을 개조하여 고급 호텔로 변신시킨
곳이다. 넓은 객실과 고객 친화적인 정책
(반려견 동반 이용 및 기타 세심한 서비스)
이 돋보인다. 2 North Charles St,
Baltimore, MD 21201,
www.monaco-baltimore.com

THE ADMIRAL FELL INN 역사 깊은
펠즈포인트(Fells Point)에 있으며 물가에
있는 아주 좋은 호텔이다. 가격대는 높은
편이지만 그 건물에 깃든 유령 이야기와
주변의 자갈길을 따라 들어선 레스토랑과
상점들로 많은 재미가 있는 곳이다.
888 South Broadway, Baltimore, MD
21231, www.sterlinghotels.com

**ABACROMBIE FINE FOOD AND
ACCOMMODATIONS** 중저가 B&B.
문화적으로 풍부한 마운트 버논(Mount
Vernon)에 있어 위치도 편리하다.
Walters Art Gallery 근처 Symphony
맞은편에 있다. 꽤 괜찮은 레스토랑도
딸려 있다. 58 West Biddle St,
Baltimore, MD 21201

BALTIMORE HOSTEL 다운타운에
있는 저렴한 숙박 시설로, 공용 공간이
많아 더욱 좋다. 17 West Mulberry St,
Baltimore, MD 21201

MISS SHIRLEY'S 이곳은 식사 중 브런치를 제일 좋아하는 내가 애용하는 브런치 장소이다. 아스파라거스, 붉은 피망, 아티초크, 염소치즈가 들어간 Roland Park Omelet은 꼭 먹어봐야 할 메뉴. 이너하버(Inner Harbor) 길 맞은편에 있는 프랫스트리트(Pratt Street) 지점은 식사 후 산책을 즐기기에도 그만이다. 513 West Cold Spring Lane, Baltimore, MD 21210·750 East Pratt St, Baltimore, MD 21202, www.missshirleys.com

SOTTO SOPRA 창의성이 가미된 이태리 요리를 선보이는 로맨틱한 식당. 잔잔한 조명과 세심한 실내장식이 그윽한 분위기를 연출한다. 종종 손님으로 북적이기도 하고 가격도 비싼 편이지만 그만큼의 만족을 줄 것이다. 이곳의 완벽한 커피로 식사를 마무리하자. 402 North Charles St, Baltimore, MD 21201, www.sottosoprainc.com

PAPERMOON DINER 24시간 운영하는 아주 독특한 식당이다. 천장을 포함해 공간 전체가 장난감, 골동품 등 온갖 잡동사니로 뒤덮여 있다. 음식 맛은 흠잡을 데 없이 옛날 그대로지만 분위기는 개성이 넘친다. 227 West 29th St, Baltimore, MD 21211, www.papermoondiner24.com

EAT

GOLDEN WEST CAFE 햄던 (Hampden)의 소도시적 분위기에 딱 어울리는 재밌는 카페로 컬러풀하고 독특한 매력이 있다. 가끔씩은 원래 모습보다 과도하게 멋들어지거나 그리고 과도하게 인기를 끌거나 할 때가 있지만 그곳 음식 때문에 모든 것을 용서하게 될 것이다. 추천 메뉴는 Mental Oriental Salad 또는 Pumpkin Pancake이다. 1105 West 36th St, Baltimore, MD 21211, www.goldenwestcafe.com

IGGIE'S PIZZA 비싼 가격, 장작불에 구운 씬크러스트 피자와 신선한 토핑, 수많은 채식주의 메뉴, 그리고 BYO 정책. 애완견도 동반할 수 있다. 818 North Calvert St, Baltimore, MD 21264, www.iggiespizza.com

THE EVERGREEN 독립적으로 운영되는 정감 가는 커피숍으로 짝이 안 맞는 의자, 화분, 그리고 현지 아티스트의 작품 등이 집처럼 편한 분위기를 자아낸다. 커피와 샌드위치, 요거트 아이스크림이 맛있다. 501 West Coldspring Lane, Baltimore, MD 21210

THE AMBASSADOR DINING ROOM 아파트 단지 내에 자리한 고급 인도 식당. 분위기가 늘 사랑스러운 이곳은 여름에는 넓은 정원, 겨울에는 아늑한 벽난로 가에서 식사를 할 수 있다. 음식 가격은 싸지 않지만 맛이 있다. 비용이 부담된다면 점심 뷔페를 이용해도 충분하다. 3811 Canterbury Rd, Baltimore, MD 21218

DRINK

BREWER'S ART 에스콰이어지에서 미국 최고의
바로 뽑힌 적 있는 근사한 술집. 높은 평가에 걸맞은
경험을 선사해준다. 아래층에는 조명이 어두운
바 공간이 있고, 다양한 수제 맥주와 안주를 판다.
조명이 밝은 위층은 식사 공간으로 맛 좋은 음식을
제공한다. Resurrection Ale은 꼭 마셔보기 바란다.
1106 North Charles St, Baltimore, MD 21201,
www.belgianbeer.com

MT ROYAL TAVERN 다이브바 중에서도 가장
허름한 곳. 저렴한 술, 지저분한 화장실, 그리고
천장의 시스틴 성당 천장화의 복제본 등… 미술
전공생과 중년 취객들이 한데 모여 이곳의 고객층은
특이하다. 재미있는 곳이다. 1204 West Mount
Royal Ave, Baltimore, MD 21217

DOUGHERTY'S PUB 편한 분위기의 스탠다드
펍. 대화를 하기 위해 소리 지를 필요도 없고 여러
사람 사이에서 느긋하게 즐기며 유쾌한 직원들이
서빙하는 저렴한 맥주를 피처로 마실 수 있다.
이곳은 The Wire 잡지에 소개된 적이 있다.
223 West Chase St, Baltimore, MD 21201

THE DEPOT 지저분하고 별 꾸밈없는 클럽이지만
유쾌한 젊은이들이 즐겨 찾는다. 주중 저녁에는
한산하지만 그래도 술보다는 춤 추러 가기에 좋은
곳이다. 금요일 밤이면 80년대 음악을 틀어주는데
이 날은 몹시 붐빈다. 1728 North Charles St,
Baltimore, MD 21201

DIONYSUS Brewer's Art에서 코너를 돌면 나오는
이곳의 외관은 미심쩍지만 내부는 근사하다.
아래층에는 안락한 라운지 스타일의 바가 있고
그리스 음식과 맛있는 피자를 맛볼 수 있다.
8 East Preston St, Baltimore, MD 21202

Natty Boh ↓

THE BOOK THING 직접 가봐야 이해할 수 있는 굉장한 곳이다. 먼지가 자욱한 방들로 이뤄진, 창고 건물만 한 공간은 중고책으로 빽빽이 채워져 있다. 여기서 더욱 놀라운 점은 이 모든 책이 '공짜'라는 점이다! 그렇다, 공짜! 나는 이곳에서 주옥 같은 책 몇 권을 이미 찾아냈다. 마음에 드는 책을 가져가는 대신 당신이 더는 보지 않을 책을 무엇이든 기증하면 된다. 주말에도 문을 연다. 3001 Vineyard Lane, Baltimore, MD 21218, www.bookthing.org

THE ZONE 빈티지 옷을 좋아하는 사람이라면 반드시 들러야 할 성지. 친절한 점원과 엄선된 의류가 번화가의 벽돌 건물에서 당신을 기다리고 있다. 813 North Charles St, Baltimore, MD 21201

MILAGRO 햄던에 있는 부티크로 세계 각지에서 온 장신구와 의류, 미술품, 선물 등을 팔고 있다. 상품 셀렉션이 돋보인다. 1005 West 36th St, Baltimore, MD 21211

ATOMIC BOOKS 잡지, 만화, 디자이너 아트토이 등을 파는 독특한 독립 서점. Golden West(Eat 섹션 참조) 맞은편에 있다. 3620 Falls Rd, Baltimore, MD 21211, www. atomicbooks.com

DOUBLE DUTCH BOUTIQUE 색다르고 현대적인 인디 브랜드 여성 의류, 주얼리, 핸드백, 구두를 취급하며 한정품도 종종 찾을 수 있다. 매월 첫 번째 금요일에는 10-20% 할인 판매도 한다. 3616 Falls Rd, Baltimore, MD 21211, www.doubledutchboutique.com

DAEDALUS BOOKS 불필요한 장식 없이 진열이 잘 된 창고형 서점으로 재고 서적을 할인가에 판매하고 있다. 저렴한 데도 볼 만한 책이 꽤 많다. 책 대부분은 $5 미만의 가격에 판매된다. 5911 York Rd, Baltimore, MD 21212, www. daedalusbooks.com

VALUE VILLAGE THRIFT STORE 동네 중고 상점으로 말도 안 되는 싼 가격에 쓸 만한 상품을 구할 수 있다. 5013 York Rd, Baltimore, MD 21212

VOGUE REVISITED 동네 위탁 판매점으로 디자이너 의류와 액세서리를 할인 판매한다. 주말에는 손님이 몰려든다. 4002 Roland Ave, Baltimore, MD 21211

CROSS STREET MARKET 실내 식료품 시장으로 옛 분위기가 물씬 난다. Nick's의 바에 앉아서 크랩 케이크를 먹어보자. 1065 South Charles St, Baltimore, MD 21230

AMERICAN VISIONARY ART MUSEUM

이 기이한 타원형 빌딩과 외관을 압도하는 55피트짜리 바람 형상물을 놓치기란 쉽지 않다. 이 박물관은 '보통 사람들의 예술'을 위해 지어진 곳으로, 이곳 작품들은 독학한 아티스트들의 민속 예술품쯤으로 생각하면 된다. 정치/사회적 메시지를 담은 작품과 홀로코스트 생존자가 제작한 퀼트 작품, 바그다드의 의사가 만든 조각품 등이 포함된다. 상당한 영감을 주는 독특한 컬렉션을 갖추고 있다. 800 Key Hwy, Baltimore, MD 21230, www. avam.org

THE BALTIMORE MUSEUM OF ART

현대 작품과 역사적 작품을 모두 갖춘 무료 시립 박물관. 지역 박물관이지만 비교적 유명한 작가의 작품을 보유하고 있으며 조각 정원도 둘러볼 만하다. 10 Art Museum Dr, Baltimore, MD 21218, www.artbma.org

THE CHARLES THEATER

볼티모어에 남은 몇 안 되는 예술 영화관 중 하나. 하지만 가장 괜찮은 인디 및 해외 영화 프로그램을 운영한다. 근사한 옛 건물에 다섯 개 상영관을 갖추고 있다. 1711 North Charles St, Baltimore, MD 21201, www.thecharles.com

BALTIMORE SYMPHONY ORCHESTRA

BSO는 유능한 여성 지휘자 마린 알솝(Marin Alsop)이 오케스트라를 이끌게 되면서 재기에 성공했다. 콘서트 티켓은 매우 저렴하며, 공연에서는 유명한 고전 음악 연주는 물론, 실험적인 시도도 한다. 1212 Cathedral St, Baltimore, MD 21201, www. bsomusic.org

THE THEATRE PROJECT

실험적인 공연 예술을 위한 센터. 1970년대부터 지금까지 세계 각지에서 국제적인 수준의 공연과 공연 예술가들을 볼티모어로 초대하는 데 앞장서온 곳이다. 45 West Preston St, Baltimore, MD 21201, www.theatreproject.org

THE WALTERS ART MUSEUM

마운트 버논에 위치한 유서 깊은 미술관이다. 회화, 조각, 공예품 등 미술품을 소장하고 있다. 600 North Charles St, Baltimore, MD 21201, www. thewalters.org

NUDASHANK GALLERY

최근 연 독립 갤러리로, 아티스트들이 직접 운영하며 신인 작가 발굴에 주력한다. 한 건물에 여러 갤러리가 입점해 있는데 그 중 Glallery Four도 개인적으로 좋아하는 곳이다. 함께 둘러보면 좋을 것이다. H&H Arts Building, 405 West Franklin St, Baltimore, MD 21201, www.nudashank. blogspot.com

HONFEST Honfest('hon'은 볼티모어 사람들의 애정이 어린 표현으로, 'honey'의 준말이다)는 볼티모어의 키치함을 기리기 위한 축제로, 볼티모어의 여성 노동자를 위한 행사라 할 수 있다.
6월 초 햄던의 거리에서 펼쳐지며 주요 행사는 '볼티모어 최고의 여성(Baltimore's Best Hon)'을 뽑는 대회이다. 최고의 hon 차림(주로 벌집 헤어스타일과 호피 무늬 스판덱스 의상으로 이어진다)을 한 여성에게 시상하는 것으로 유명한 행사이다.
www.honfest.net

ARTSCAPE 미국 최대의 무료 예술 페스티벌은 매년 7월 말 경 마운트 로열 애비뉴(Mt Royal Avenue)의 MICA(Maryland Institute College of Art, 메릴랜드 예술대학) 캠퍼스를 중심으로 펼쳐진다. 예술가, 야외 조각가, 패션 디자이너와 공예가, 공연 예술 이벤트, 실험 음악, 그리고 가족 행사 등이 가득하다. 프로그램 정보는 웹사이트에서 얻을 수 있다.
www.artscape.org

KINETIC SCULPTURE RACE Visionay Art Museum(culture란 참조)에서 매년 5월 초 개최하는 행사. 트럭 크기의 동물 및 요괴 조각들이 8시간 동안 시내 각지에서 경주를 벌인다. 재미있는 행사.
www.kineticbaltimore.com

THE DOMINO SUGAR FACTORY Domino Sugar Factory의 오래된 네온사인은 이 도시의 랜드마크이니 꼭 사진을 찍어두자. 펠즈포인트에서 바라본 모습이 가장 괜찮다.

FORT MCHENRY PARK 19세기 요새 주변에 조성된 국립공원이자 미국의 애국가가 탄생한 곳이다. 물 위로 펼쳐진 아름다운 경치를 바라볼 수 있다. 항구 근처 95번 고속도로 옆.

NATIONAL AQUARIUM 나는 수족관을 몹시 좋아한다. 특히 돌고래 쇼는 놓칠 수 없다! 이 거대한 수족관은 항구 끝자락에 있다. 시설이 좋지만 인기가 많으니 미리 예약하거나 오픈 시간에 맞춰서 도착해야 한다! 501 East Pratt St, Baltimore, MD 21202, www.aqua.org

Yellow-Billed Cuckoo

매사추세츠주 보스턴 - 에스터 울

BOSTON, MASSACHUSETTS BY ESTHER UHL

당신이 작가 올리버 W 홈즈(Oliver W Holmes)의 말을 믿는다면, 보스턴은 "태양계의 중심"이다. 개인적으로는 이 말이 아주 약간 과장되었다고 생각하지만, 보스턴 차(茶) 사건과 폴 리비어의 말달리기(Paul Revere's Ride)부터 보스턴이 미국 역사에서 중추적인 역할을 해왔다는 사실만은 의심하지 않는다. 오늘날 보스턴은 하버드대와 MIT의 국제적 명성에 힘입어 교육과 의학, 경제의 중심이 되었다. 이는 미국의 '그랜드 댐(Grand Dame)' 위치에서 훨씬 재미있는 곳으로 성장하여, 열린 마음과 혁신적인 자세로 살아가는 창의적이며 열정적인 사람들을 매혹하게 되었다는 뜻이다. 미국 타 지역에서는 보기 힘든 방식으로 인생을 즐기는 사람들 덕에 보스턴은 늘 활기가 넘친다.

보스턴은 항구에 지어진 중간 규모의 도시로, 찰스강(Charles River) 때문에 케임브리지(Cambridge), 워터타운(Watertown), 찰스타운(Charlestown)과 분리되어 있다. 세월이 흐르면서 이 도시를 거쳐간 수많은 이민자의 표식이 문화, 음식, 철학에 남았다. 거리를 지나칠 때마다 겹겹이 쌓인 역사의 흔적과 신구가 공존하는 모습을 마주치게 될 것이다. 붉은 벽돌로 오래전에 지어진 보도는 연방주의 시대의 근사한 저택을 지나 최신 기술로 무장한 마천루까지 이어진다. 이 모두가 매혹적인 시각 효과를 자아낸다.

시내는 노스엔드(North End)부터 평화로운 베이빌리지(Bay Village)까지, 또 고급스러운 백베이(Back Bay)부터 독립 갤러리와 상점 들로 수놓인 사우스엔드(South End)까지 수많은 구역으로 작게 나뉜다. 각 구역마다 개성이 뚜렷해 보스턴의 도보 여행지로서 매력을 더해준다. 접근성이 좋은 지하철 MBTA나 자전거를 언제든지 이용해도 좋다. 기회가 된다면 보스턴 코먼(Boston Common) 공원의 녹음을 만끽하거나 찰스강을 따라 산책을 오래 즐겨보기 바란다. 나는 여름이면 사우스보스턴(South Boston, 별칭 Southie) 해변으로 가 캐슬 아일랜드(Castel Island)에서 도시 너머로 지는 석양을 바라보곤 한다.

NINE ZERO 우아한 가구와 차분한
색감, 정갈한 조명으로 이루어진 고급
호텔. 넓은 공간에 가격은 다소 비싼
편이지만 아주 편안한 곳이다.
90 Tremont St, Boston, MA
02108, www.ninezero.com

ONYX HOTEL 다운타운에 있는
부티크 호텔로, Nine Zero 같은 이들이
운영한다. 위치가 좋고 디자인도
근사하며 시설에 비해 가격도 과하지
않다. 155 Portland St, Boston, MA
02114, www.onyxhotel.com

NEWBURY GUEST HOUSE 객실
32개짜리 게스트 하우스. 트렌디한
백베이(Back Bay) 지역의 뉴버리
스트리트(Newbury Street, 상점과
카페가 밀집한 거리)의 빅토리아식
붉은 벽돌 건물에 있다. 객실은
깨끗하고 현대적이며 가격도
합리적이다. 261 Newbury St,
Boston, MA 02116,
www.newburyguesthouse.com

HI-BOSTON 국제호스텔연맹에서
운영하는 꽤 큰 호스텔로 백베이
부근에 있다. 개성은 부족하지만 최근
개조해서 깨끗하고 가격 대비 괜찮은
숙박시설이다. 일인실과 다인실이
있으며, 최고의 저가 옵션일 것이다.
12 Hemenway St, Boston, MA
02115, www.bostonhostel.org

THE LIBERTY 19세기 교도소 건물을
멋들어진 호텔로 개조했다. 건축적
조형미가 인상적인 곳으로, 숙박하지
않더라도 방문할 가치가 있다.
215 Charles St, Boston, MA
02114, www.libertyhotel.com

PHO PASTEUR 가족이 운영하는 아시안 식당으로 차이나타운 한복판에 있다. 푸짐한 양과 저렴한 가격, 그리고 지금까지 내가 먹어본 중 가장 맛있는 수프를 만드는 곳이다. 682 Washington St, Boston, MA 02111, www.phopasteurboston.net

TABERNA DE HARO 보스톤에서 가장 정통에 가까운 스페인식 타파스 바. 흥겹고 편안한 분위기에 여름에는 거리 쪽으로 테라스 자리가 마련된다. 소박한 전통 음식을 제공하며 지역별 별미도 추천할 만하다. 스페인산 와인도 아주 다양하게 갖추고 있다. 999 Beacon St, Brookline, MA 02446, www.tabernaboston.com

THE BEEHIVE 인기 있는(다른 말로 붐비는 - 그러니 사전 예약은 필수) 보헤미안 식당으로, 사우스엔드의 예술 단지 중앙에 있다. 음식과는 별개로 라이브 공연 덕에 분위기가 항상 떠들썩하다. 세계적인 수준의 음악가들이 이곳에서 블루스, R&B, 일렉트로니카, 레게, 풍자극과 카바레 공연 등을 펼친다. 게다가 무료이기까지 하다! 541 Tremont St, Boston, MA 02116, www.beehiveboston.com

MIRACLE OF SCIENCE 나는 이 동네 식당에서 언제나 편안함을 느낀다. 개인적으로 공감하는 괴짜스러운 멋에 과학 실험실 콘셉트의 장식이 섬세하게 가미되어 있다. 음식도 맛있는데 버거류가 특히 괜찮다. 예술가, 음악가, 컴퓨터 공학도와 MIT 수재 들이 즐겨 찾는 곳이다. 321 Massachusetts Ave, Cambridge, MA 02139, www.miracleofscience.us

EAT

MERENGUE 소울 푸드란 바로 이런 것이다! 다소 위험한(하지만 차차 나아지는) 동네에 있는 도미니칸 식당으로 열대지방 스타일의 알록달록한 실내장식에 친절한 점원들, 그리고 실로 엄청난 양의 끝내주는 음식이 있는 곳. 꼭 가보기를 권한다. 156-160 Blue Hill Ave, Boston, MA 02119, www.merenguerestaurant.com

CUCHI CUCHI 1920년대 홍등가 스타일의 재미있는 식당. 스테인드글라스로 장식된 창문과 당시 의상으로 완벽히 분장한 웨이트리스, 그리고 로맨틱한 분위기가 한데 어우러져 (좋은 의미로) 과장스럽다. 당시 메뉴가 절충적으로 반영된 (쇠고기 스트로가노브, 치킨 키에브, 해산물로 속을 채운 아보카도 등) 모든 요리가 놀랍도록 맛있다. 채식주의 메뉴도 다양하다. 795 Main St , Cambridge, MA 02139, www.cuchicuchi.cc

BALTIC EUROPEAN DELI 사우스보스턴에 있는 고급 식료품점으로 직접 만든 빵과 델리 음식이 특히 훌륭하다. 햄버거와 패스트푸드에 지쳤다면 이곳에서 입맛을 다시 돋구어보자. 632 Dorchester Ave, Boston, MA 02127

33 RESTAURANT AND LOUNGE 호화로운 뉴욕 스타일의 마티니 바. 아래층에는 라운지가 위층에는 조명이 아름다운 바가 있다. 잘 보이고 싶은 상대와 가면 좋을 곳. 33 Stanhope St, Boston, MA 02116

WHISKEY PARK 백베이에 있는 바 겸 클럽으로 시내의 미남미녀들이 모이는 곳이다. 테이블 차지가 붙고 음료도 비싸지만 매력적인 사람들과 함께해볼 만하지 않겠는가. 64 Arlington St, Boston, MA 02116, www.gerberbars.com

WALLY'S CAFE 이 작고 소탈한 동네 재즈바를 처음 방문했을 때, 나는 다소 어색했다. 바텐더, 뮤지션, 손님 모두가 진짜배기여서 그곳에 내가 어울리지 않는다는 생각이 들었기 때문이다. 맥주 몇 잔을 마시며 훌륭한 연주를 몇 곡 들으면서 그 생각은 이내 사라졌고, 이제는 나도 이곳의 열혈팬이 되었다. 427 Massachusetts Ave, Boston, MA 02118, www.wallyscafe.com

TOP OF THE HUB 프루덴셜 센터(Prudential Center) 건물의 52층에 자리한 바 겸 레스토랑으로 모든 테이블에서 보스턴의 경치를 감상할 수 있다. 우아한 분위기에 향긋한 모히토를 마시며 라이브 재즈 음악과 함께 경치를 즐기는 것도 좋겠다. 800 Boylston St, Boston, MA 02116, www.topofthehub.net

GOOD LIFE 편안한 분위기의 펑키한 바로 두 개 층을 나누어 쓰고 있다. 위층 바에서 칵테일을 마시고 지하인 아래층에서는 시내 최고의 DJ 와 함께 파티를 즐길 수 있다. 28 Kingston St, Boston, MA 02111, www.goodlifebar.com

AUDUBON CIRCLE 지나치기 쉬운 미니멀한 레스토랑 겸 바. Miracle of Scence(Eat란 참조) 주인이 이곳도 운영한다. 칵테일은 훌륭하고 음식도 맛 좋고 창의적이다. 여름이면 대나무가 줄지어 선 테라스에서 여러 디자이너와 멋쟁이 들과 함께 즐거운 시간을 보낼 수 있다. 838 Beacon St, Boston, MA 02215

THE SOWA OPEN MARKET 매주 열리는 보스턴의 멋진 아티잔 시장은 다양한 상인들을 결집시킨다. 화가와 조각가, 사진가, 의류 및 주얼리 디자이너, 모자 제작자, 플로리스트, 제빵사, 현지 농산품 등이 5월부터 10월까지 일요일마다 모인다. 460 Harrison Ave, Boston, MA 02118, www.southendopenmarket.com

BODEGA 잘 알려지지 않은 운동화 가게. 평범한 편의점처럼 보이는 곳 내부에 숨어 있다. 스내플(Snapple) 자판기 근처에 숨은 문 뒤로 빈티지 및 한정판 운동화의 화려한 셀렉션이 당신을 기다리고 있다. 6 Clearway St, Boston, MA 02115, www.bdgastore.com

HONEYSPOT 내 연인의 생일 선물을 구입하는 곳. 선물, 카드, 문구류, 주얼리 등의 제품 셀렉션이 훌륭하다. 48 South St, Jamaica Plain, MA 02130

MAGPIE 멀찍이 소머빌(Somervill)에 있는 상점이지만 근처에 갈 일이 생기면 꼭 들러보자. 너무도 아기자기한 가게에 인디 디자이너들이 제작한 수공예품 및 생활용품이 가득하다. 416 Highland Ave, Somerville, MA 02144, www.magpie-store.com

POD 브룩라인(Brookline) 한쪽에 있는 작은 가게로 엄선된 제품을 판다. 아름다운 직물과 프랑스 비누, 빅토리안 양식의 앤티크 엽서 등이 예술적으로 진열되어 있다. 313 Washington St, Brookline Village, MA 02130, www.shop-pod.com

RUGG ROAD PAPER COMPANY 예술가가 운영하는 가게로, 세계 각지에서 모은 근사한 카드와 수제 종이류를 편한 분위기의 공간에서 팔고 있다. 105 Charles St, Boston, MA 02114, www.ruggroadpaper.com

BLACK INK AND THE MUSEUM OF USEFUL THINGS 나는 Black Ink에 갈 때마다 시간 개념을 잃곤 한다. 자석부터 어린이 책, 동물 모양 세라믹 장식품과 고무 도장 등 독특한 제품이 너무도 많기 때문이다. 이들은 케임브리지에 Museum of Useful Things라는 지점을 또 하나 갖고 있는데 세련된 디자인 감각을 지닌 가정용품 및 사무용품을 판매하고 있다. **BLACK INK:** 101 Charles St, Boston, MA 02114, **THE MUSEUM OF USEFUL THINGS:** 5 Brattle St, Cambridge, MA 02138

WINDSOR BUTTON 단추와 털실 제품이 드넓은 바다를 이루는 곳. 손뜨개를 좋아한다면 이곳이 분명 마음에 들 것이다. 35 Temple Pl, Boston, MA 02111

SHOP

SOUTH END 개인적으로 좋아하는 쇼핑 지역 중 하나. 코너마다 현지 아티스트와 디자이너들이 제작한 디자인 제품, 주얼리와 홈웨어를 파는 가게들이 눈에 띌 것이다. 이 중 내가 특히 추천하는 가게는 Gifted, Michelle Willey, Turtle 이 세 곳이다. **GIFTED:** 53 Dartmouth St, Boston, MA 02116, www.madebymarie.com, **MICHELLE WILLEY:** 8 Union Park St, Boston, MA 02118, **TURTLE:** 619a Tremont St, Boston, MA 02118

NEWBURY STREET 보스턴의 고급 쇼핑가를 경험하고 싶다면 이곳으로 가자. 예상 가능한 곳들 외에도 멋진 독립 부티크들과 Johnny Cupcakes나 Puma Design Store 같은 재미있는 가게들도 찾을 수 있을 것이다. 더불어 쇼핑에 혹사된 발을 쉽게 할 수 있는 카페도 즐비하다.

BOSTON CENTER FOR THE ARTS 공연예술과 시각예술을 위해 세워진 비영리 시설. 4개의 공연 시설에서는 수준 높은 실험적 작품들을 선보인다. 사우스보스턴에 있어 위치도 좋으니 하루 저녁쯤 시간을 투자해도 아깝지 않을 것이다. 539 Tremont St, Boston, MA 02116, www.bcaonline.org

AXIOM 뉴미디어와 실험 미디어 작품을 전시하는 최고의 갤러리. 라이브 뮤직, 워크숍 외 다양한 이벤트 프로그램도 진행된다. 141 Green St, Boston, MA 02130

MASS MOCA 과거 직물공장으로 이용되던 방대한 건물 부지가 멋진 예술센터로 근사하게 바뀌었다. 음악 이벤트와 무용, 영화, 연극, 예술 그리고 관련된 모든 것을 아우르는 곳이다. 유명 작가들도 곧잘 초대된다. 솔 르윗(Sol LeWitt)의 전시 등 내 마음을 사로잡는 전시가 여러 번 있었다. 교외에 있지만 장시간 이동도 충분히 보상받을 만한 곳이다. 87 Marshall St, North Adams, MA 01247, www.massmoca.org

THE INSTITUTE OF CONTEMPORARY ART (ICA) 모든 형식의 현대미술을 다루는 곳으로 물가의 아름다운 현대식 건물에 있다. 빼어난 컬렉션을 바탕으로 한 수준 높은 전시를 볼 수 있으며 바닥부터 천장까지 이어진 창문으로 보이는 장관이 이곳에서의 경험에 정점을 찍는다. 게다가 라이브 음악이 연주되는 작고 아늑한 공간도 있다. 카페에서 맥주를 사 들고 물가로 나와 햇볕을 쬐어보자. 100 Northern Ave, Boston, MA 02210, www.icaboston.org

ORPHEUM THEATRE 유명 뮤지션의 공연을 볼 수 있는 음악 공연장. 공간은 다소 오래되고 낡았지만 바로 이 점이 매력을 더해준다. 1 Hamilton Pl, Boston, MA 02108, www.orpheum-theater.com

CANTAB LOUNGE 또 다른 음악 공연 시설로 매주 수요일 저녁 8시부터 일반인을 대상으로 포이트리 슬램(poetry slam) 행사를 주최한다. 분위기는 매번 달라서 마음에 들 때도 있고 아닐 때도 있지만 이런 부분도 이곳의 다채로움에 한 몫을 더한다. 738 Massachusetts Ave, Cambridge, MA 02139, www.cantab-lounge.com

INDEPENDENT FILM FESTIVAL BOSTON 매년 4월에 개최된다. 나는 이 페스티벌을 통해 여러 나라의 영화를 볼 기회가 생긴다는 점이 특히 마음에 든다. 페스티벌 분위기도 항상 활기차고 즐겁다. www.iffboston.org

THE COOLIDGE CORNER THEATRE 이 독립 영화관이 원래는 교회였는데 이후 아르데코 양식의 영화관으로 개조되었다는 이야기를 친구에게 들은 적 있다. 편안하고 비싸지 않으며 재미도 있고, 심야 상영과 어린이 프로그램과 같은 보너스도 있다. 보스턴에서 독립 영화와 고전 영화를 보기에 가장 좋은 장소. 290 Harvard St, Brookline, MA 02215, www.coolidge.org

OPEN STUDIOS CAMBRIDGE / SOUTH END 일년에 한 번 보스턴의 디자이너와 아티스트 들이 대중에게 자신의 스튜디오를 공개한다. 당신이 숭배하거나 질색하는 이들의 작업실 광경을 엿볼 수 있는 기회. 여기저기 걸어다니며 다른 이들의 작품을 둘러볼 수 있어 흥미롭다. www.useaboston.com, www.noca-arts.org

CHILL

JEANETTE NEIL DANCE STATION
나는 춤추기를 좋아한다. 내가 스트레스 쌓인 하루를 마친 후 지친 마음과 몸, 그리고 영혼을 달래는 방법이 바로 춤이다. 이 주옥같은 스튜디오는 나의 도피처이자 안식처라 할 수 있다. 공개 강좌를 열기 때문에 별도의 신청을 하지 않아도 평생 자유롭게 와서 춤 출 수 있다. 이곳의 강사들, 특히 힙합 강사들은 정말 많은 영감을 준다. 261 Friend St, 5th floor, Boston, MA 02114, www.jndance.com

HARBORWALK
이곳은 보스턴 도시 설계의 대 업적 중 하나로 꼽을 수 있다. 50여 마일에 이르는 산책로는 서로 적절하게 연결되어 있고 해안가에서 찰스타운 (Charlestown), 디어 아일랜드 (Deer Island), 노스 엔드(North End)를 거쳐 사우스 보스턴 (South Boston)까지 닿아 있다. 다운타운에서 쉽게 갈 수 있으며(ICA 나 수족관에서 출발) 자전거, 뱃놀이, 수영, 피크닉을 즐기기에 좋고 산책만 해도 충분한 곳이다. 개인적으로 선호하는 코스는 플레저 베이 (Pleasure Bay)를 따라 걷는 것이다 (달리면 더욱 좋다!). 조용한 석호에는 모래 해변이 있어 수영도 가능하고, 캐슬 아일랜드(Castle Island)로 이어지는 우회로를 타며 요새를 둘러보고 바다 경치도 볼 수 있다.

CHRISTIAN SCIENCE CHURCH POOL
Christian Science Church는 시내 한복판에 있는 인상적인 19세기 돔 건축물이다. 이 교회는 1960년대 뛰어난 건축가 이오 밍 페이(I. M. Pei)에게 건물 앞에 넓은 광장을 만들어달라고 의뢰했다. 그 결과 교회 앞에는 670피트짜리 리플렉팅 풀과 분수가 생겨났고 진정한 보스턴의 랜드마크가 되었다. 화창한 날 앞에서 바라보기만 해도 행복해지는 곳이다. 210 Massachusetts Ave, Boston, MA 02115

THE

JAY FLETCHER'S

HOLY

CHARLESTON

CITY

사우스캐롤라이나주 찰스턴 – 제이 플레처

CHARLESTON, SOUTH CAROLINA
BY JAY FLETCHER

찰스턴은 지난 세월에 대한 그리운 추억이라 할 수 있고, 그 역사와 영예, 매력으로 유명하다. 내게 찰스턴은 최고만 모인 도시라 하겠다. 찰스턴은 각종 "최고의" 리스트에 등재되어 있다. 대부분의 잡다한 여행책을 넘기다보면 비교적 작은 이 도시가 최고의 해변, 최고의 날씨, 최고의 식당, 최고의 친절함 등의 항목에서 우수한 평가를 받는다는 사실이 눈에 띌 것이다. 나는 내가 사는 이 아담한 도시가 뉴욕, 샌프란시스코, 시카고 등의 최대 여행지와 나란히 찬사를 받는 것에 매번 놀란다. 그러다가도 당연하게 여긴다. 현관문부터 고작 몇 제곱마일의 범위 내에서 세상 최고의 요리를 먹었고 가장 감동적인 풍경을 보았으며 최고로 유쾌한 사람들과 만났다. "삶의 질"은 이곳 공동체에서 끊임없이 메아리치는 문구이다. 찰스턴 사람들은 자긍심을 갖고 있으며, 다소 방어적이지만 따뜻한 마음을 지녔고, 다른 곳에서의 삶은 상상조차 하지 못하는 이들이 대부분이다. 그러고 싶어 하지도 않는다.

1670년 영국인들이 처음 도시를 세우면서 찰스타운(Charles Towne)이라는 이름을 붙였다. 교회 수가 엄청나 "신성한 도시(The Holy City)"라는 별명도 얻게 된 찰스턴(실제로 찰스턴 특유의 첨탑이 촘촘히 솟아 있는 스카이라인을 보존하기 위해 신축 건물의 높이를 제한하는 규제가 시행된다)은 미국에서 무척 오래되고 역사적인 도시 중 하나다. 해적의 습격과 스페인 및 프랑스의 산발적인 공격, 독립 혁명기의 결정적인 순간들, 남북전쟁의 첫 전투, 그리고 북쪽의 보스턴과 남쪽의 쿠바까지 진동했던 대지진 등은 독특하고 이야깃거리가 풍부한 찰스턴의 역사에서 극히 일부다. 오늘날에는 관광과 별개로 생기를 띠는 항구와 급성장하는 IT 산업을 중심으로 경제가 활성화되고 있다.

가스등이 켜진 도시의 자갈길 골목을 걷노라면 시간 여행을 하고 있는 듯하다. 모퉁이를 돌 때마다 비길 데 없이 찬란한 역사가 눈앞에 펼쳐져 과거와 현재가 다채롭고 활기차게 뒤섞인다. 과거와 미래를 동시에 바라보며 모던앤티크(modern antique)로서의 정체성을 가꿔가는 것이야말로 찰스턴의 진정한 아름다움이라 할 수 있다.

STAY

WENTWORTH MANSION 1885년 개인 주택으로 지어진 Wentworth Mansion은 이후 찰스턴에서 가장 특색 있고 호화로운 호텔이 되었다. 일일이 손으로 정교하게 만든 대리석 조각과 목조 장식, 티파니 스테인드 글래스 창문은 그 화려함의 일부일 뿐이다. 호텔 레스토랑인 Circa1996 또한 환상적이다. 가격이 감당하기에 너무 비싸다면 옥상 쿠폴라에서 경치만 잠시 감상해도 될지 정중히 요청해보자. 149 Wentworth St, Charleston, SC 29401, www.wentworthmansion.com

FRENCH QUARTER INN 찰스턴의 유명한 시장 부근에 있는 이곳은 오만하지 않으면서도 고급스러운 호텔이다. 프렌치 어반 스타일의 우아한 실내장식을 갖추고 있고 호텔 직원들의 고객 서비스는 최고라고 이미 정평이 났다. 레스토랑 Tristan 또한 인기 있는데, 저녁 시간의 와인&치즈 리셉션은 고객들에게 꾸준히 사랑받고 있다. 166 Church St, Charleston, SC 29401, www.fqicharleston.com

THE INN AT MIDDLETON PLACE 시내에서 몇 안 되는 근대식 호텔. 프랭크 로이드 라이트의 영향을 받은 디자인으로 상을 받았으며 인접한 18세기 농장과도 잘 어울린다. 아늑한 수공예 목조 가구와 판자가 각 객실을 장식하고 있으며 바닥부터 천장까지 이어진 창문은 호텔 주변의 자연 경관을 감상할 수 있게 해준다. 4290 Ashley River Rd, Charleston, SC 29414

SEASIDE INN 보다 합리적인 가격과 바다에 가까운 숙소를 찾는다면 이곳으로 가야겠다. 다운타운에서 15분 거리의 아일오브팜스(Isle of Palms)에 있는 이곳 객실에서 바다까지는 몇 걸음밖에 안 된다. 주변에는 괜찮은 식당, 바, 상점이 수두룩하다. 당신이 찰스턴으로 여행을 왔다 해도 내내 섬에 머물 수도 있다. 1004 Ocean Blvd, Isle of Palms, SC 29451, www.seasideinniop.com

TRATTORIA LUCCA 세계적 수준의 요리로 유명한 도시에 사는 이에게 선호하는 레스토랑을 꼽기란 자녀 20명을 둔 아버지가 가장 사랑하는 아이를 고르는 것과 같다. 그렇기는 해도 이 식당은 언제나 내 리스트에서 상위를 차지한다. 새우와 옥수수죽, 마카로니 치즈로 유명한 도시에서 진정한 이탈리안식 정찬을 체험할 수 있는 곳이다. 분위기는 요리사가 손님들과 함께 어울릴 정도로 친근하고 음식은 입안에서 살살 녹는다. 가능한 여러 종류의 애피타이저를 맛보도록 하자. 41-A Bogard St, Charleston, SC 29403, www.luccacharleston.com

TACO BOY 폴리비치(Folly Beach)에 있는 오리지날 Taco Boy는 바다 가까이 있는데, 다운타운에 새 지점을 열었다. 분위기와 음식 모두 훌륭하다. Tempura Shrimp Taco 를 멕시코 콜라와 함께 먹어보자. 밤을 Tres Leches Cake와 함께 마무리해도 좋을 것이다. 217 Huger St, Charleston, SC 29403 ·15 Center St, Folly Beach, SC 29439, www.tacoboy.net

CAVIAR & BANANAS 고급 식료품점과 식도락 카페가 한데 모인 이곳은 누구나 만족할 만한 아담하고 세련된 공간이다. 조리 식품, 치즈, 스시, 커피바, 그리고 페이스트리류 등을 팔고 있다. 식사를 하지 않더라도 이곳에서 장을 본 후 집에서 직접 요리해도 된다. 잠깐의 정성으로 오리고기 샌드위치를 만들어보면 어떨까. 51 George St, Charleston, SC 29401, www.caviarandbananas.com

MONZA 어디에 살더라도 삶의 방식은 비슷할 것이다. 주문 배달이 가능한 피자집이 있고 모든 이가 직접 가서 먹는 단골 피자집도 있을 것이다. 이곳은 후자에 속한다. 식사 공간은 미니멀한 분위기에 세련미가 흐르며, 빈티지 이탈리아 레이싱 테마로 꾸며졌다. 피자는 당신이 한 번도 들어본 적 없을 사람들 이름으로 불린다. 일단 Sausage and Pepper로 시작한 다음 Materassi를 맛보자. 451 King St, Charleston, SC 29403, www.monzapizza.com

CHARLESTON GRILL 내가 찰스턴 최고의 식사를 경험했던 곳(상당히 의미 있는 표현)이다. 깊은 톤의 목재 장식, 차분한 조명, '주방장이 손님께 추천하는 요리는⋯'이라며 웨이터가 말을 건네는 곳을 떠올려보라. 가격이 다소 비싸긴 하지만 요리는 당신이 알던 음식의 개념에 혁명을 일으킬 것이다. 이곳에 가면 미키(Mickey)에게 인사를 꼭 하자 (입구에서 당신을 백만장자처럼 맞이하는 사람이다). 그리고 제이(Jay)의 추천으로 왔다고 말해주길 바란다. 224 King St, Charleston, SC 29401, www.charlestongrill.com

THE WRECK 현지인들에게 인기 있는 식당. 올드 빌리지 (Old Village)에 숨어 있으며 그림 같은 셈크릭 (Shem Creek)을 내려다 보고 있다. 식당 이름을 건물에서 따왔다고 생각할 수도 있지만 실제로는 1989년 허리케인 휴고 (Hugo)에 의해 파선된 트롤선 리차드와 샤를렌 (Richard and Charlene)에서 비롯되었다. 외관에 실망하지 말자. 갓 잡은 싱싱한 해산물, 삶은 땅콩, 허시퍼피, 적미(red rice), 바나나 푸딩 등 남부 요리의 진수를 맛볼 수 있다. 106 Haddrell St, Mount Pleasant, SC 29464, www.wreckrc.com

EAT

POE'S TAVERN 남다른 스타일과 꾸밈없으면서도 맛있는 안주로 유명한 이곳은 정말 근사하다. 넓은 야외공간과 개성적이며 느긋한 분위기의 이 술집은 해변에서 하루를 보낸 후 들르기에 좋은 장소로 각광받고 있다. 여름철에는 반경 400미터 내에서 주차할 곳 찾기가 거의 불가능하지만 그런 불편을 감수해도 좋은 곳이다. 2210 Middle St, Sullivan's Island, SC 29482, www.poestavern.com

CLOSED FOR BUSINESS 생긴 지 얼마 안 됐지만 금세 나의 단골 술집으로 자리잡은 곳이다. 디자인 블로그와 스키 산장이 결합된 듯한 분위기이다: 바닥부터 천장까지 이어진 목재 마감, 전신에 체크무늬를 휘감은 직원, 불이 들어오는 커다란 활자 모형, 박제, 재밌는 인쇄물로 도배된 벽 등. 주류 메뉴는 이국적인 기분마저 느끼게 할 정도로 독특하다. 출출해지면 Pork Slap을 먹어보라. 453 King St, Charleston, SC 29403, www.closed4business.com

THE LIBRARY ROOFTOP 찰스턴 하버 (Charleston Harbor) 끝자락에 자리한 Vendue Inn의 꼭대기에 있는 술집. 맥주 한잔하며 일몰과 주변 경치를 감상하기에 이보다 나은 장소는 없을 것이다. 주의해야 할 것은 꼭대기까지 가는 엘리베이터 탑승이 재밌어질 수도 있다는 것이다. 오래되고 비좁고 더운 데다가 매번 이 엘리베이터에 갇히면 서로 얼마나 친해질지에 대해 농담을 늘어놓는 누군가가 꼭 하나씩 있다. 23 Vendue Range, Charleston, SC 29401, www.vendueinn.com

CHAI'S LOUNGE AND TAPAS 아시아에서 영감을 받은 고급스러우면서도 편안한 분위기의 라운지바. 젊은 전문직들을 끌어들이며 찰스턴 밤 문화의 허브 역할을 하는 곳이다. 종이등이 아롱이는 공간에서 입맛 돋구는 타파스를 맛보거나 테라스로 나가서 두 잔째로 이어질 모히토를 한 잔 마셔보자. 462 King St, Charleston, SC 29403

COAST 창고 건물이었던 곳에 자리한 분위기 있는 바 겸 레스토랑. 부스에는 양철 지붕이 얹혀 있고 화면에는 서핑 영화가 연이어 나오며 잔뜩 부푼 복어 모양의 조명이 걸려 있다. 가게를 가득 메운 손님들은 종종 가게 앞 골목길까지 점령하기도 한다. 입이 쩍 벌어지는 와인리스트와 해산물 위주의 흠잡을 데 없는 메뉴를 갖추었다. 추천 메뉴는 Buffalo Shrimp와 Baja Fish Tacos이다. 39-D John St, Charleston, SC 29403, www.coastbarandgrill.com

AC'S 'Dive bar(허름한 술집)'이라는 용어는 아마도 AC's를 염두에 두고 만들어진 표현이 아닐까 생각한다. 어둡고 퀴퀴하지만 무척 신나는 곳이다. 아주 세련된 대학생부터 비루한 대학 중퇴자까지, 다양한 인생을 살아온 단골들과 그 어느 때고 만날 수 있다. 467 King St, Charleston, SC 29415, www.acsbar.com

SHINE 생긴 지 그다지 오래되지 않은 바로, 찰스턴의 멋있고 유쾌한 예술계 종사자들이 모여드는 곳으로 재빨리 자리잡았다. 인테리어는 섬세한 로코코 벽지, 빈티지 샹들리에, 수제작한 대나무 테이블로 꾸며져 있어 부드럽고 현대적인 분위기를 풍긴다. 음식 자체도 훌륭하며 주말이면 DJ가 음악을 연주한다. 평범한 저녁 식사가 본격적인 밤 나들이로 바뀔 수 있는 곳. 58 Line St, Charleston, SC 29403

CHARLESTON WATERSPORT

프라이드치킨과 벤&제리 (Ben&Jerry's) 아이스크림을 넘나드는 와중에도 나는 찰스턴의 풍광을 최대한 즐기려 노력한다. 팬케이크처럼 평평하고 오븐만큼 뜨거우며 물에 둘러싸인 이곳에서 야외활동을 즐기려면 물에 젖어도 괜찮은 취미를 갖는 것이 좋다. 서핑, 패들보딩, 카약, 수상스키, 웨이크보드 등 그 어떤 물놀이를 선택하든지 이곳에서라면 적절한 기구를 찾을 수 있을 것이다. 대여도 가능하다. 1255 Ben Sawyer Blvd, Mt Pleasant, SC 29464

ARTIST AND CRAFTSMAN SUPPLY

이곳에 올 때마다 나는 미술대학을 다니던 시절로 돌아가고 싶어진다. 연필과 캔버스의 바삭한 냄새는 따뜻한 사과파이 향이 덮쳐오듯 내 마음을 애타게 한다. 이곳은 솔벤트, 염료, 종이류 외 당신의 창조적 욕구를 발산하는 데 필요한 재료를 전부 판다. 이상하게 들리겠지만, 이 가게 화장실을 꼭 들러보길 바란다. 찰스턴에서 디자인되는 모든 포스터, 광고지, 초대장 등이 이곳으로 오는 것 같다. 많은 영감을 받을 수 있을 것이다. 143 Calhoun St, Charleston, SC 29401, www.artistcraftsman.com

THE CHARLESTON FARMERS' MARKET

다운타운의 중심에 있는 매리언 스퀘어(Marion Square)에서는 4월부터 10월까지 매주 토요일 아침 8시부터 낮 2시까지 농산물 직거래 시장이 열린다. 현지인들이 이웃과 만나고 싱싱한 농산물과 꽃을 구입한다. 라이브 공연이 열리고, 공예품 노점상도 있으며 브런치나 점심을 해결할 방법도 많다. Marion Sq, Charleston, SC 29403

OUT OF HAND

여자친구와 내가 사귀기 시작했을 때 그녀는 뻔뻔하게도 이런 이야기를 했다: "선물을 사주고 싶은데 뭘 사야 할지 모르겠거든 Out of Hand 에서 아무거나 사도록 해." 꽤나 여성스러운 가게이긴 하지만 처음 이곳을 방문했을 때 그녀에게 줄 선물보다 내 것을 고르는 데 열중했음을 고백한다. 디자인이 멋진 사진 액자부터 남자마저도 사고 싶게 하는 수입 비누까지, Out of Hand에서의 쇼핑은 환상적이다. 마치 별난 누군가가 몰래 감춰둔, 장신구와 보석이 열리는 미지의 나무를 발견한 듯한 곳이다. 113C Pitt St, Mt Pleasant, SC 29464, www.shopoutofhand.com

HALF-MOON OUTFITTERS

찰스턴에만 매장이 세 군데인 Half Moon Outfitters는 야외 활동을 위한 원스톱 쇼핑이 가능한 곳이다. 일단 가게로 들어가면 에베레스트 산 등반이 하고 싶어질 것이다. 어디까지나 베이스 캠프까지겠지만 말이다. 280 King St, Charleston, SC 29401, www.halfmoonoutfitters.com

WORTHWHILE

여기는 아무 계획 없이 들어갔다가 나올 때는 시계 부품으로 만든 곤충 모형, 곧 태어날 아들을 위한 인생 교훈이 담긴 책, 또는 어제 디자인 블로그에서 봤지만 실물을 보리라고는 생각지도 못한 잡동사니 등을 갖고 나오게 되는 그런 가게다. Worthwhile 은 완벽한 물건들의 독특한 조합으로 언제나 감각을 충족시켜준다. 268 King St, Charleston, SC 29401, www.shopworthwhile.com

PECHA KUCHA NIGHT CHARLESTON 2003년 도쿄에서 시작된 이래 페차쿠차의 밤은 이제 전 세계적인 현상이 되었다. 아직 경험해보지 못한 이들을 위해 설명하자면 이렇다: 발표자들 각자가 이미지 20장을 장당 20초씩 보여준다. 발표자들이 주어진 시간을 쓰는 방식은 예측하기 어렵지만 모두의 집중력을 유지하는 데 정해진 형식이 도움을 준다. 찰스턴의 페차쿠차의 밤은 몇 달에 한 번씩 개최되며 장소는 비밀로 유지되다가 행사 며칠 전에야 공개된다.

CHARLESTON INTERNATIONAL FILM FESTIVAL 매년 봄 찰스턴 국제 영화제는 젊고 유망한 영화인과 시나리오 작가 들의 작품을 선보인다. 나흘간 독립영화, 단편영화, 다큐멘터리 및 애니메이션 영화가 상영되고 매일 밤 애프터 파티, 토론회, 교육 워크숍 등이 펼쳐진다. www.charlestoniff.com

CULTURE

CHARLESTON WINE AND FOOD FESTIVAL 매년 봄 이 도시의 요리 마술사들이 찰스턴 와인 & 요리 페스티벌(Charleston Wine & Food Festival)을 위해 모인다. 이 행사에는 전국의 셀러브리티 요리사와 요리 방송국 외에 와인 양조장과 기타 식품 제조사들도 참여한다. www.charlestonwineandfood.com

DRAYTON HALL 미국 최고의 조르지안 팔라디안 양식 건축물로 꼽히는 Drayton Hall은 원 상태를 유지하고 있는, 몇 안 되는 혁명 이전 시대의 건물 중 하나다. Drayton Hall은 복원되었다기보다는 완벽한 상태로 보존되었으며 이 말은 아무것도 변하거나 더해지거나 개조된 적이 없음을 의미한다. 3380 Ashley River Rd, Charleston, SC 29414, www.draytonhall.org

THE OLD SULLIVAN'S ISLAND BRIDGE

마운트 플레전트(Mt Pleasatn)의 올드 빌리지(Old Village)에 있는 피트 스트리트(Pitt Street) 끝자락에서는 과거 연안수로(Intracoastal Waterway)를 건너기 위해 사용되었던 교각의 흔적이 남아 있다. 설리반즈 아일랜드(Sullivan's Island)와 본토를 잇던 이 다리는 기둥 몇 개를 남겼을 뿐이지만 다리가 있던 장소는 물가를 따라 해수 소택지까지 산책을 오래 즐길 수 있는 색다른 공원으로 바뀌었다. 이곳 경치는 어느 쪽으로 보나 경이로움 그 자체이다. 한편에는 대서양이, 반대편에는 찰스턴의 다운타운이 펼쳐진다. Pitt St 끝자락, Old Village

WHITE POINT GARDEN

'The Battery'라는 명칭으로 흔히 불리는 White Point Garden은 다운타운을 이루는 반도의 최남단에 있으며 찰스턴에서 특히 웅장한, 남북전쟁 이전 시대의 주택들이 이곳에 있다. 가장 유명한 관광지이며, 찰스턴 하버와 포트 섬터(Fort Sumter, 남북전쟁이 시작된 곳)의 전례 없는 장관이 펼쳐지는 곳이다. East Battery & Murray Blvd Charleston, SC 29401

MARION SQUARE

다운타운의 주요 교차로들 사이에 끼어 있는 매리언 스퀘어(Marion Square)는 6에이커에 이르러 찰스턴의 중심지라 할 수 있다. 다양한 행사와 축제가 일년 내내 열리며 주민들이 일상적으로 소풍이나 일광욕을 즐기고, 함께 모이는 장소로 애용되고 있다. 햇살이 따사로운 날이면 그 어떤 종류든 스포츠 행사가 즉흥적으로 열린다. Calhoun St & King St, Charleston, SC 29403

REDUX STUDIOS

6천 제곱피트에 달하는 창고 건물에 있는 비영리 예술 단체 Redux Studios는 찰스턴 예술계의 중추이다. 시설에는 갤러리 공간, 아티스트 개인 작업실, 판화 작업실, 인화실, 목공실, 강의실, 상영관 등이 마련되어 있다. 방문할 계획이라면 지속적으로 바뀌는 전시 및 행사 정보를 웹사이트에서 미리 확인하자. 136 St Philip St, Charleston, SC 29403, www.reduxstudios.org

GIBBES MUSEUM OF ART

100년이 넘는 시간 동안 이곳은 찰스턴의 '전통적인' 미술관 역할에 충실했으며 만 점이 넘는 영구 소장품으로 이 지역의 풍부한 문화유산을 전시해왔다. 여름의 오이만큼이나 시원한 곳이기도 해서 바깥 열기를 피하기에도 좋다. 135 Meeting St, Charleston, SC 29401, www.gibbesmuseum.org

THE TERRACE

나를 포함하여 많은 현지인이 이곳에 대한 주문을 외운다: "The Terrace에서 상영한다면 가서 보겠다." 최고의 독립영화 및 해외영화만 상영하는 유일한 영화관이며 모든 면에서 비견할 데 없는 취향을 뽐낸다. 맥주와 와인을 팔며 윌리 웡카마저 샘을 낼 만한 캔디숍도 있다. 1956 Maybank Hwy, Charleston, SC 2941, www.terracetheater.com

Daniel Blackman's

THE LOOP
C
WHERE THE RED MEETS THE BLUE & GREEN & BROWN & PINK & ORANGE LINES

C

Chicago

일리노이주 시카고 - 대니얼 블랙맨

CHICAGO, ILLINOIS BY DANIEL BLACKMAN

내가 시카고로 이사온 지 몇 년이 지났지만, 이 복합적인 도시를 지리적으로 설명하기란
여전히 벅차다. 시카고는 수많은 마을과 동네와 구역이 버스와 교각, 그리고 '엘(El, 시카고의
지상철)' 정류장으로 연결된 거대도시다. 이 안의 어느 동네가 가장 마음에 드는지는 당신의
선택에 달려 있다. 나는 대부분의 시간을 벅타운(Bucktown), 위커파크(Wicker Park), 로건 스퀘어
(Logan Square)에서 보낸다. 미리 밝혀두자면, 이 지역들은 모두 한때는 쇠락했다가 최근 들어
몹시 트렌디한 힙스터(hipster)들의 집결지가 되었다. 하지만 그렇다고 해서 이곳이 재미없거나
볼거리가 없다는 뜻은 아니다. 픽시 자전거나 형광색 탱크탑, 라이방 선글라스의 출몰만
조심하면 된다.

시카고는 말 그대로, 또 통계학적으로 녹지가 매우 풍부하다. 재활용 프로그램이 잘
갖추어졌으며 수천만 개의 옥상정원이 총 450만 제곱피트 이상을 차지하는 데다가, 지금까지
겪어본 중 자전거 이동이 가장 편리한 곳이다. 미시건호수(Lake Michigan) 끝자락부터 시작되는
호숫가 자전거로 18마일을 따라 박물관과 공원, 동물원 등이 들어서 있다. 자전거를 빌리지
않겠다면 '엘'을 이용하는 것이 가장 편리하다. 모든 노선이 도시 중앙에 위치한 더룹(The
Loop)에서 뻗어 나간다. 내가 집중적으로 소개하는 지역들(벅타운, 위커파크, 로건스퀘어)은 전부
파란색 노선에 있다.

내게 시카고에서의 삶이란 끝없는 모험과도 같다. 바, 공원, 식당, 갤러리 등뿐 아니라
어떤 때는 구획이 새로 생기기까지 한다. 찾으려는 의지만 있다면 지척에서도 보물을 한가득
발굴할 만한 곳이 시카고다. 디자인에 한해서, 나는 시카고가 다른 대도시들처럼 가식적이지
않아서 좋다. 건축물이 근사하고 호수는 아름다우며 창의적인 이들을 위한 기회도 풍부하다.
예술계의 양상은 다채롭고 새로 유입된 사람들이나 신인들을 위해서도 활짝 문을 열고 있다.
시카고는 모든 면에서 많은 혜택을 누릴 수 있어 다정하고 편안한 곳이다.

THE JAMES HOTEL 고급스러우면서도 편안한 호텔로 다운타운 중심의 편리한 위치에 있다. 금전적 여유가 된다면 추천할 만하며 어디로든지 이동이 쉬운 편이다.
55 East Ontario, Chicago, IL 60611, www.jameshotels.com

THE WIT HOTEL 또 하나의 눈여겨볼 만한 고급 호텔. 다운타운의 더룹(The Loop) 부근에 있으며 수많은 편의시설을 갖추었다. 인테리어는 현대적이고 참신한 감각으로 꾸며져 있고 꼭대기 층에는 괜찮은 칵테일 바도 있다.
201 North State St, Chicago, IL 60601, www.thewithotel.com

THE WICKER PARK INN 내가 사는 동네에서 아주 가까운 B&B. 위커파크 (Wicker Park) 한가운데 둥지를 튼 이곳은 가격 대비 훌륭한 곳으로 이용객들에게서 좋은 평가를 받고 있다. 1329 North Wicker Park Ave, Chicago, IL 60622, www.wickerparkinn.com

THE DRAKE HOTEL 돈이 있다면 이곳을 추천한다. 다운타운의 아름다운 아르데코 건물에 자리한 호텔로, 미시건 애비뉴 (Michigan Avenue)와 호수가 가깝고, 넓은 로비와 객실을 갖추고 있다. 도시의 역사가 느껴지는 호텔이다.
140 East Walton St, Chicago, IL 60611, www.thedrakehotel.com

HOSTELLING INTERNATIONAL CHICAGO 저예산 여행을 계획하고 있다면 이 호스텔을 이용해보자. 평가도 좋은 편이라 각종 '최고의 호스텔' 리스트에서 최고 자리를 차지하고 있다. 사우스 룹(South Loop)에 있어 위치도 편리하다. 24 East Congress Pkwy, Chicago, IL 60605

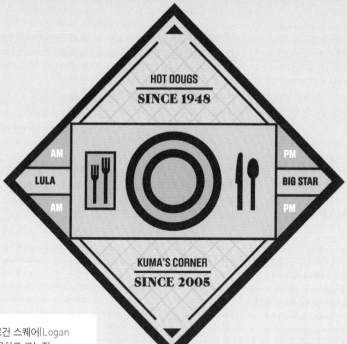

HOT DOUGS
SINCE 1948

AM
LULA
AM

PM
BIG STAR
PM

KUMA'S CORNER
SINCE 2005

EAT

LULA CAFE 로건 스퀘어(Logan Square)의 조용하고 그늘진 구석에서 시내 최고의 브런치를 제공하는 이 보석 같은 카페를 만날 수 있다. 줄을 서서 기다려야 할 테지만 특히 테라스 자리를 원한다면 그만한 가치가 있다. 저녁 메뉴도 맛이 좋지만 브런치야말로 굉장하다. 가격도 합리적이다. 2537 North Kedzie, Chicago, IL 60647, www.lulacafe.com

HOT DOUGS 핫도그 하나 먹기 위해 20분간 줄을 서서 기다리는 시간이 너무 길다고 생각한다면 당신은 아직 Hot Dougs를 경험하지 못한 것이다. 이곳은 핫도그를 먹기에 '환상적인' 곳이다. 정통 시카고 스타일의 핫도그부터 푸아그라와 트러플 아이올리를 곁들인 소테른 오리고기 소시지까지 다채로운 메뉴를 자랑하며, 모두 양이 푸짐한 프렌치 프라이와 함께 나온다. 오예! 3324 North California Ave, Chicago, IL 60618, www.hotdougs.com

BIG STAR 위커 파크에 위치한 이 타코집은 최근 새로운 '잇' 플레이스로 부상했다. 위스키, 멕시칸 콜라와 타코 등을 판다. 이곳에서 주문한 메뉴는 실패할 리가 없다. 음악은 컨트리와 록 위주이다… 주로 조니 캐쉬(Johnny Cash)와 웨일런 제닝스(Walyon Jennigs)지만 말이다. 1531 North Damen Ave, Chicago, IL 60622

KUMA'S CORNER 시내 최고의 버거집. 각 버거의 명칭은 메탈 밴드의 이름을 따서 지었다. 식당 분위기는 어두컴컴하고 메탈 음악이 쾅쾅 울려댄다. 오픈 시간에 맞춰 도착해야 한다. 테이블에 앉기 위해 몇 시간이나 기다리는 경우가 허다하기 때문이다. 맥주 셀렉션도 환상적이다. 2900 West Belmont Ave, Chicago, IL 60618, www.kumascorner.com

PICANTE 이 멕시칸 식당은 너무나 맛있는 멕시코 요리를 엄청나게 빨리 서빙해서 여러 번 내 목숨을 구했다. 웨스트 디비전 스트리트(West Division Street)와 데이먼 애비뉴(Damen Avenue)에 있는데도 지나치기 쉬우니 잘 살펴보자. 2016 West Division St, Chicago, IL 60622

ENOTECA ROMA 제대로 된 이탈리안 식사를 즐길 수 있는 다소 고급스러운 식당. 내가 좋아하는 메뉴는 배가 들어간 라비올리다. 와인 리스트도 괜찮은데, 와인 한 병을 시키는 것이 부담스러우면 글라스 단위의 주문도 다양하다. 2146 West Division St, Chicago, IL 60622, www.enotecaroma.com

VIOLET HOUR 그윽하고 로맨틱하며 라운지스러운 공간에서의 비싼 칵테일과 애피타이저는 어떨까. Big Star 맞은편에 있는데, 한두 잔 또는 그 이상도 하러 가기 좋은 곳이다. 갈수록 지갑에 부담이 된다는 점을 제외하곤 다 괜찮다. 1520 North Damen Ave, Chicago, IL 60622, www.theviolethour.com

BAR DEVILLE 유크래니언 빌리지(Ukrainian Village)에 있는 작고 괜찮은 바. 주류판매 금지 시대의 칵테일을 전문으로 하는 유능한 바텐더들이 있는 곳이다. 친구들과 함께하기 좋고 금요일과 토요일은 다소 붐비지만 그만큼 재미도 있다. 예거밤을 즐기는 사람들은 그리 환영받지 못할 것이다. 701 North Damen Ave, Chicago, IL 60622

THE WHISTLER 로건 스퀘어에 있는 또 다른 좋은 칵테일바. 주말에 갔는데 줄이 길다면 길을 건너서 20대들이 술 취한 40대 이웃들과 대화를 나누고 있는 Two Way로 가자. 야호! 2421 North Milwaukee Ave, Chicago, IL 60647, www.whistlerchicago. com

THE BURLINGTON 발길이 닿지 않는 곳에 있지만 양철 지붕과 교회식 의자가 있는 이 멋진 바는 분위기가 너무도 좋다. 직원들은 친절하고 맥주는 저렴하다. 3425 West Fullerton Ave, Chicago, IL 60647, www.theburlingtonbar.com

MAP ROOM 세계 맥주를 좋아한다면 두말할 것 없이 시카고 최대의 맥주 메뉴를 갖춘 이곳을 추천한다. 내셔널 지오그래픽지 과월호 수천 권과 벽을 가득 메운 지형도가 분위기를 더해준다. 1949 North Hoyne Ave, Chicago, IL 60647, www.maproom.com

RAINBO 내가 좋아하는 스타일을 그대로 지닌 다이브바. 말도 안 되게 싼 맥주와 땀투성이의 멋쟁이들, 그리고 구식 즉석사진기가 있다. 나는 이곳에서 즐거운 밤들을 수없이 보냈다. 1150 North Damen Ave, Chicago, IL 60622

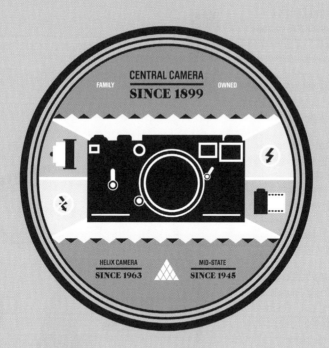

CENTRAL CAMERA
FAMILY **SINCE 1899** OWNED

HELIX CAMERA MID-STATE
SINCE 1963 SINCE 1945

SHOP

BELMONT ARMY 레이크뷰 (Lakeview)에 위치한 빈티지 및 위탁 의류 판매점으로 네 개 층을 사용하고 있다. 지하는 육/해군 복장을 팔고 나머지는 엄선된 의류를 다룬다. 855 West Belmont Ave, Chicago, IL 60657

PENELOPE'S 위커파크에 있는 상점으로 유럽 인디 브랜드와 고급 의류를 비교적 합리적인 가격에 판매한다. 1913 West Division St, Chicago, IL 60622, www.penelopeschicago.com

ARCHITECTURAL ARTIFACTS 박물관과 골동품 가게 사이를 오가는 곳. 이 아름다운 3층 짜리 건물의 각 층은 대리석 벽난로부터 낡은 간판과 1930 년대 테이블 축구대까지 온갖 상품으로 가득하다. 흥미롭게 구경할 만한 곳이다. 4325 North Ravenswood Ave, Chicago, IL 60613, www. architecturalartifacts.com

SALVAGE ONE Architectural Artifacts와 비슷하면서도 개성이 몹시 뚜렷한 곳이다. 거대한 3층 짜리 창고건물이 오래된 잡동 사니와 보물로 가득 채워져 있다. 1840 West Hubbard St, Chicago, IL 60622, www.salvageone.com

QUIMBY'S BOOKSTORE 디자인 서점으로 예술서적부터 지역 잡지와 언더그라운드 포르노 잡지까지 갖추고 있다. 오후 시간을 보내기 딱 좋은 곳. 1854 West North Ave, Chicago, IL 60622, www.quimbys.com

SAINT ALFRED 시카고에서 신발을 사기에 가장 좋은 가게. 한정판 신발, 좋은 옷과 모자를 갖추고 있다. 직원들은 무척 친절한 편이다. 1531 North Milwaukee Ave, Chicago, IL 60622, www.stalfred.com

POST FAMILY COLLECTIVE

아티스트 일곱 명이 공동 운영하는 갤러리 겸 예술공간. 젊은 예술가들의 작품을 볼 수 있는 흥미로운 이벤트와 전시가 이루어진다. 온라인숍에서 파는 인쇄물들도 확인해보자. 1821 West Hubbard St #202, Chicago, IL 60622, www.thepostfamily.com

CO-PROSPERITY SPHERE 멋진

전시를 개최하는 이들은 재기발랄한 아티스트들과 교류한다. 또한 이 지역의 주목할 만한 잡지인 Lumpen Magazine, Proximity Mag와도 협력하고 있다. 3219-21 South Morgan St, Chicago, IL 60608, www.coprosperity.org

THE MUSIC BOX THEATRE 정말

보석과도 같은 독립 극장으로 다양한 예술영화를 상영한다. 레이크뷰에 온다면 이곳에 들러서 옛 시카고의 향취에 빠져보기 바란다. 3733 North Southport Ave, Chicago, IL 60613, www.musicboxtheatre.com

MUSEUM OF CONTEMPORARY

ART 이름 자체가 이들이 하는 일을 설명해준다. 일관된 큐레이팅으로 유능한 현대 미술가들을 불러 모으며 볼 만한 좋은 전시를 개최한다. 220 East Chicago Ave, Chicago, IL 60611, www.mcachicago.org

THE ART INSTITUTE OF CHICAGO

전 시대를 아우르는 미술품을 방대하게 소장한 대형 박물관이다. 새로 마련된 현대미술 전시관도 아름답다. 밀레니엄 파크(Millenium Park)와 호수 바로 옆이라 좋은 위치를 자랑하며 옥상에는 멋진 경치, 레스토랑, 야외 조각이 있다. 111 South Michigan Ave, Chicago, IL 60603, www.artinstituteofchicago.org

CHICAGO HARBORS

41°50'13"N 87°41'4"W

EMPTY BOTTLE 완벽한 장소. 좁고

시끄럽고 허름하다. 저렴한 맥주와 훌륭한 밴드가 있다. 1035 North Western Ave, Chicago, IL 60622, www.emptybottle. com

SCHUBAS 작은 공연장으로 레스토랑과

바가 함께 있다. 공연 수준이 대체로 높고 가격은 비교적 저렴하다. 3159 North Southport Ave, Chicago, IL 60657, www.schubas.com

PITCHFORK MUSIC FESTIVAL 그렇다. 저 못 되먹은 음악 비평가들이 시카고 출신이다. 혹평 일색인 앨범 리뷰를 아직 보지 못했다면 이들 웹사이트를 방문해보자. 이들은 음악계에 많이 기여하고 있고 7월에는 세계적 명성의 음악 페스티벌을 개최한다. 연중 최고의 시기를 보낼 수 있다.
www.pitchforkmedia.com

HIDEOUT BLOCK PARTY Hideout Bar의 사람들이 매년 9월에 단 하루만 개최하는 축제. 장당 $10인 티켓을 구입하면 멋진 밴드의 공연을 볼 수 있다. 좋은 사람들과 현지 맥주, 즐거운 시간이 보장된다.
1354 West Wabansia, Chicago, IL 60622

CHICAGO INTERNATIONAL FILM FESTIVAL 2주 동안 진행되는 영화제로 매년 가을에 열린다. 엄청나게 많은 영화가 시내 도처에서 상영된다.
www.chicagofilmfestival. com

BOTTOM LOUNGE 3층 규모의 바 겸 공연장으로, 옥상에서 보는 도시 전경은 장관이다.
1375 West Lake St, Chicago, IL 60607,
www.bottomlounge.com

METRO 정말 볼 만한 옛날 극장 건물. 유명 밴드의 공연을 볼 수 있다. 가격이 다소 비싸고, 황당하게도 재입장이 불가능하다는 점이 단점이다.
3730 North Clark St, Chicago, IL 60613,
www.metrochicago.com

WELCOME to DENVER

Gwenda Kaczor's

콜로라도주 덴버 - 그웬다 캑조어

DENVER, COLORADO BY GWENDA KACZOR

옛 서부 시대와 금광에 얽힌 역사에 무언가 있을지도 모르겠다. 아니면 아름다운 로키산맥 (Rocky Mountains) 아래 초원지대(Great Plains)에 둘러싸인 지형에서 비롯되었을까? 무엇이 원인이 되었든 간에, 덴버는 내가 지금까지 살았거나 방문했던 도시 중 가장 편안하고 아늑한 곳이다. 덴버가 본연의 개성과 매력을 잃지 않으면서도 진보적이고 세계적인 도시로 발돋움할 수 있었던 이유는 개방성과 독립적인 정신 덕분이다.

덴버에는 도시와 자연의 생활 방식이 완벽한 조화를 이룬다. 훌륭한 공원이 수백 군데나 되며 주변 산들에는 교통이 편리한 자연 산책로도 많다. 또한 도시 전체에 환경을 중시하는 기풍이 형성되어 있다. 한편 다양한 박물관과 활기를 띤 예술구역도 시내에 여러 군데이고 훌륭한 공연 시설이 갖추어져 있으며 좋은 음악을 들을 수 있는 행사도 꾸준히 열린다. 그리고 이 모든 것이 어우러져 풍요로운 문화를 만든다. 나는 무수히 많은 현지 페스티벌과 행사들을 가장 좋아한다. 이 행사들은 연중 수시로 벌어지며 다양한 집단과 교류할 수 있는 장이 된다.

시내에서 이동하기도 쉬운 편이다. 역사적인 다운타운(Downtown) 주변은 걸어 다녀도 충분하고 자전거나 전철을 타도 된다. 16번가 몰(16th Street Mall)은 1마일이나 되는 도보 거리로, 다운타운을 가로지른다. 한쪽 끝에는 근사한 주청사 건물이 자리하고 반대쪽 끝에는 오랜 역사를 자랑하는 유니온스테이션(Union Station)이 있으며 그 사이를 각종 스포츠 경기장, 상점, 레스토랑, 술집, 클럽들이 채운다. 다운타운 지역을 벗어나면 대비가 인상적이고 매력적인 지역들과 마주칠 것이다. 전통적인 벽돌 건물과 아기자기한 빅토리아식 건물, 산업시대 창고 건물들이 놀라운 수준의 거리 예술품으로 가득 찬 구역에 나란히 있다. 과거와 현재가 어깨를 맞대고 선 모습이 심심치 않게 눈에 띈다. 이토록 탁월한 신구의 조화가 덴버만의 특징이다.

당신이 덴버까지 왔다면, 시내에서 30분이면 닿을 수 있는 산으로의 방문을 빼놓을 수는 없다. 계절마다 바뀌는 절경에 당신의 가슴은 두근거릴 것이다. 맑은 날씨가 연평균 300일간 이어지니 절대 실패할 리 없는 방문이 될 것이다. 덴버에 온 것을 환영한다!

THE OXFORD HOTEL 로워 다운타운 (Lower Downtown)의 중심에 있는 우아한 아르데코 양식의 호텔이다. 위치가 이상적이며 맛을 아는 사람들이 시내 최고의 마티니를 음미하기 위해 찾아드는 전설적인 바가 있다. 1600 17th St, Denver, CO 80202, www.theoxfordhotel.com

BROWN PALACE HOTEL 어퍼 다운타운(Upper Downtown)의 랜드마크로서 사랑받는 호텔. 유구한 역사과 전통을 자랑하는 이곳은 역대 대통령과 저명 인사들이 묵었던 곳으로 유명하다. 숙박이 너무 부담스럽다면, 잠시 들러서 홍차라도 한잔하고 가기를 권한다. 321 17th St, Denver, CO 80202, www.brownpalace.com

THE CURTIS HOTEL 색다른 것을 원한다면 이 재미난 호텔을 추천한다. 각 층은 스타워즈와 엘비스 프레슬리 등 다양한 팝 문화 테마로 구성되어 있다. 가격은 중간대이고 센트럴 다운타운(Central Downtown)에 있다. 이곳의 바와 레스토랑 역시 재미있으며 사람 구경하기에도 좋다. 1405 Curtis St, Denver, CO 80202, www.thecurtis.com

FUEL CAFE 숨은 보석과도 같은 곳. 세련된 인더스트리얼 스타일의 레스토랑으로, 창의적인 도시 생활자들이 사는 약간 먼 동네에 있다. 제철 재료를 즐겨 사용하고 메뉴는 자주 바뀐다. First Friday Art Walk 전후로 들르기 좋은 곳이다. 3455 Ringsby Ct #105, Denver, CO 80216

EL TACO DE MEXICO 덴버에는 괜찮은 멕시코 식당이 많지만 항상 붐비는 이 평범한 식당이야말로 가장 제대로 된 멕시코 식당으로 정평이 났다. 특히 저렴한 가격의 식사를 원한다면 더욱 추천한다. 주문은 카운터에서 하면 된다. 개인적으로 추천하는 메뉴는 Smothered Chilli Relleno Burrito이다. 714 Santa Fe Dr, Denver, CO 80204

CITY O' CITY 나는 바 겸 카페인
이곳에서라면 하루종일 시간을 보낼
수 있다. 실제로 많은 사람이 그렇게
한다. 분위기가 느긋해 예술가,
학생, 직장인 등 다양한 손님들이
몰려든다. 편히 기대어 앉아 커피나
술을 한잔하면서 홈메이드 채식요리를
먹어보라. 206 East 13th Ave, Denver, CO
80203, www.cityocitydenver.com

MERCURY CAFE 내가 덴버에 와서
처음으로 집인 양 편안함을 느꼈던
곳이다. 카페 그 이상의 장소로 문화적
허브라 할 수 있다. 재생 가능한
에너지를 이용하는 곳이며 현지의
유기농 생산물로 음식을 만든다.
분위기는 다소 히피적이다. 다양한
예술가들이 포이트리 슬램을 보거나
라이브 음악에 탱고를 추기 위해
이곳을 찾는다. 2199 California
St, Denver, CO 80205, www.
mercurycafe.com

ROOT DOWN 재미있는 동네
식당으로 다운타운 끝자락에
있다. 원래 주유소였던 공간을
사용하고 있으며 당시 모습을
상당히 유지하고 있다. 언제나 멋진
손님들이 드나들며, 색다른 음식을
맛볼 수 있고 테라스 자리에서는
덴버 다운타운의 근사한 경치까지
감상할 수 있다. 1600 West 33rd
Ave, Denver, CO 80211, www.
rootdowndenver.com

BEATRICE AND WOODSLEY
아스펜(Aspen)에서 공수한 목재를
사용해 마법 같은 공간을 연출한
곳으로 다른 세상으로 들어서는
듯한 느낌을 준다. 실내장식만큼
타파스 스타일의 음식도 창의적이다.
가격대가 높은 편이지만 그만큼의
값을 한다. 38 South Broadway,
Denver, CO 80209, www.
beatriceandwoodsley.com

Z CUISINE AND A' CÔTÉ 나는 이
작은 프렌치 비스트로와 옆집의
와인/압생트 바를 사랑한다. 다운타운
외곽의 옛스러운 동네 한가운데에
있다. 고급스럽고 아담하며 정통을
추구하는 이곳의 열정적인 주방장은
현지 유기농 재료로 요리를 만든다.
내가 아끼는 메뉴인 La Vie En Rose
칵테일을 마셔보라. 2239 & 2245
West 30th Ave, Denver, CO
80211, www.zcuisineonline.com

**BASTIEN'S RESTAURANT AND
STEAKHOUSE** 나는 이스트 콜팩스
(East Colfax)에 있는 이 전형적인
1960년대식 스테이크 하우스를
즐겨 찾는다. 상징적인 8각형
모양의 건물과 낡은 네온사인,
옛 라스베가스식 분위기 덕에
시간이 멈추어버린 듯하다. 프랭크
시나트라(Frank Sinatra)의 음악이
흐른다. 깊숙이 마련된 식사 공간에
자리를 잡자. 3501 East Colfax
Ave, Denver, CO 80206 www.
bastiensrestaurant.com

THIN MAN 업타운(Uptown)의 유명한 바로 내가 덴버에서 즐겨 찾는 술집이다. 이곳 특유의 신비로움이 있고 바텐더들은 기억력이 좋으며, 실내는 가톨릭 콘셉트로 꾸며졌다. 이곳 분위기와 흥미로운 손님들, 길고 좁은 바가 정말 좋다. 단골이 되지 않기도 쉽지 않은 곳이다. 술보다 커피가 좋다면 바로 옆에 이곳만큼 유명한 커피숍 St Marks 가 있다. 2015 East 17th Ave, Denver, CO 80206, www. thinmantavern.com

ROCK BAR 이스트 콜팩스의 오래된 호텔에 있는, 너무도 근사한 레트로 바. 최근 다시 열었지만 실내장식만은 70년대 이후로 바뀐 적이 없다. 초저녁 해피아워 때는 느긋한 분위기지만 자정이 지나면 완전히 바뀐다고 한다. 3015 East Colfax, Denver, CO 80206, www.rockbar-denver.com

SKYLARK LOUNGE 나는 사우스 브로드웨이(South Broadway) 터줏대감인 이곳의 분위기가 참 좋다. 옛날 로커빌리 빈티지 스타일로, 감탄스러울 정도로 오래된 사진과 영화 포스터들이 벽을 뒤덮고 있다. 괜찮은 라이브 음악 공연이 열리기도 한다. 140 South Broadway, Denver, CO 80209, www.skylarklounge.com

MY BROTHER'S BAR 이 사랑스러운 동네 가게에는 간판이 없고 또 그럴 필요도 없다. 덴버에서 가장 오래된 곳으로 여전히 영업 중인 술집인데, 그 시절 닐 캐서디 (Neal Cassady)와 비트 포엣(Beat Poet) 무리가 드나들어 유명해진 곳이다. 옛날 음악만을 틀어주며 다양한 사람들이 찾아온다. 버거와 테라스가 무척 마음에 드는 곳이다. 2376 15th St, Denver, CO 80202

PARIS ON THE PLATTE CAFE AND WINE BAR 최근 떠오르는 지역에 위치한 Paris on the Platte는 덴버의 구름다리 철거에도 살아남은 와인 바로, 원래 서점이었던 곳이다. 옆에 있는 커피숍은 덴버에서 가장 오래됐다. 다양하고 창의적인 손님들이 미술품과 독특한 분위기를 음미하기 위해 찾아온다. 1553 Platte St, Denver, CO 80202

THE CRUISE ROOM BAR 내 경험상으로 가장 특별한 바. 옥스포드 호텔(Oxford Hotel)에 있다. 전형적인 마티니 바의 아르데코 디자인은 가슴 뛰도록 근사하다. 숨어 있는 이곳을 찾아내면 몇 안 되는 부스 자리를 차지한 뒤 전통 칵테일류나 특히 인기 있는 마티니를 주문하면 된다. 1600 17th St, Denver, CO 80202, www.theoxfordhotel.com

DOUBLE DAUGHTER'S SALOTTO 다운타운에서 무언가 색다른 곳을 찾는다면 이 고딕 양식의 라운지를 찾아가자. 거대한 문을 지나면 판타지 스타일의 인테리어와 스산한 조명, 그리고 특이한 붉은 가죽 부스로 장식된 공간으로 들어서게 될 것이다. 배가 고프면 옆집에서 피자를 주문해도 된다. 1632 Market St, Denver, CO 80202, www.doubledaughters.com

LARIMER SQUARE 1860년대부터 아무 탈 없이 살아남은 역사 지구. 유명 관광지인 만큼 괜찮은 레스토랑, 바, 상점 등이 즐비하다. 주얼리를 좋아한다면 Gusterman's Silversmiths, 차를 마시고 싶다면 The Market, 목가적인 야외 공간을 즐기고 싶다면 Bistro Vendome 등을 추천한다. 14th Ave와 15th Ave 사이의 Larimer St Denver, CO 80211, www.larimersquare.com

TATTERED COVER 나는 이 굉장한 독립서점에 종일 머물 수 있다. 다운타운에 있어 위치도 편리하고 소파, 커피바, 신문 가판대 등이 여러 층에 걸쳐 있다. 직원들은 상냥하고 초청 연사들도 훌륭하다. 1628 16th St, Denver, CO 80202, www.tatteredcover.com

TWIST AND SHOUT 다행스럽게 아직도 남아 있는 환상적인 독립 음반 가게. 온갖 음악 애호가들이 찾아 온다. 미리 들어보고 구입할 수 있는데, 가게 인테리어, 수입 음반과 희귀본, 멋진 기념품 등을 눈여겨볼 만하다. 2508 East Colfax Ave, Denver, CO 80206, www.twistandshout.com

ANTIQUE ROW 골동품이나 근사한 중고품을 좋아한다면, 사우스 브로드웨이에 있는 Antique Row를 방문해보라. 역사적인 건물들에 매장과 빈티지 가게 등이 즐비하다. 보물 하나씩은 꼭 챙겨 나오게 된다. 400-2000 South Broadway, Denver, CO 80210, www.antique-row.com

FANCY TIGER 독립 디자이너들이 제작한 수공예품 및 의류에 관심이 있다면 Fancy Tiger Crafts나 Fancy Tiger Boutique 중 한 곳으로 가면 된다. 두 가게는 길을 사이에 두고 서로 마주보고 있다. 분위기는 전부 세련됐다. 직접 뭔가 만들 만한 영감을 얻어오자! 1 &14 South Broadway, Denver, CO 80209, www.fancytiger.com

BUFFALO EXCHANGE 내가 이 위탁 판매점을 좋아하는 이유는 언제나 예산 내에 재미있는 물건을 찾을 수 있어서다. 이곳의 빈티지 및 신상 의류와 액세서리 재고는 항상 바뀐다. 재미있게 쇼핑할 수 있는 곳으로 손님들도 멋있고 음악도 좋다. 230 East 13th Ave, Denver, CO 80203, www.buffaloexchange.com

MEININGER ART SUPPLY 미술용품, 종이, 책, 또는 새로운 영감 등 미술과 관련한 모든 것을 이 독립 미술용품점에서 찾을 수 있다. 1881년부터 한 가족이 운영한다. 499 Broadway, Denver, CO 80203, www.meininger.com

IRONTON STUDIOS Ironton은 예술가 단체로, 다운타운 북동쪽의 산업지역이며 최근 급부상한 RiNo(River North Art District, 리버노스 예술 지구)의 중심에 있다. 내가 좋아하는 현대 미술관과 괜찮은 조각 정원도 있다. 3636 Chestnut St, Denver, CO 80260, www.irontonstudios.com

MCA DENVER MCA Denver는 이 도시에서 가장 먼저 개관한 현대미술 박물관으로 로워 다운타운에 있다. 건물 외관이 독특해 도시 풍경에 새로움을 더했다. 사진, 뉴미디어, 현대미술이 고루 전시되며 행사 프로그램도 다양하다. 옥상에서 보이는 다운타운과 산의 풍경도 인상적이다. 1485 Delgany St, Denver, CO 80202, www.mcadenver.org

SANTA FE ARTS DISTRICT 덴버사람들은 First Fridays에 많은 참여를 한다. 그리고 산타페 드라이브(Santa Fe Drive)는 미술과 라이브 음악, 길거리 공연을 즐기는 사람들로 언제나 가득 차 있다. 4th Ave와 12th Ave 사이의 Santa Fe Dr, Denver, CO 80204, www.artdistrictonsantafe.com

ANDENKEN 덴버에서 가장 진보적인 예술 공간. 주로 거리 예술과 현지 및 국내 작가들의 최신작을 다룬다. 다운타운 동쪽 산업 지구의 창고 건물을 개조한 곳으로, 열성적인 젊은이들이 즐겨 찾는다. 2990 Larimer St, Denver, CO 80205, www.andenken.com

DAVID B SMITH GALLERY 다운타운에 있는 흥미로운 갤러리로, 내가 영감을 얻기 위해 즐겨 찾는 곳이다. 온라인을 통해 외국 수집가들의 지원을 받으며 참신한 신인 작가들의 작품도 소개한다. 1543 Wazee St, Denver, CO 80205, www.davidbsmithgallery.com

KIRKLAND MUSEUM 20세기 장식 미술 컬렉션이 돋보이는 박물관으로, 아르누보, 데 스틸, 바우하우스, 아르데코, 팝아트 작품을 감상할 수 있다. 콜로라도의 유명 작가 밴스 커크랜드(Vance Kirkland)의 회고전 또한 인상깊다. 1311 Pearl St, Denver, CO 80203, www.kirklandmuseum.org

MAYAN THEATER 이 지역의 보물이라 할 수 있는 정겨운 극장으로, 철거될 뻔하다가 복원되었다. 아르데코 마얀 리바이벌 양식으로 설계된 극장은 이곳을 포함해 겨우 세 군데 남았다. 독립영화 및 외국어 영화 프로그램이 탁월하다. 110 North Broadway, Denver, CO 80203

FESTIVALS 내가 덴버에서 좋아하는 것 중 하나가 축제다. 매달 축제 하나는 늘 있는데, 봄과 여름에는 훨씬 많아진다. 이런 축제들은 덴버만의 매력을 한껏 보여준다. 내가 좋아하는 축제는 A Taste of Colorado, Cherry Creek Arts Festival, 5 Points Jazz Festival, 래리머 스퀘어(Larimer Square) 거리 미술 축제인 La Piazza 등이다. www.denver.com/festivals

MUSIC

EL CHAPULTEPEC 덴버에서 가장 끝내주는 다이브바로 재즈 즉흥연주가 근사하게 펼쳐진다. 일찍 도착해서 자리를 잡고 음료를 주문하는 것이 좋다. 공간이 협소한 데다 밤이 되면 몹시 붐비기 때문이다. 유명 음악가들도 이곳을 즐겨 찾는다. 1962 Market St, Denver, CO 80202

LARIMER LOUNGE 록과 펑크에 가까운 인디음악을 듣고 싶다면 이곳으로 가야 한다. 허름하고 조촐하면서도 몹시 아늑한 공연장이다. 위치도 약간 동떨어져 있다. 뒤뜰 테라스는 공연을 보다가 잠깐 쉬기에 좋다. 2721 Larimer St, Denver, CO 80205, www. larimerlounge.com

RED ROCKS AMPITHEATRE 기막힌 암석 지형에 자리한 특색있는 야외 원형극장으로 덴버에서 서쪽으로 차로 15분 거리에 있다. 장소 자체와 덴버의 경치는 음악 만큼이나 이곳을 체험하는 데 있어 중요한 요소가 된다. 17598 West Alameda Pkwy, Morrison, CO 80465 www.redrocksonline.com

ELLIE CAULKINS OPERA HOUSE 최근 새롭게 단장한 콘서트 홀로, 다운타운의 덴버 공연 예술 센터에 있으며 라이브 음악 공연이 펼쳐지는 아름다운 공간이다. 오페라가 취향에 맞지 않더라도 포크/루츠부터 얼터너티브/어쿠스틱에 이르는 실로 다양한 콘서트가 열린다. 14th St and Curtis St, Denver, CO 80202, www.operacolorado.org

BLUEBIRD THEATER 나는 엄청나게 좋은 콘서트를 Bluebird에서 여러 번 경험했다. 과거에 이곳은 소극장과 영화관으로 쓰였다. 오늘날에는 최고의 현대 록 공연장이다. 밤새도록 서 있지 못하겠다면 일찍 도착해서 발코니에 자리를 잡자. 3317 East Colfax Ave, Denver, CO 80206, www.bluebirdtheater.net

OUT OF TOWN

덴버의 장점 중 하나는 자연과 근접해 있다는 점이다. 잠깐이면 아름다운 산속 산책로에 도착해서 하이킹, 자전거, 스노슈즈, 크로스 컨트리 스키 등을 즐길 수 있다. 수려한 경치가 내다보이는 자연 온천도 있다. 산기슭의 볼더(Boulder), 리온즈(Lyons), 골든즈(Goldens) 같은 마을도 독특하며 둘러볼 만하다.

DETROIT, MICHIGAN BY ANGELA DUNCAN

과거에 나는 디트로이트에서는 절대로 살지 않겠다고 말하곤 했다. 하지만 예술적인 분위기가 흐르는 디트로이트 북쪽의 근교 펀데일(Ferndale)에서 산 지 3년이 지난 지금은 이곳을 깊이 사랑하고, 심지어는 이 도시가 진정 얼마나 멋진지 입이 마르도록 자랑하게 되었다. 디트로이트는 유명한 예술학교인 크랜브룩미술아카데미(Cranbrook Academy of Art)와 CCS(College for Creative Studies)가 배출한 젊고 의욕적인 재능꾼들로 활기가 넘친다. 음악계도 엄청난 호황을 누리며 미시건주의 새로운 감세 정책 덕에 주말 내내 따라다녀도 부족할 정도로 많은 할리우드 영화가 제작되고 있다.

디트로이트의 흥망성쇠는 이미 잘 알려져 있다. 세기 전환기의 디트로이트는 '중서부의 파리'로서 명성을 떨쳤으며, 오대호의 물길에 자리잡은 전략적인 위치를 바탕으로 운송의 요충지로 부상했다. 20세기 전반에는 '자동차의 도시(MotorCity)'로 입지를 굳혔고 아르데코 양식의 고층 건물에 쏟아부을 만큼 돈과 일자리가 흘러넘쳤다. 디트로이트는 70년대 후반 값싼 외제 자동차를 수입하면서 쇠퇴하기 시작했고, 이후로는 과거의 번영을 다시 누리지 못하고 있다. 최근에는 특히 호수 주변에서 재건의 노력이 일지만 전체 도시로 보자면 집 다섯 채 중 한 채는 버려진 상태이다. 이런 공터는 예술가와 도시 재건 운동가들이 좋아한다. 시내를 돌아다니다 보면 현대적이고 참신하며 독특한 비즈니스 현장과 널빤지로 때운 집이나 공터(개체수가 점차 증가하는 비둘기와 여우의 집으로 이용된다)가 이루는 극명한 대비가 눈에 띌 것이다.

디트로이트에는 볼거리가 풍부하다. 카메라를 준비하고 자동차를 빌려 찬찬히 둘러보자. 다운타운에는 갤러리, 상점, 레스토랑, 숙박 시설이 몰려 있다. 동쪽으로 가면 거의 모든 빌딩에 핸드 레터링이 아름답게 새겨져 있고 프라이드치킨 냄새가 풍기며 낡은 타이어가 뜨거운 보도 위로 미끄러지는 날카로운 소리를 들을 수 있다. 휴론 호수(Lake Huron) 쪽으로 가면 아름다운 저택들이 물가를 따라 서 있는 모습이 보일 것이다. 서쪽에 자리한 멕시칸타운(Mexicantown)에는 맛있는 요리를 제공하는 작은 식당이 수두룩하고, CCS가 있는 미드타운(Midtown)은 학생과 카페들로 가득하다. 버밍엄(Birmingham)과 로얄 오크(Royal Oak)는 다운타운에서 북쪽으로 20분 거리에 있는 위성도시로, 빈티지 의류숍이나 디자인숍, 카페, 레스토랑 등이 많다.

예술가의 관점에서 볼 때 디트로이트는 짜릿하고 특이한 것이 가득 든 보물 상자 같은 도시다. 이곳의 역사는 새로운 일에 대한 도전이 항상 일어남을 의미하며, 지금도 예술가들과 협력하여 이 도시를 더욱 매력적인 곳으로 만들고자 하는 의지가 가득하다. 좋아하는 친구와 함께 신선한 커피를 마시며 활짝 열린 눈으로 온 도시를 즐겨보자. 실망할 일은 절대 없을 것이다.

BOOK-CADILLAC HOTEL 1924년 처음 오픈 당시 이곳은 세계에서 가장 높은 호텔이었다. 이탈리안 르네상스에서 영감을 받은 호텔의 매혹적인 스타일은 대통령, 갱단, 할리우드 스타 등 당대 유명 인사들을 불러들였다. 최근 2천억 달러 규모의 개축을 진행해 과거의 영광을 되찾게 되었다. 위치는 다운타운 그릭타운[Greektown] 부근이다.
1114 Washington Blvd, Detroit, MI 48226.
www.bookcadillacwestin.com

THE INN ON FERRY STREET 80달러면 현대적인 편의 시설을 갖춘 빅토리아 양식 주택에서 편안하게 하룻밤 묵으며 디트로이트 역사를 체험할 수 있다. 주택 네 채 중 한 곳의 객실을 사용하거나 친구들과 함께 한 채를 통째로 빌려도 된다. 아늑하고 편리한 곳이다. 84 East Ferry St, Detroit, MI 48202.
www.innonferrystreet.com

DETROIT MARRIOTT AT THE GM RENAISSANCE CENTER 디트로이트 강가에 자리한 73층짜리 호텔(서반구에서 가장 높은 호텔일 듯). 호수를 건너 캐나다까지 한눈에 보인다. 편안하고 현대적이며 도심에 있다. Renaissance Center, Detroit, MI 48243, www.marriott.com

THE TOWNSEND HOTEL 영화배우들이 촬영차 디트로이트를 방문했을 때 이용하는 호텔. 고상한 유럽풍이며 근교의 상류층 주거지역인 버밍엄 [Birmingham]에 있다. 이 지역의 북적이는 카페 문화를 접할 수 있고 몇 분 거리에 크랜브룩 미술학교 [Cranbrook Art Academy]가 있다.
100 Townsend St, Birmingham, MI 48009.
www.townsendhotel.com

Detroit.

EAT

SLOW'S BBQ 각설하고 내가 디트로이트에서 가장 좋아하는 레스토랑. 개업한 지 오래되지 않은 곳으로, 디자인이 현대적이고 분위기는 근사하다. 맛있는 바비큐와 남부식 요리, 다양한 맥주를 맛볼 수 있다. 음식에 마약이라도 넣었는지 가게에 손님이 언제나 가득하다. 2138 Michigan Ave, Detroit, MI 48216, www.slowsbarbq.com

EL BARZON 굉장한 곳이다. 메뉴는 이탈리안과 멕시칸이 적절히 섞였는데 조합이 훌륭할뿐더러 가격도 저렴하다. 분위기는 고급스러운 편이며 와인리스트도 훌륭하다. 멕시칸타운(Mexicantown, 디트로이트 남서부)에 있는데, 이 지역 자체도 매력적인 곳이라 볼거리와 먹거리가 풍부하다. 이 부근의 다른 추천 식당으로는 Xochi Milco와 Nueva Leon을 들 수 있다. 3710 Junction Rd, Detroit, MI 48210

THE FLY TRAP 근교인 펀데일(Ferndale) 의 고급 식당. 서해안 스타일의 풍미 넘치는 요리를 선보인다. 모든 수프, 드레싱, 잼과 아이올리는(이들의 유명한 swat sauce 를 포함하여) 미리 만들어두는 법이 없다. 이 식당은 요리 채널인 푸드네트워크 (Food Network)의 여러 방송에서 소개된 바 있다. 나는 언젠가 여름 내내 이 식당 주방에서 일했다. 식당 주인이자 주방장인 개빈(Gavin)은 정말이지 고객들을 제대로 기절시킬 줄 아는 사람이었다. 아, 이곳의 진저브레드 와플을 지금 당장 먹고 싶다! 22950 Woodward Ave, Ferndale, MI 48220, www.theflytrapferndale.com

No finer place, for sure.
Downtown
Everything's waiting for you!

AVALON BAKERY 내 마음을 따뜻하게 데워주는 곳. 다운타운에 있으며 많은 사랑을 받는 베이커리다. 디트로이트의 성장을 돕고 싶어 하는 곳이다. 다양한 종류의 빵, 스콘, 머핀, 롤, 기타 제과를 팔고 있다. 422 West Willis St, Detroit, MI 48201

THE DAKOTA INN 친구들과 함께 색다르고 즐겁게 놀려 할 때 찾는 곳이다. 정통 독일 스타일이라 음식도 독특한 데다 가라오케 시설도 있다. 노인 한 분이 피아노 반주에 온갖 노래를 불러준다. 독일 동요를 신나게 따라 불러보자. 17324 John R St, Detroit, MI 48203

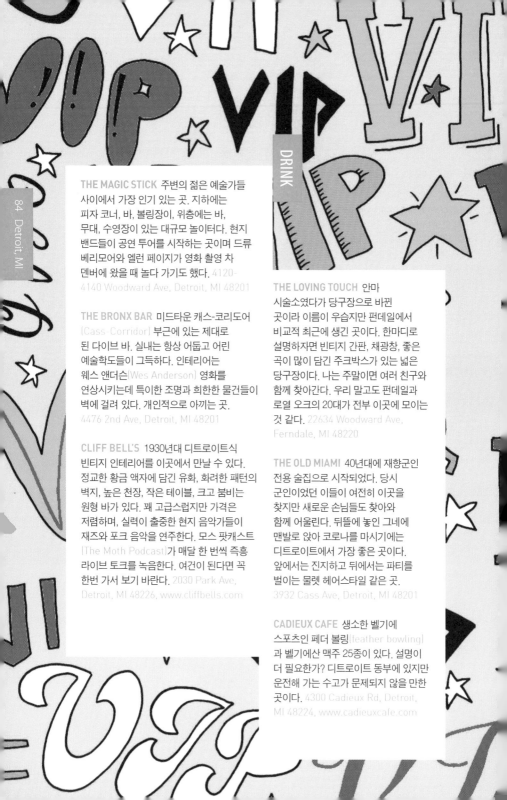

THE MAGIC STICK 주변의 젊은 예술가들 사이에서 가장 인기 있는 곳. 지하에는 피자 코너, 바, 볼링장이, 위층에는 바, 무대, 수영장이 있는 대규모 놀이터다. 현지 밴드들이 공연 투어를 시작하는 곳이며 드류 베리모어와 엘런 페이지가 영화 촬영 차 덴버에 왔을 때 놀다 가기도 했다. 4120-4140 Woodward Ave, Detroit, MI 48201

THE BRONX BAR 미드타운 캐스-코리도어 [Cass-Corridor] 부근에 있는 제대로 된 다이브 바. 실내는 항상 어둡고 어린 예술학도들이 그득하다. 인테리어는 웨스 앤더슨[Wes Anderson] 영화를 연상시키는데 특이한 조명과 희한한 물건들이 벽에 걸려 있다. 개인적으로 아끼는 곳. 4476 2nd Ave, Detroit, MI 48201

CLIFF BELL'S 1930년대 디트로이트식 빈티지 인테리어를 이곳에서 만날 수 있다. 정교한 황금 액자에 담긴 유화, 화려한 패턴의 벽지, 높은 천장, 작은 테이블, 크고 붐비는 원형 바가 있다. 꽤 고급스럽지만 가격은 저렴하며, 실력이 출중한 현지 음악가들이 재즈와 포크 음악을 연주한다. 모스 팟캐스트 [The Moth Podcast]가 매달 한 번씩 즉흥 라이브 토크를 녹음한다. 여건이 된다면 꼭 한번 가서 보기 바란다. 2030 Park Ave, Detroit, MI 48226, www.cliffbells.com

THE LOVING TOUCH 안마 시술소였다가 당구장으로 바뀐 곳이라 이름이 우습지만 펀데일에서 비교적 최근에 생긴 곳이다. 한마디로 설명하자면 빈티지 간판, 채광창, 좋은 곡이 많이 담긴 주크박스가 있는 넓은 당구장이다. 나는 주말이면 여러 친구와 함께 찾아간다. 우리 말고도 펀데일과 로열 오크의 20대가 전부 이곳에 모이는 것 같다. 22634 Woodward Ave, Ferndale, MI 48220

THE OLD MIAMI 40년대에 재향군인 전용 술집으로 시작되었다. 당시 군인이었던 이들이 여전히 이곳을 찾지만 새로운 손님들도 찾아와 함께 어울린다. 뒤뜰에 놓인 그네에 맨발로 앉아 코로나를 마시기에는 디트로이트에서 가장 좋은 곳이다. 앞에서는 진지하고 뒤에서는 파티를 벌이는 물렛 헤어스타일 같은 곳. 3932 Cass Ave, Detroit, MI 48201

CADIEUX CAFE 생소한 벨기에 스포츠인 페더 볼링[feather bowling] 과 벨기에산 맥주 25종이 있다. 설명이 더 필요한가? 디트로이트 동부에 있지만 운전해 가는 수고가 문제되지 않을 만한 곳이다. 4300 Cadieux Rd, Detroit, MI 48224, www.cadieuxcafe.com

EASTERN MARKET 1년 내내 토요일마다 열리는 드넓은 규모의 야외 농산물 시장. 언제나 볼거리가 가득하다. 다른 무엇보다도 풍부하고 싱싱한 현지 농산물이 당신의 눈길을 사로잡을 것이다. 시장 근처에 있는 고급 치즈 및 와인 가게인 R Hirt Company는 꼭 들르도록 하자. 길 건너편에도 둘러볼 만한 소규모 골동품 가게가 한 군데 있다. 2934 Russell St, Detroit, MI 48207, www.detroiteasternmarket.com

NAKA 펀데일에 있는 아기자기하고 모던한 작은 상점. 품질 좋은 수공예 인디/DIY 제품을 취급한다. 세계 각지의 판매자와 현지 예술가들이 작품을 판다. 171 West 9 Mile Rd, Ferndale, MI 48220, www.nakastore.com

LEOPOLD'S BOOKS 디트로이트 예술대학(Detroit Institute of theArts) 앞 거리를 따라 올라가면 나타나는, 작지만 놀라운 서점. 그래픽 노블, 만화, 독립 출판물 등 흥미로운 책들을 방대하게 갖추고 있다. 방문할 가치가 충분한 곳이다. 맛 좋은 크레페를 파는 가게 입구를 공동으로 사용한다. 15 East Kirby St #114, Detroit, MI 48202, www.leopoldsbooks.com

JOHN K KING BOOKS 반드시 가봐야 할 곳. 창고였던 건물이 이제 빈티지 도서, 사진, 잡지 등 각종 출판물의 보물 상자로 변신했다. 시간을 넉넉히 할애해 여유 있게 책장 사이를 살펴보자. 보석이 한가득 숨어 있다. 901 West Lafayette Blvd, Detroit, MI 48226, www.rarebooklink.com/cgi-bin/kingbooks

STORMY RECORDS · GREEN BRAIN COMICS 디트로이트 지역에서 가장 쿨한 음반 가게인 Stormy Records는 그래픽노블/만화 가게인 Green Brain Comics의 위층에 있다. 내 친구 존 크론은 이곳에서 "정말 끝내준다."며 계속 감탄했다. 음악과 예술을 사랑하는 이들에겐 일석이조가 될 곳. 13210 Michigan Ave, Dearborn, MI 48126, www.stormyrecords.com

CULTURE

BAKER'S KEYBOARD LOUNGE 세계에서 가장 오래된 재즈 클럽으로 1935년 오픈했다. 어떤 모습을 상상하든 그보다 근사하다. 음료와 음식 맛 모두 훌륭하고 주말마다 손님들로 가득 찬다. 폐업할 처지에 놓였다는 루머도 있었으나 이제는 안정을 찾은 듯하다. 이곳에서 현지 및 국내외 최고의 뮤지션들을 만나보자. 20510 Livernois Ave, Detroit, MI 48221, www. theofficialbakerskeyboardlounge.com

MOTOWN HISTORICAL MUSEUM
당신은 분명 이곳에 가고 싶을 것이다. 솔직히 말해 나도 아직 가보지 못했지만 꼭 가보고 싶다. 디트로이트에 온다면 이곳에서 나와 만나도 좋겠다. 2648 West Grand Blvd, Detroit, MI 48208, www.motownmuseum.com

THE BURTON THEATER 이 극장은 정말 최고다. 작년 햄트램크(Hamtramck)에서 벌어진 맹렬한 킥볼 게임에서 만났던 20대 친구들이 설립한 곳으로, 다운타운의 오래된 초등학교 건물에 생긴 소극장이다. 무대 커튼과 팝콘 기계까지 완벽히 갖추고 있다. 하지만 이곳의 가장 큰 장점은 상영되는 영화들이다. 상영작 대부분은 시내, 또는 중서부 지방에서 보기 힘든 예술/컬트/인디 영화들이다. 3420 Cass Ave, Detroit, MI 48201, www.burtontheatre.com

DETROIT INSTITUTE OF ARTS (DIA)
디트로이트에 왔다면 어떻게든 DIA를 방문해보라. 볼 만한 전시도 많고 매주 금요일에는 리베라(Diego Rivera)의 벽화가 바닥부터 천장까지 가득 그려진 공간에서 라이브 음악 공연이 펼쳐진다. 이 금요일 공연 행사에 내가 클라리넷 재즈 앙상블 연주자로 참여한 적이 있다. 연주는 성공적이었고 공연장도 관객들로 가득 찼었다. 전시 및 행사 정보는 웹사이트에서 확인할 수 있다. 5200 Woodward Ave, Detroit, MI 48202, www.dia.org

MUSEUM OF CONTEMPORARY ART DETROIT (MOCAD)
여기! 여기도 참 좋다. 넓은 공간에 빼어난 현대미술 소장품을 전시하고 있으며 수준 높은 뮤지션들이 출연하는 행사도 주최한다. 당신이 머무는 동안 어떤 행사가 진행되는지 웹사이트에서 꼭 확인해보자. 4454 Woodward Ave, Detroit, MI 48201, www.mocadetroit.org

CONTEMPORARY ART INSTITUTE OF DETROIT (CAID)
나는 CAID에서 여름에 진행되는 여러 환상적인 음악 공연에 가보았다. 벽면과 위층 갤러리에는 현대미술 걸작들이 상설 전시되어 있다. 몹시 예술적이고 몹시 디트로이트적인 곳이다. 5141 Rosa Parks Blvd, Detroit, MI 48208, www.thecaid.org

THE CROFOOT 내가 음악 공연을 보러 즐겨 찾는 곳. 이곳에서 Bon Iver, The National, Born Ruffians, The New Pornographers과 같은 뮤지션들의 공연을 보았다. 당신이 디트로이트를 방문하는 기간에도 좋은 공연이 있으리라 확신한다. 폰티악(Pontiac, 다운타운 디트로이트에서 북쪽으로 30분 거리)에 있는데 운전해 갈 만한 곳이다. 인근에 새롭게 단장한 The Eagle Theater도 역시 둘러볼 만한 공연장이다. 1 South Saginaw, Pontiac, MI 48342, www.thecrofoot.com

DETROIT URBAN CRAFT FAIR 1년에 단 하루 진행되는 이 행사는 미리 기억해둘 필요가 있다. 해마다 11월이면 디트로이트의 수공예 및 DIY 아티스트와 제작자들이 저마다 최고의 상품을 선보인다. 웹사이트에서는 다른 연중 행사에 대한 정보도 얻을 수 있다. http://detroiturbancraftfair.com

DETROIT SYMPHONY ORCHESTRA 레너드 슬래트킨(Leonard Slatkin)이 지휘하는 오케스트라 공연을 보며 저녁 시간을 여유 있게 보내면 어떨까. 이 오케스트라는 뛰어난 연주 실력을 인정받고 있다. Max M Fisher Music Center, 3711 Woodward Ave, Detroit, MI 48201, www.detroitsymphony.com

Let's hear it for DETROIT Motor City YEAH!

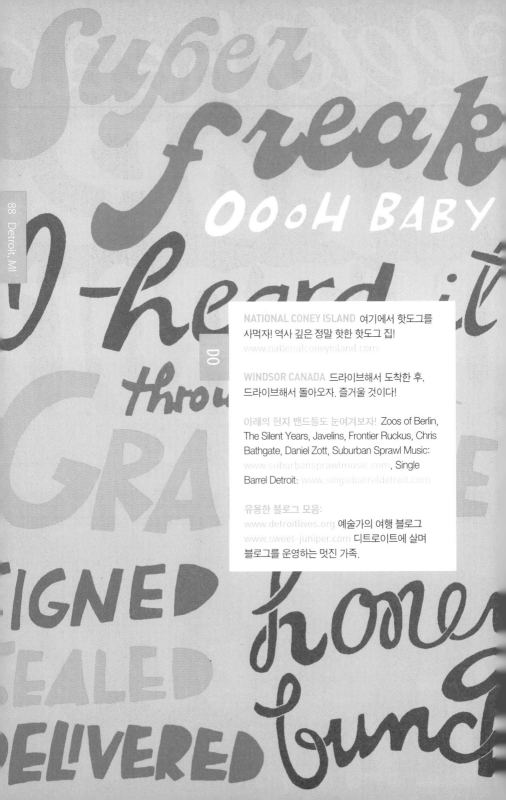

NATIONAL CONEY ISLAND 여기에서 핫도그를 사먹자! 역사 깊은 정말 핫한 핫도그 집!
www.nationalconeyisland.com

WINDSOR CANADA 드라이브해서 도착한 후, 드라이브해서 돌아오자. 즐거울 것이다!

아래의 현지 밴드들도 눈여겨보자! Zoos of Berlin, The Silent Years, Javelins, Frontier Ruckus, Chris Bathgate, Daniel Zott, Suburban Sprawl Music: www.suburbansprawlmusic.com, Single Barrel Detroit: www.singlebarreldetroit.com

유용한 블로그 모음:
www.detroitlives.org 예술가의 여행 블로그
www.sweet-juniper.com 디트로이트에 살며 블로그를 운영하는 멋진 가족.

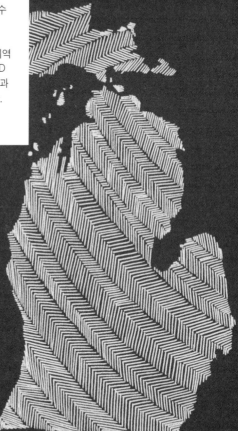

MICHIGAN CENTRAL STATION 이 놀라운 옛날 기차역을 가서 보라. 정말 굉장하다. 미덥지 않다면 위키피디아에서 확인하라. 2198 Michigan Ave, Detroit, MI 48216

BELLE ISLE 다운타운 호숫가에 떠 있는 아름다운 섬 제퍼슨 애비뉴(Jefferson Avenue)에서 다리를 건너면 된다. 넓은 공원이라 조깅, 산책, 촬사, 피크닉, 낮잠을 즐기기에 완벽한 곳이다. 게다가 디트로이트의 환상적인 스카이라인도 볼 수 있다. www.fobi.org

THE HEIDELBERG PROJECT 대규모 지역 예술 프로젝트. 시내의 빈민가가 거대한 3D 벽화로 탈바꿈했다. 벽화는 주로 인종차별과 지역사회 운동에 대한 메시지를 담고 있다. 드라이브하며 둘러보자. 특별한 경험이 될 것이다. www.heidelberg.org

MITTENFEST IV

RAMZY MORGA

MASRI & ASHLE

ALLEN'

KANSAS

CIT

미주리주 캔자스시티 - 램지 마스리 & 모간 애슐리 앨런

KANSAS CITY, MISSOURI
BY RAMZY MASRI AND MORGAN ASHLEY ALLEN

캔자스시티는 과거와 현재, 부와 빈곤, 청결함과 불결함의 대조가 극명한 도시다. 이곳은 보헤미안적이다. 버려진 창고 건물을 개조한 미술관과 스튜디오로 가득한가 하면, 또한 녹지가 많기도 하다. 비옥한 대지를 자랑하듯 공원과 야외 공간이 넓게 뻗어 있다. 그리고 무엇보다도 캔자스시티는 미국의 동부와 서부가 교차하는 지점에 자리한다. 대조적인 요소들 외에도 주민들의 창조적인 정신이 도시의 정체성을 이룬다. 예술가 및 디자이너 군단이 한때 버려졌던 다운타운 지역을 중서부 예술의 메카로 변모시켰으며, 첫째 주 금요일마다 오픈하우스 행사를 연다. 봄과 여름, 날씨가 따사로와지면 거리예술가, 음악가, 활기 넘치는 갤러리들이 즐겁고 성대한 길거리 파티를 벌이고 방문객들은 며칠이고 머물며 이 여유를 만끽한다.

그렇게 한동안 머물던 방문객 중 하나가 바로 나다. 나는 미드타운(Midtown)을 집이라고 부른다. 미드타운은 다운타운의 남쪽 지역으로 유서 깊은 공작소와 개척자 시대풍 벽돌 장식으로 가득한 곳이다. 일부 현지인은 이 부근을 우범 지역이나 게토로 간주하지만 사실 미드타운은 캔자스시티의 나머지 지역과 그다지 다르지 않으며, 과거 번영기 이후 방치되었다가 다시 부활의 과정을 거치는 중이다. 미드타운은 웨스트포트랜딩(Westport Landing)으로 유명하고 독특한 지역이다. 이곳은 초기 개척자들이 산타페 트레일(Santa Fe Trail)을 이용해 서부 미개척지로 떠나기 전에 머물던 마지막 정류장이다. 오늘날 이곳은 시원한 맥주가 필요한 이들이 찾는 마지막 목적지가 되었다.

나는 캔자스시티의 그 가공되지 않은 순수함에 빠져들었다. 이곳은 세련된 대도시가 아니다. 구제 불능의 빈민가는 더욱 아니다. 캔자스시티는 그 사이 어딘가에 놓여 있다. 뉴욕이나 샌프란시스코 같은 대도시의 명성과 화려함에도 기죽지 않고 있는 그대로를 자랑스럽게 드러낸다. 결론적으로 말하자면 캔자스시티는 이상한 곳이다. 이 독특한 캔자스시티의 개성만큼 좋은 영감의 원천이 있을까?

STAY

THE RAPHAEL HOTEL
단안경을 쓴 벨보이가 있을 것만 같은 호텔. 컨트리클럽 플라자 (Country Club Plaza) 근처에 있는 이 호텔에서 구시대의 매력에 빠져 느긋하게 여유를 부려보자. 325 Ward Pkwy, Kansas City, MO 64112, www. raphaelkc.com

HOTEL PHILLIPS
에로틱한 누아르 클래식 영화의 배경으로 이용될 법한 아르데코 양식의 호텔로, 온통 호화로운 대리석과 고급 마호가니로 치장되어 있다. 뉴올리언스의 프렌치 쿼터(French Quarter)를 연상시키기도 하고, 브루스 웨인 (Bruce Wayne)이 머물 듯한 호텔이다. 106 West 12 St, Kansas City, MO 64105, www.hotelphillips.com

SOUTHMORELAND ON THE PLAZA
컨트리클럽 플라자에서 몇 블록 떨어진 식민지 양식의 B&B. 독특한 장식으로 꾸며져 있으며 상냥한 직원들은 벽난로에 불을 지피거나 쿠키를 굽는 등 당신이 원하는 대로 해주려 애쓸 것이다. 조각 공원이나 사우스모어랜드 (Southmoreland) 동네를 산책해보자. 세기 전환기적인 특색을 여기저기서 발견할 수 있을 것이다. 116 East 46th St, Kansas City, MO 64112, www.southmoreland.com

YJ'S SNACK BAR YJ가 무엇의 약자인지 모르겠으나 이 카페 겸 식당의 특이한 점 중 하나이다. 현지 예술가인 데이비드 포드(David Ford)가 캔자스 시티의 크로스로드 예술구역(Crossroads Arts District)의 한복판에 만든 주택 같기도 하고 살롱 같기도 한 이곳은 많은 단골에게 사랑받는다. YJ's는 하루 세 번 식사를 제공하지만 메뉴는 '요리사 마음대로'로 제한되어 있다. 지나던 길에 잠시 들러 커피를 한잔하며 이곳에 상주하는 기이한 사람들 구경도 해보자. 128 West 18th St, Kansas City, MO 64121

EL CAMINO REAL 손으로 직접 눌러 만든 토티야를 파는 자그마한 식당이다. 벽에는 멕시코 산간 벽지가 재미있게 그려져 있다. 발톱으로 뱀을 움켜쥔 거대한 독수리가 뚱뚱한 선인장 위에 내려앉은 그림이다. 그렇다. 이곳은 타코를 먹으러 오는 식당이다. 903 North 7th St, Kansas City, KS 66101

TOWN TOPIC 나는 이 도시를 'salt(제 몫을 잘 해내 인정받는 것)'라는 것 때문에 좋아한다. 그리고 바로 이 식당이 그것을 갖추고 있다. 테이블이 부족해 줄 서서 기다려야 하는 것이 불편하다고 포기하지 말자. 옛날식 버거 및 몰트를 파는 이 허름한 식당에서는 50년대부터 드나들던 현지인들과 즐거이 식사할 수 있다. 혹 문을 닫았다면 같은 블록에 있는 자매 식당으로 가면 된다. 2021 Broadway St, Kansas City, MO 64108

POTPIE 이곳의 웨이터는 작업복 또는 깅엄을 입고 있을 가능성이 높다. 홍보 전략이라기보다는 진정한 남자가 입어야 할 옷이기 때문이다. 음식은 흠잡을 데 없다. 홍합찜 요리를 특히 추천한다. 당신 어머니가 별 다섯 개짜리 요리사라면, 쉬는 날 이 음식을 당신에게 먹일 것이다. 904 Westport Rd, Kansas City, MO 64111, www.kcpotpie.com

EDEN ALLEY 여기서는 당신이 채식주의 식당에 왔다는 사실을 잊게 될 것이다. 메뉴에 있는 요리 무엇이든 먹어보라. 소름이 돋을 정도로 맛있을 것이다. 당신이 채식주의자로 바뀔 수도 있겠다. 707 West 47th St, Kansas City, MO 64112, www.edenalley.com

BLUE BIRD BISTRO
웨스트사이드에 둥지를 튼 작은 비스트로는 유기농, 지속 가능한 먹거리에 중점을 두고 있다. 아주 트렌디한데 음식부터 너무나 맛있다. 비건 오렌지 케이크를 맛본 후 식사가 끝나면 주변 동네를 산책해보라. 1700 Summit St, Kansas City, MO 64108, www.bluebirdbistro.com

YOU SAY TOMATO 당신의 브런치 식단에는 미스터리를 없어야 할지니, You Say Tomato (커피숍, 작은 식당, 식료품점)는 식자재를 식사 공간 바로 옆에서 팔고 있다. 이것으로도 미덥지 않다면, 직원이 주문을 받으면서 당신 이름으로 노래 불러 웃겨줄 것이다. 2801 Holmes St, Kansas City, MO 64109

GRINDER'S 노출 벽돌, 그래피티, 기이한 장식 때문에 시각적인 재미가 가득한 Grinder's에서는 매월 첫째 주 금요일마다 행사를 진행한다. 델리류는 생략하고 Bengal Tiger Pizza 한쪽을 쥔 채 맥주 리스트를 연구해보자 (훑어보기만 해서는 안 된다). 음식이 정말 맛있으니 머리카락을 탈색한 음식 평론가와 TV 방송 진행자들에게 속지 말자. 417 East 18th St, Kansas City, MO 64108, www.grinderspizza.com

OKLAHOMA JOE'S 수많은 도시가 '국내 최고의 BBQ 맛집'을 자랑하지만 Oklahoma Joe's(Okie Joe's)야말로 진정한 맛집이다. 이곳을 언급하는 와중에도 내 입안에 침이 고여 지금 당장 그곳에 있지 못하는 현실이 슬플 정도이다. 캔자스 시티에서 식당을 한 곳만 선택해야 한다면 Okie Joe's여야 할 것이다. 채식주의자가 아니라면 말이다. 3002 West 47th Ave, Kansas City, KS 66103, www.oklahomajoesbbq.com

EAT

R-BAR 과거의 캔자스시티를 그려보자. 술집과 매음굴이 있는 황야에 벌건 얼굴의 개척자들이 위스키를 마시며 리볼버 권총을 겨누는 모습 말이다. R-Bar는 이런 과거를 로맨틱하게 재현해 놓았다. 술병이 늘어선 목재 수납장은 천장에 매달린 어둑한 조명 아래 빛나고 있으며 구식 밴드는 밴조와 바이올린을 연주한다. 칵테일과 음식 맛도 훌륭하다. 일단 가볼 것. 1617 Genessee St, Kansas City, MO 64102

MANIFESTO 쉿, 아무에게도 알리지 말 것. 캔자스시티는 주류 판매 금지 시대에 주류 밀매의 중심지였다. 이런 역사의 흔적으로 남은 것이 이 술집이다. 입구는 골목길 안에 있으며 미리 예약해야 입장할 수 있다. 조명이 어두운 계단과 복도를 따라가다 보면 작고 아늑한 바가 나올 것이다. 바에서는 촛불만 쓴다. 두말할 필요 없이 캔자스시티 최고의 칵테일이 있는 곳이다. 1924 Main St, Kansas City, MO 64108

DAVE'S STAGECOACH INN 당신이 고향에서 즐겨 찾는 다이브바와 같은 곳. 희한한 냄새와 철판 버거 요리는 미심쩍기도 하지만 음료가 저렴하고 주크박스도 괜찮다. 316 Westport Rd, Kansas City, MO 64111

TAQUERIA MEXICO 현지인들이 'The Boulevard'라고 부르는 Taqueria Mexico는 마가리타와 타코로 유명하다. 저렴하면서도 정통의 맛을 자랑하는 곳. 910 Southwest Blvd, Kansas City, MO 64108

HARRY'S BAR & TABLES Harry's의 창가에 앉아 남루한 취객들이 술집 사이를 비틀거리며 헤매는 웨스트포트 (Westport)의 풍경을 안전한 거리에서 구경하자. 이곳에서 50여 가지나 되는 스카치 브랜드와 30여 종의 시가, 스테이크 및 해산물 메뉴가 판매되고 있다는 사실을 아는 사람은 거의 없다. 501 Westport Rd, Kansas City, MO 64111

PEGGY NOLAND Peggy Noland는
캔자스시티가 낳은 완벽한 도시민의
예라고 할 수 있다. 이 기이한 패션
디자이너는 여러 테마로 가게를 치장한다.
언젠가는 박제 동물이 한가득했고, 또
언젠가는 쓰레기 봉지를 잔뜩 찢어서
장식했었다. 나는 이곳을 쇼핑 때문에
찾지는 않는다. 옷들이 너무 특이하기
때문이다. 하지만 분명 구경해볼 만한
곳이다. 124 West 18th St, Kansas
City, MO 64108, www.peggynoland.
com

SPIVEY'S BOOKSTORE 스피비(Spivey)
는 스톤헨지만큼 나이가 들었다.
고완견과 고양이들과 함께 시간을 보내는
그의 가게를 방문할 때면 납골당 지기와
함께 공동묘지를 투어하는 듯한 느낌이
든다. 구불거리며 늘어선 낡은 책장은
먼지 쌓인 책, 지도, 괴상한 물건 등으로
가득 차 있다. 어떤 책들은 너무나도
오래되어 낱장이 콘플레이크처럼
부스러지기도 한다. 825 Westport Rd,
Kansas City, MO 64111,
www.spiveysbooks.com

SUPER FLEA 한가한 주말 아침
정신이 멀쩡하고 50센트가 있다면
이곳에 가자. 비디오테이프, 모텔
가구, 독특한 골동품, LA의
마리화나 판매소보다도 많은
유리 물파이프 등이 가득한 철제
케이지가 거대한 미로를 이루는
곳이다. 장관을 보게 될 것이다.
6200 St John Ave, Kansas City,
MO 64123

RERUNS 여기는 여러 시대를
거쳐 캔자스시티의 가장
패셔너블한 상품들이 정성스레
모인 곳이다. 두 지점이 있는데,
고가의 부티크보다는 창고로
가서 직접 물건을 뒤지며 진정한
보석을 파내보자. 판매되는 의류는
친절하게도 10년 단위로 분류되어
있다.
WAREHOUSE: 1408 West 12th
St, Kansas City, MO 64101,
BOUTIQUE: 4041 Broadway,
Kansas City, MO 64111,
www.re-runs.com

DONNA'S DRESS SHOP 도나
(Donna)의 빈티지 옷가게를
쳐다보기만 해도 귀여운 러플과
폴카도트에 마음을 사로잡히고
말 것이다. 도나 자체도 굉장한
여인이다. 미리 말하자면, 비하이브
헤어스타일은 가발이 아니다. 거기에
뿔테 안경? 처방받은 것이다. 그녀는
언제나 새로운 빈티지 및 신상 의류를
들여온다. 1410 West 39th St,
Kansas City, MO 64111,
www.donnasdressshop.com

RIVER MARKET ANTIQUE MALL
네 층에 걸쳐 그야말로 모든 것을 팔고
있다. 이런 곳은 대부분 나를 어지럽게
만들지만 이 상점들은 잘 정리되어
있으며 그 수가 엄청나다(소박한
지갑 사정에 비해 너무 많은 듯하다).
현관 쪽에서 커피와 쿠키를 마시며
에너지를 보충하자. 계단을
오르내리고 여기저기 둘러보려면
체력을 비축해야 할 것이다.
115 West 5th St, Kansas
City, MO 64105, www.
rivermarketantiquemall.com

THE FISHTANK 이곳은 연기자, 작가, 코미디언, 현지 유명 인사가 이야기를 풀어내고 웃음을 전파하는 공연장이다. 당신이 방문하는 날 누가 공연하느냐에 따라 다르겠지만 대체로 체육관에서 복근 운동을 한 날처럼 배아프게 웃다 떠나게 될 것이다. 그렇다고 이곳에서 코미디만 다루지는 않는다. 진지한 스토리, 로맨틱한 사연, 시사 이슈 등 다양하고 프로그램을 갖추고 있다. 1715 Wyandotte St, Kansas City, MO 64108, www.fishtanktheater.com

GRAND ARTS 캔자스시티에서 가장 뛰어난 갤러리 중 하나로 현대적인 건물에 있고 좋은 전시를 지속적으로 선보이고 있다. 행사에서 제공되는 전체 요리 자체로도 방문할 가치가 충분하다. 1819 Grand Blvd, Kansas City, MO 64108, www.grandarts.com

HAMMERPRESS 캔자스시티 예술대학 (Kansas City Art Institute, KCAI) 졸업생인 브레이디 베스트(Brady Vest)가 세운 이곳은 정교한 활판인쇄 기술을 되살리는 일을 전문으로 한다. 구식 활자를 이용하여 근사한 포스터, 카드, 공책, 기타 개성 있는 제품을 만들어낸다. 구입할 만한 제품 중에는 종이류만 있는 것이 아니다. 이곳에 딸린 작은 부티크에서는 향수, 콜론, 주얼리 등을 팔며 머리카락을 자를 수도 있다! 110 Southwest Blvd, Kansas City, MO 64108, www.hammerpress.net

THE BLOCH BUILDING AT THE NELSON-ATKINS MUSEUM OF ART 사람들은 이 경이로운 건축물에 대해 애증을 느낀다. 스티븐 홀(Steven Holl)이 디자인한 이곳은 외관이 아름다울 뿐 아니라 뉴욕의 구겐하임 미술관처럼 형태와 기능의 조화가 훌륭하다. 시간을 넉넉히 두고 네오모더니즘 성당을 찬찬히 뜯어보자. 백색의 조형 속에서 브리짓 라일리(Bridget Riley), 도널드 저드(Donald Judd) 그리고 아프리카 소장품도 감상해보자. 4525 Oak St, Kansas City, MO 64111, www.nelson-atkins.org

LA ESQUINA GALLERY / WHOOP DEE DOO La Esquina의 전시는 마치 고향으로 돌아간 듯한 경험을 하게 해준다. 아늑한 공간은 근접 거리의 미술 감상에 완벽하며 Whoop Dee Doo에도 아주 적합하다. Whoop Dee Doo는 모의 어린이 TV 프로그램으로 다양성, 에너지, 괴상함으로 설명할 수 있는데, 관중이 열렬히 참여하는 대규모 장기 자랑 같은 것이다. 1000 West 25th St, Kansas City, MO 64108

SCREENLAND THEATER 좋은 영화보다 더 나은 게 있을까? 좋은 영화 한 편과 어울리는 술 - 예를 들어 아멜리에를 보며 즐기는 프랑스 코냑 한 병, 고스트버스터즈 시리즈와 심령 칵테일 등 말이다. 이곳은 창의적인 바텐더와 고급스러운 붉은색 레이지보이 안락의자, 그리고 '록키호러픽쳐쇼'나 '위대한 레보스키' 등 괜찮은 영화 프로그램을 갖추고 있다. 1656 Washington St, Kansas City, MO 64108, www.screenland.com

CLIFF DRIVE SCENIC BY-WAY

역사 깊은 노스이스트(Northeast) 지역에서 이 도시의 부유한 집안이 소유한 아름다운 고성들과 함께 아기자기한 클리프 드라이브(Cliff Drive)로 가는 입구를 찾을 수 있을 것이다. 길은 미주리 강(Missouri River) 위로 높이 솟은 석회 절벽과 케슬러 파크(Kessler Park, 공원을 설계한 조경 건축가 George Kessler 의 이름을 따왔다)를 따라 굽이친다. 걷거나 조깅할 수도 있고 로맨스를 기대하며 길 따라 드라이브를 즐겨도 좋다. 할아버지, 할머니들도 당시에 이 길을 애용했으며 유혹하기 좋은 장소들에서의 추억에 대해 이야기하곤 한다.

THE WEST BOTTOMS 퀄리티 힐

(Quality Hill)에서 출발해 12번 가 다리(12th Street Bridge)를 따라 내려가자면 계단식 관중석에서 콜로세움 유적을 내려다보는 듯한 느낌을 받는다. 캔자스시티의 옛 산업 지구는 시내에서 상당히 역사적인 지역 중 하나인데, 재개발되기 시작했어도 여전히 대부분 버려져 있다. 주변 경치를 감상하며 이 부근을 걸어다녀보자. 영화 워터프론트(On the Waterfront)의 한 장면으로 시간 여행을 하는 느낌일 것이다. 근사하고 활기찬, 시내에서 가장 독특한 지역이다.

LOOSE PARK Jacob R Loose

Park는 뉴욕의 센트럴파크와 비슷한 곳으로, 장미 정원, 분수, 넓은 들판과 호수가 있어 더 완벽하다. 산책로를 따라 세심하게 손질된 조경은 지척의 시골 풍경을 연상시킨다. 소풍을 나가서 하늘을 바라보며 존재의 위기를 느껴보자. 5200 Wornall Rd, Kansas City, MO 64112

TAL ROSNER'S

캘리포니아주 로스앤젤레스 - 탈 로스너

LOS ANGELES, CALIFORNIA BY TAL ROSNER

십년 전 처음 LA를 방문했을 때, 난 형을 만나러 예루살렘에서 온 미술학도였다. 야자수가 드리운 대로, 고층 빌딩과 교각, 자동차를 산소처럼 들이마시는 고속도로, 전설적인 할리우드 간판들을 카메라로 촬영하기 바빴다. LA의 상징물들을 영화나 그림으로 수도 없이 봐와서 이곳에 금세 적응할 수 있었다. 그 후부터 지금까지는 계속 왔다 갔다 하며 이곳에 산다.

LA는 이동이 편리한 도시는 아니다. 다운타운 안에서만 운행되는 지하철을 제외하면 대중교통이 거의 없다시피 하니 자동차는 필수다. 심지어 자가용이 있어도 혼란을 겪게 된다. 시내에는 진정한 의미의 도심이 없고 여러 장기가 혈관으로 이어진 듯한 구조이다. 쉽게 말해서 몇몇 구역이 서로의 경계선을 만날 때까지 끝없이 팽창하는 주택가와 상업 지구를 만들어내고 있다. 나란히 이웃한 각 구역의 분위기와 특징은 그런 와중에도 서로 상당히 다르다.

내가 특히 선호하는 지역은 실버레이크(Silver Lake)와 로스펠리츠(Los Feliz)이다. 관광객이 드문 주택가로, 멋진 사람들이 모여드는 레스토랑, 술집, 상점 등이 있다. 웨스트할리우드(West Hollywood)는 항상 즐거움이 넘쳐서 무척 좋아하는 곳이다. 이곳 관광지는 더욱 고전적인 데다 깔끔하게 정비되어 있다. 다운타운이 널리 사랑받는 지역은 아니지만 나는 다운타운의 팬이다. 꽤 역사적인 분위기가 흐르는 데다 얼마 전에는 디즈니홀(Disney Hall), REDCAT, MOCA(Culture 섹션 참조) 등이 생겨 대규모 문화 부흥이 일고 있다. 나는 산타모니카(Santa Monica)나 베니스 비치(Venice Beach)를 그리 좋아하지 않지만 그쪽에 사는 많은 내 친구들은 절대 그곳을 떠나지 않는다. 이 지역은 대체로 자급자족하는 분위기이며, 해변이 있어서 밀실 공포증을 일으킬 법한 도시에서 벗어나는 안식처의 역할을 한다.

영화 산업은 LA의 핵심 동력으로, 이를 피해갈 수는 없다. 마치 콘크리트 혈관을 흐르는 피와 같고, 한편으로 도회적이며 헤픈 금발 미녀 같기도 하다. 하지만 그 모든 것이 실리콘과 가식적인 미소 때문만은 아니다. LA의 역사 깊은 곳에는 개척자 정신이 자리하고, 이는 사람들이 개방적이며 긍정적인 마인드로 예술을 새롭고 흥미진진하게 꽃피워나갈 수 있다는 사실을 의미한다. 구릿빛으로 태워 완벽해 보이는, 가끔 천박해 보이는 알몸 속에 자리잡은 저 자신감이야말로 저마다의 개성을 표출하게 해주는 원동력이라고 나는 생각한다.

CHAMBERLAIN WEST HOLLYWOOD 위치가 편리한 부티크 호텔. 세련된 디자인과 넓은 객실을 자랑하며 옥상 수영장에서의 전망은 정말 훌륭하다. 개인적으로는 특히 화장실에 잘 구비된 세면도구를 좋아한다. 1000 Westmount Dr, Los Angeles, CA 90069, www.chamberlainwesthollywood.com

STANDARD WEST HOLLYWOOD 선셋 스트립(Sunset Strip) 에서 비교적 합리적인 가격의 호텔. 드라마 '마이애미 바이스 (Miami Vice)' 같은 레트로 분위기에 손님층은 젊은 편이며, 발코니에서 시내 경치를 내려다볼 수 있다. 로비에는 수족관이 있는데 헐벗다시피 한 모델이 매일 저녁 포즈를 취한다. 재미있는 구경거리, 8300 Sunset Blvd, Los Angeles, CA 90069, www.standardhotels.com/hollywood

BEVERLY LAUREL MOTOR HOTEL 보다 더 저렴한 숙소를 구한다면 이 호텔이 위치 면에서 최고이다. 나는 일주일간 이곳에 묵었는데 아주 재미있었다. 옛 모습 그대로 간직한 요소들이 많다. 이곳의 중심이라 할 만한 수영장은 근사한 식당 겸 카페인 Swingers에 딸려 있다. 8018 Beverly Blvd, Los Angeles, CA 90048

METRO 417 APARTMENTS 다운타운에 위치한 아파트 시설로 가격대별로 방 크기가 다양하다. 서브웨이 터미널 빌딩(SubwayTerminal Building)을 개조한 시설인데, 과거 아르데코식 영광을 그대로 되살려놓았다. 417 South Hill St, Los Angeles, CA 90013, www.metro417.com

ROOSEVELT HOTEL 할리우드의 역사 한 조각을 담은 곳. 이 호텔은 제1회 아카데미 시상식을 주최했는데, 몽고메리 클리프트(Montgomery Clift), 메릴린 먼로(Marilyn Monroe) 외 여러 고전 영화배우들이 살았던 곳이기도 하다. 몇 년 전 감각적으로 새롭게 단장했으며 눈에 띄는 트렌디한 곳으로 발전했다. 수영장이 근사하고, 이곳을 찾는 손님들도 대부분 멋지다. 7000 Hollywood Blvd, Los Angeles, CA 90028, www.hollywoodroosevelt.com

HUGOS 나는 채식주의자인데, 그래서 이곳을 좋아한다. 창의적인 유기농 음식을 제공하는 이곳은 채식 메뉴가 잘 갖추어져 있다(육식을 하는 이들을 위한 메뉴도 많다). 브런치를 하기에 좋고 직원들도 항상 친절하다. 종종 붐비기는 한다. 8401 Santa Monica Blvd, Los Angeles, CA 90069, www.hugosrestaurant.com

BUDDHA'S BELLY 합리적인 가격의 아시안 퓨전 요리와 단정한 미니멀 인테리어. 나는 고된 쇼핑 후 이곳에서 점심 식사를 하고 한다. 샐러드와 도시락 박스가 특히 괜찮은 편인데, 소문에 의하면 알래스카산 대구 요리가 정말 맛있다고 한다. 해피아워에 제공되는 $4짜리 음료도 추천한다. 7475 Beverly Blvd, Los Angeles, CA 90036, www.bbfood.com

THE LITTLE DOOR 정교한 프랑스 요리를 선보인다. 가격대는 높긴 하지만 그만큼의 값을 분명히 하는 곳이다. 분위기는 사랑스럽고 아늑하다. 아름다운 안뜰과 테라스 자리도 마련되어 있다. 실내장식과 음식 모두 환상적이다. 옆집에는 델리 카페(Little Next Door)가 있는데 보다 저렴하고 가벼운 식사를 원한다면 점심 식사하기에 좋다. 8164 West 3rd St, Los Angeles, CA 90048, www.thelittledoor. com

DELANCEY'S 동부 해안이 그립다면 할리우드 중심에 있는 이 뉴욕식 피자집으로 가보자. 인테리어가 괜찮고 토핑이 잔뜩 올려진 신크러스트 피자가 맛있다. 맥주도 다양한 편. 새벽 2시까지 영업한다. 5936 Sunset Blvd, Los Angeles, CA 90028, www.delanceyhollywood.com

CLIFF'S EDGE 실버레이크(Silver Lake)에 위치한 지중해식 레스토랑으로 분위기가 친숙하고 즐겁다. 축제가 열리는 커다란 정원 같은 곳으로 조명 달린 나무가 지붕 위로 솟아 있는데 소박하지만 근사한 그리스 및 이태리 음식을 맛볼 수 있다. 제대로 된 마티니가 나오는 바도 있다. 3626 Sunset Blvd, Los Angeles, CA 90026, www.cliffsedgecafe.com

FIGARO BISTROT 채식주의자들에겐 먹을거리가 별로 없기는 해도 이곳을 추천한다. 음식 맛이 정말 출중하고(아침 식사와 저녁 식사 모두 그렇다), 인테리어도 사랑스럽다(프렌치 비스트로 스타일). 로스펠리츠(Los Feliz) 지역에서 쇼핑하고 술 마시기 좋은 버몬트 애비뉴(Vermont Avenue) 한복판에 있다. 1802 North Vermont Ave, Los Angeles, CA 90027, www.figarobistrot.com

VERMONT RESTAURANT AND BAR 역시 버몬트 애비뉴 부근에 있는 괜찮은 곳으로 Figaro Bistrot보다 한층 더 고급이다. 펑키하고 활기찬 분위기에, 뜻은 알쏭달쏭하지만 '뉴 아메리칸' 요리를 선보인다. 유명 연예인도 종종 볼 수 있는데, 나는 최근에 몹시 즐거운 듯한 로버트 다우니 주니어를 봤다. 1714 N Vermont Ave, Los Angeles, CA 90027

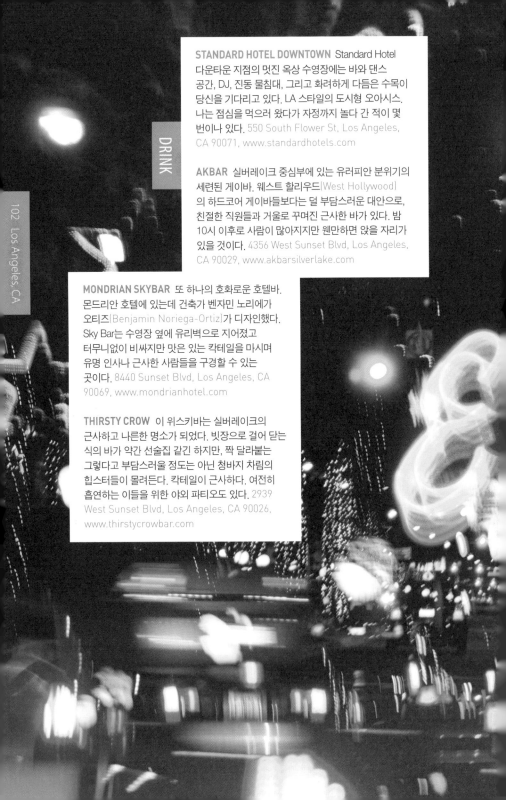

STANDARD HOTEL DOWNTOWN Standard Hotel 다운타운 지점의 멋진 옥상 수영장에는 바와 댄스 공간, DJ, 진동 물침대, 그리고 화려하게 다듬은 수목이 당신을 기다리고 있다. LA 스타일의 도시형 오아시스. 나는 점심을 먹으러 왔다가 자정까지 놀다 간 적이 몇 번이나 있다. 550 South Flower St, Los Angeles, CA 90071, www.standardhotels.com

AKBAR 실버레이크 중심부에 있는 유러피안 분위기의 세련된 게이바. 웨스트 할리우드(West Hollywood) 의 하드코어 게이바들보다는 덜 부담스러운 대안으로, 친절한 직원들과 거울로 꾸며진 근사한 바가 있다. 밤 10시 이후로 사람이 많아지지만 웬만하면 앉을 자리가 있을 것이다. 4356 West Sunset Blvd, Los Angeles, CA 90029, www.akbarsilverlake.com

MONDRIAN SKYBAR 또 하나의 호화로운 호텔바. 몬드리안 호텔에 있는데 건축가 벤자민 노리에가 오티즈(Benjamin Noriega-Ortiz)가 디자인했다. Sky Bar는 수영장 옆에 유리벽으로 지어졌고 터무니없이 비싸지만 맛이 있는 칵테일을 마시며 유명 인사나 근사한 사람들을 구경할 수 있는 곳이다. 8440 Sunset Blvd, Los Angeles, CA 90069, www.mondrianhotel.com

THIRSTY CROW 이 위스키바는 실버레이크의 근사하고 나른한 명소가 되었다. 빗장으로 걸어 닫는 식의 바가 약간 선술집 같긴 하지만, 짝 달라붙는 그렇다고 부담스러울 정도는 아닌 청바지 차림의 힙스터들이 몰려든다. 칵테일이 근사하다. 여전히 흡연하는 이들을 위한 야외 파티오도 있다. 2939 West Sunset Blvd, Los Angeles, CA 90026, www.thirstycrowbar.com

CITY SIP 에코 파크(Echo Park) 부근의 아담한 와인바. 흠잡을 데 없는 와인리스트와 맛있는 타파스 및 치즈 플레이트가 있는 곳. 편안하고 아늑한 분위기이다. 해피아워가 아주 괜찮은데, 음식을 주문하면 와인 한 잔을 무료로 주는 등 다양한 서비스를 제공한다. 2150 Sunset Blvd, Los Angeles, CA 90026

BARBRIX 또 하나의 즐거운 동네 와인바로 모던한 인테리어와 아기자기한 테라스를 갖추었다. 조명, 직원, 타파스(City Sip보다 맛있다) 모두 훌륭하다. 아주 사랑스러운 분위기라 데이트 장소로도 적합하다. 2442 Hyperion Ave, Los Angeles, CA 90027, www.barbrix.com

THE EDISON 내가 LA를 방문한 손님들을 감동시키려고 데려가는 곳이다. 다운타운의 클럽 겸 바로, 아르데코 양식의 발전소 건물에 있으며 지하실 빈티지 분위기와 칵테일이 꽤 좋다. 잘 차려 입고 가야 하니 청바지 차림은 피하도록. 108 West 2nd St, Los Angeles, CA 90012, www.edisondowntown.com

THE GROVE 이견의 여지가 없는 곳. 이곳은 스페인식 광장
스타일로 지어진 쇼핑몰로, 음악에 맞추어 움직이는 분수
(당신이 쇼핑몰에서 기대하는 바로 그것!)까지 갖추었다.
촌스럽다고 생각된다면 실제로 그렇기 때문이기도 하겠지만
Apple Store, Crate and Barrel, Anthropologie, Abercrombie
and Fitch 등이 입점해 있어 몹시 유용한 곳이다. 영화관과
농산물 직거래 시장도 있다. 기분이 좋은 상태라면 재밌는
시간을 보낼 수 있을 것이다.
189 The Grove Dr, Los Angeles, CA 90036,
www.thegrovela.com

SKYLIGHT BOOKS 로스펠리츠 부근에 있는 독립 서점으로,
둘로 나뉘어져 있는데, 한쪽은 소설, 다른 한쪽은 예술
디자인 전문 서적을 팔고 있다. 점원들은 해박하고 친절하며,
서점에서 작가와의 만남 등 참여할 만한 이벤트도 진행한다.
선물을 구입하기에도 좋다. 1818 North Vermont Ave,
Los Angeles, CA 90027, www.skylightbooks.com

SHOP

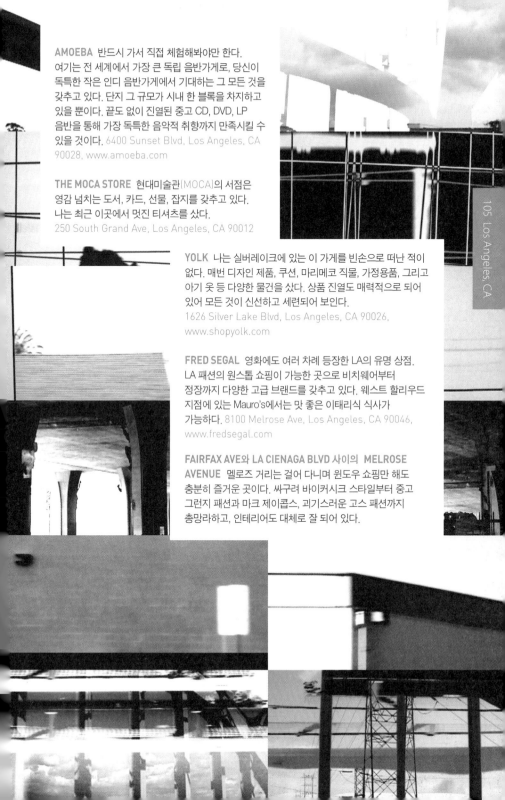

AMOEBA 반드시 가서 직접 체험해봐야만 한다. 여기는 전 세계에서 가장 큰 독립 음반가게로, 당신이 독특한 작은 인디 음반가게에서 기대하는 그 모든 것을 갖추고 있다. 단지 그 규모가 시내 한 블록을 차지하고 있을 뿐이다. 끝도 없이 진열된 중고 CD, DVD, LP 음반을 통해 가장 독특한 음악적 취향까지 만족시킬 수 있을 것이다. 6400 Sunset Blvd, Los Angeles, CA 90028, www.amoeba.com

THE MOCA STORE 현대미술관(MOCA)의 서점은 영감 넘치는 도서, 카드, 선물, 잡지를 갖추고 있다. 나는 최근 이곳에서 멋진 티셔츠를 샀다. 250 South Grand Ave, Los Angeles, CA 90012

YOLK 나는 실버레이크에 있는 이 가게를 빈손으로 떠난 적이 없다. 매번 디자인 제품, 쿠션, 마리메코 직물, 가정용품, 그리고 아기 옷 등 다양한 물건을 샀다. 상품 진열도 매력적으로 되어 있어 모든 것이 신선하고 세련되어 보인다. 1626 Silver Lake Blvd, Los Angeles, CA 90026, www.shopyolk.com

FRED SEGAL 영화에도 여러 차례 등장한 LA의 유명 상점. LA 패션의 원스톱 쇼핑이 가능한 곳으로 비치웨어부터 정장까지 다양한 고급 브랜드를 갖추고 있다. 웨스트 할리우드 지점에 있는 Mauro's에서는 맛 좋은 이태리식 식사가 가능하다. 8100 Melrose Ave, Los Angeles, CA 90046, www.fredsegal.com

FAIRFAX AVE와 LA CIENAGA BLVD 사이의 MELROSE AVENUE 멜로즈 거리는 걸어 다니며 윈도우 쇼핑만 해도 충분히 즐거운 곳이다. 싸구려 바이커시크 스타일부터 중고 그런지 패션과 마크 제이콥스, 괴기스러운 고스 패션까지 총망라하고, 인테리어도 대체로 잘 되어 있다.

ARCLIGHT HOLLYWOOD 로스앤젤레스는 영화의 수도이니 영화부터 시작하겠다. 나는 다른 이들과 마찬가지로 작은 인디 영화관을 좋아하는데 가끔 다른 것이 필요할 때도 있다. 마치 올리베티 타자기와 최신식 맥북을 비교하는 것과 같다. 이곳은 두 군데 지점이 있는 멀티플렉스 영화관으로 영화 보는 행위를 마음 편히 몰입할 수 있는 경험으로 발전시켜 놓은 곳이다. 티켓 구매 시설, 음향 및 상영 기술, 수백만의 상영 일정, 버터&캐러멜 팝콘 기계 등 모든 것이 훌륭하며, 영화가 시작되기 전 안내원이 영화를 재치있게 소개하는 사회자 역할을 한다. 최신 영화를 보고 싶은 당신을 위한 유일한 선택. 6360 West Sunset Blvd, Los Angeles, CA 90028, www.arclightcinemas.com

LAEMMLE'S SUNSET 5 올리베티 타자기라 할 수 있는 곳이랄까(또는 LA에서 가장 올리베티 타자기에 가까운 곳). 할리우드몰 (Hollywoodmall)에 상영관을 다섯 개 갖추고 있고 인디영화, 해외영화, 예술영화 등을 상영한다. 이곳을 찾는 사람들은 대체적으로 젊고 유쾌하다. 8000 West Sunset Blvd, Los Angeles, CA 90046, www.laemmle.com

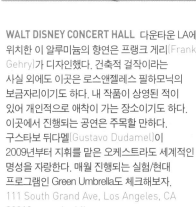

WALT DISNEY CONCERT HALL 다운타운 LA에 위치한 이 알루미늄의 향연은 프랭크 게리(Frank Gehry)가 디자인했다. 건축적 걸작이라는 사실 외에도 이곳은 로스앤젤레스 필하모닉의 보금자리이기도 하다. 내 작품이 상영된 적이 있어 개인적으로 애착이 가는 장소이기도 하다. 이곳에서 진행되는 공연은 주목할 만하다. 구스타보 뒤다멜(Gustavo Dudamel)이 2009년부터 지휘를 맡은 오케스트라도 세계적인 명성을 자랑한다. 매월 진행되는 실험/현대 프로그램인 Green Umbrella도 체크해보자. 111 South Grand Ave, Los Angeles, CA 90012, www.laphil.com

REDCAT 디즈니홀 옆에 있는 라운지이자 공연장 겸 갤러리. 라운지에는 서점이 있고 음료, 음식, 무료 WiFi가 제공되며 음악 공연과 낭독회 등 다양한 무료 행사가 진행된다. 공연장에서는 전 세계에서 온 아주 흥미롭고 실험적인 작품을 볼 수 있고 LA의 아방가르드 선구자 역할을 하는 곳 중 하나이다. 631 West 2nd St, Los Angeles, CA 90012, www.redcat.org

MOCA 디즈니홀에서 멀지 않은 또 하나의 문화 허브. 건물은 80년대에 아라타 이소자키(Arata Isozaki)가 설계했는데, 이전에 사용하던 Geffen Contemporary 건물은 리틀 토쿄(Little Tokyo) 분관으로 유지되고 있다. 양쪽 모두 진행되는 프로그램이 볼 만하다. 152 North Central Ave, Los Angeles, CA 90013, www.moca.org

MUSEUM OF JURASSIC TECHNOLOGY
이곳을 어떻게 설명해야 할지 모르겠다.
주말에만 운영되는 곳으로, 자연사와 과학의
시적인 부분을 위해 지어진 고딕 성지 같은
곳이다. 유리로 된 전시창에는 시대를 아우르는
예술, 과학, 인류학의 진품들이 담겨 있다.
완전히 색다른 곳이다. 위층에 있는 러시안
티룸은 니콜라스 2세(Nicolas II)의 겨울 궁전을
미니어처로 재현한 공간으로, 매력적인 여인 나나
(Nana)가 운영하고 있다. 그녀에게 내가 추천해서
왔다고 전해주길 바란다. 9341 Venice Blvd, Los
Angeles, CA 90232, www.mjt.org

SANTA MONICA MUSEUM OF ART 여러 소규모
갤러리와 스튜디오가 들어선 베르가못 스테이션
(Bergamot Station)의 작은 전시 공간으로,
괜찮은 숍도 있다. LA의 첼시라 할 만한 곳이다.
비영리 기관으로 재기 발랄한 전시가 이루어진다.
2525 Michigan Ave, Los Angeles, CA 90404,
www.smmoa.org

HAMMER MUSEUM 중간 규모의 매우
훌륭한 박물관으로, UCLA의 미술건축학과
건물에 있다. 전시기획이 뛰어나 언제나
흥미로운 기획전이 열리며 상설전시도
탄탄하다. 분위기 좋은 안뜰이 있고 무료
상영회도 진행된다. 10899 Wilshire Blvd,
Los Angeles, CA 90024,
www.hammer.ucla.edu

LACMA 대규모 미술관으로, 소장품은 고대와
현대를 넘나든다. 유명 건축가들이 설계한
근사한 건물들 내에 자리하고 있는데 입구로
이용되는 파빌리온은 렌조 피아노(Renzo
Piano)가 디자인했다. 종일 머물게 되는
곳이다. 특히 신관인 Broad Contemporary Art
Museum이 볼 만하다. 5905 Wilshire Blvd,
Los Angeles, CA 90036, www.lacma.org

GO

GRIFFITH PARK OBSERVATORY 무료로 즐길 수 있는 LA의 랜드마크. 차를 타고 올라가도 되지만 펀델 드라이브(Fern Dell Drive, Trails Café 맞은편)에 주차한 뒤 걸어 올라갔다 오는 편이 더 낫다. 한 시간 정도 걸리는데, 도시를 완전히 벗어난 느낌이 들 것이다. 꼭대기에 올라가면 다시 눈앞에 도시 전체가 펼쳐지는데 특히 할리우드 간판이 잘 보인다. 전망대 자체도 근사하다. IMAX식의 영화를 볼 수 있는 아름다운 1930년대 건물이다. 2800 East Observatory Rd, Los Angeles, CA 90027, www.griffithobs.org

RUNYON CANYON 130에이커에 달하는 공원으로 할리우드 대로(Hollywood Boulevard)에서 두 블록 거리에 있다. 입구는 풀러 애비뉴(Fuller Avenue), 비스타 스트리트(Vista Street), 멀홀랜드 드라이브 (Mulholland Drive) 근처에 있다. 인기 있는 데다 주택가에서 가까워 낮은 산책로에서는 수많은 선남선녀가 털 손질이 잘 된 개들을 데리고 산책한다. 높이 올라갈수록 시내 경치가 더 멋지다. 2000 North Fuller, Los Angeles, CA 90189, www.lamountains.com

POINT DUME/ZUMA BEACH 시내에서 조금만 운전해 말리부(Malibu)로 가면 퍼시픽 코스트 하이웨이(Pacific Coast Highway)를 바로 벗어나 아름다운 포인트 둠(Point Dume)이 나온다. 평화로운 해변이 내려다보이는 절벽 꼭대기이다. 머리를 비우고 와인을 한 병 마시며 석양을 바라보기 좋다. 운이 좋다면 돌고래도 보일 것이다. 그곳에서 조금 더 운전해 가면 주마 비치(Zuma Beach)가 나온다. 깨끗하고 여유로운 분위기의 넓은 해변으로, 시내 해변보다는 관광지답지 않다(성수기에는 붐빈다). 바닷물은 차갑지만 선탠을 하기에 좋다. 게다가 주변의 다른 해수욕장과는 달리 무료이다. **POINT DUME**: Westward Beach Rd, Malibu, CA 90265, **ZUMA BEACH**: 30050 Pacific Coast Hwy, Malibu, CA 90265

EL MATADOR 말리부에 있는 동안, 주마 비치에서 조금 더 올라가면 너무도 근사한 해수욕장이 나온다. 사람들로 붐빌 일이 거의 없고(그만큼 멀리 가야 할뿐더러 해변까지 층계를 한참 올라야 하기 때문), 왠지 섬에 온 듯한 분위기라 LA에서 수만 마일 떨어진 기분을 느끼게 해준다. 대단한 동굴과 바위들도 구경할 만하다. 마법 같은 곳이며 주중에 특히 그렇다. 32100 Pacific Coast Hwy, Malibu, CA 90265

ANNENBERG POOL 막대한 자선 신탁금으로 마련된 지역 시설인 애넨버그 비치 하우스 (Annenberg Beach House)에 딸린 야외 수영장. 산타모니카(Santa Monica) 해변가에 있는데 LA답지 않게 회원제가 아니다. 다양한 요가 수업이나 기타 활동이 가능하며 아름다운 수영장에서 즐겁게 보내기만 해도 좋다. 415 Pacific Coast Hwy, Los Angeles, CA 90402, http://beachhouse.smgov.net

OCEAN PARK CYCLE RIDE 베니스 비치 (VeniceBeach) 옆에는 다소 서민적이면서도 예술적인 분위기의 동네인 오션파크(Ocean Park)가 있다. 오션파크 블루바드(Ocean Park Blvd, 바다와 만나는 곳) 끝자락에는 자전거와 롤러블레이드 대여점이 한 군데 있다. 한 대를 골라서 자전거 전용로를 따라 남쪽의 베니스 비치 (활기찬, 술집이 많은, 히피 분위기)와 북쪽의 산타모니카(수수한 잔교가 있고 조금 더 올라가면 해수욕장과 예술적인 동네 분위기를 즐길 수 있다)를 둘러보자.

CATALINA ISLAND LA 해안과 가까운 작은 섬으로, 즐거운 당일 여행이 가능한 곳. Catalina Express(섬으로 가는 배)는 롱비치(LongBeach) 또는 산페드로(San Pedro)에서 탈 수 있으며 한 시간 정도 걸린다. 섬에 도착하면 하이킹, 산악자전거, 카약, 스노클링, 낚시 및 서핑을 즐길 수도 있고 그냥 해수욕장에서 시간을 보내도 그만이다. 특이하게도, 이 섬에는 들소가 많다. 20년대에 영화 촬영을 위해 데리고 왔던 들소 중 몇 마리를 예산이 부족해 남겼는데 지금의 규모로 번식했다고 한다.

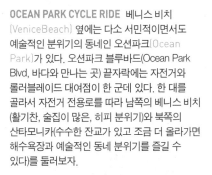

테네시주 멤피스 - 알렉스 워블

MEMPHIS, TENNESSEE BY ALEX WARBLE

멤피스는 최초의, 그리고 최고의 남부 도시다. 지리, 기후, 문화적인 면에서 본래의 시골스러운 특성이 여지없이 드러나는데, 이 말에는 좋은 내용과 덜 좋은 내용이 모두 포함되어 있다. 기본적인 것부터 언급하자면, 멤피스는 미시시피강(Mississippi River)의 절벽 위에 있는 도시로 습한 아열대 기후에 속한다. 겨울은 비교적 온화하지만 비가 내리고 흐리다. 사우나를 좋아하는 당신이라면 이곳의 여름도 괜찮을 것이다. 6월부터 9월 사이에는 지옥처럼 불타는 날씨와 엄청난 습기에 휩싸인다.

멤피스는 흑인평등권 운동의 영예로운 상처이다. 흑인 인구가 우세한 지역으로, 도시의 역사를 통틀어 인종 간의 갈등이 끊이지 않았다. 하지만 서로 다른 문화끼리의 만남은 매우 비옥한 예술적 토양을 일궜다. 이 덕분에 로큰롤의 고향이 되었고, 이 음악적 유산은 여전히 살아 있다. 음악은 타 예술 분야의 성장에도 영향을 미쳤고, 현재 멤피스는 창의성이 불타는 도시가 되었다. 하지만 이 열정에도 불구하고 느긋한 삶의 속도가 존재한다. 깊고 어둡고 반짝이는 미시시피강은 세월을 따라 흐를 뿐이고, 멤피스 사람들도 그렇게 살아간다.

멤피스에 오면 피해 가야 할 곳도 있다. 높은 범죄율과 실업률이 그늘을 드리우는 지역들이 있기 때문이다. 하지만 앤스데일(Annesdale), 스노든(Snowden), 하인파크(Hein Park), 센트럴가든스(Central Gardens) 등 남부의 매력을 간직한 녹음 짙은 동네도 있다. 다운타운 지역은 과거에 부흥했지만 한때 버려진 유령도시로 전락한 적도 있다. 그러나 지금은 다시 한층 활기를 띠고 안전한 지역으로 변모했다. 이곳에는 '블루스의 고향'으로 잘 알려진 빌스트리트(Beale Street)가 있다. 그 유명세 덕에 현재 이곳은 관광객을 대상으로 하는 가게와 이류 클럽 등이 가득하다. 이 도시의 진정한 매력(음악적으로나 전반적으로)을 맛보고 싶다면 미드타운(Midtown) 쪽을 둘러보는 것이 좋다. 미드타운의 오버튼광장(Overton Square)에는 구식 영화관, 새로 지은 극장, 근사한 레스토랑, 바, 클럽 등이 당신을 기다린다.

나는 멤피스를 사랑한다. 손으로 직접 그린 간판들, 음악 공연, 커피숍 … 아, 그리고 내가 바비큐를 언급하지 않았던가? 멤피스에는 국내 최고의, 그리고 아마도 세계 최고의 바비큐가 있다. 양념에 재워 그을린 돼지고기 냄새를 싫어한다면 당장 집으로 돌아가기 바란다. 나는 멤피스가 거대하고 영향력 있는 곳으로 거듭나는 중임을 느낀다. 그리고 그 핵심에는 음악과 미술이 있다. 이곳에는 자연 그대로의 풍요로운 자원과 이를 표현할 수 있는 수단이 존재한다.

RIVER INN, HARBOR TOWN 미시시피강이 내려다 보이는 멋진 부티크 호텔로 아름다운 경치를 감상하기에 좋은 옥상 테라스가 마련되어 있다. 로맨틱한 객실, 근사한 아침식사, 흠잡을 데 없는 서비스 등 온라인에서 꾸준히 호평받는 호텔. 50 Harbor Town Sq, Memphis, TN 38103, www.riverinnmemphis.com

TALBOT HEIRS GUESTHOUSE 가족이 운영하는 남부식 숙소로 다운타운에 있어 위치가 편리하다. 가격 대비 괜찮은 B&B로, 인테리어도 깔끔하고 아주 친절하다. 99 South 2nd St, Memphis, TN 38103, www.talbotheirs.com

PILGRIM HOUSE HOSTEL 다운타운에서 약간 떨어진 쿠퍼영(Cooper Young) 부근의 제일연합교회(First Congregational Church)에 있다. 넓은 주방과 도서실이 마련되어 있으며 친절한 서비스를 제공한다고 한다. 아주 싼 가격에 도미토리를 이용하거나 개인실을 빌릴 수도 있는데 유일한 단점은 일(설거지나 비질)을 도와야 한다는 것이다. 1000 South Cooper St, Memphis, TN 38104, www.pilgrimhouse.org

THE ARCADE 50년대 이후로 바뀐 것이 전혀 없는 멋진 식당. 여러 영화에도 나왔고 100% 남부식이다. 치즈버거, 고구마 팬케이크, 그레이비 소스를 곁들인 비스킷, 튀긴 땅콩버터 & 바나나 샌드위치 등 최고급 요리를 제공한다. 540 South Main St, Memphis, TN 38103, www.arcaderestaurant.com

FRANK'S DELI 식료품점 겸 레스토랑. 마법은 뒤편의 델리 코너에서 일어난다. 말도 안 되게 맛있는 감자 샐러드와 사람 머리만큼 커다란 샌드위치가 당신을 기다리고 있다. 식사가 끝나면 냉장고의 맥주로 깔끔하게 마무리해주자. 추천 메뉴는 훈제 칠면조 가슴살 샌드위치다. 327 South Main St, Memphis, TN 38150

DINO'S 다소 동떨어져 있는, 너무나 훌륭한 이탈리안 패밀리 레스토랑. 협소한 공간에 옛스러운 분위기라 나만의 비밀 장소 같다. 소박하지만 친근한 분위기에서 푸짐한 양의 홈메이드 파스타를 즐겨보자. 645 North McLean Blvd, Memphis, TN 38107, www.dinosgrill.com

KWIK CHECK 기본적인 시설만 갖춘 허름한 편의점 겸 카페로, 한국인과 그리스인 부부가 양쪽 문화에서 온 음식을 만들어낸다. 의심은 고이 접어두고 이들의 황홀한 팔라펠을 한번 맛보자. 2013 Madison Ave, Memphis, TN 38104

OTHERLANDS 내가 멤피스에서 가장 좋아하는 커피숍으로, 이곳 테라스에서 커피와 향긋한 바나나 넛브레드를 먹으며 일상을 보내곤 한다. 무료 WiFi와 카페인을 즐기러 다양한 예술가들이 몰려든다. 주말에는 라이브 공연이 이루어지는데 괜찮은 밴드들이 초대된다. 641 South Cooper St, Memphis, TN 38104, otherlandscoffeebar.com

BOSCO'S 미드타운의 조용한 한구석에 있는 괜찮은 레스토랑. 화덕에 구운 피자와 미국식 요리를 선보인다. 목재 바닥, 벽돌로 꾸민 벽과 벽에 걸린 현지 작가들의 작품, 그리고 젊고 활기찬 분위기가 이곳을 이룬다. 맥주 리스트는 다양한 수제 맥주로 더욱 완벽해진다. 2120 Madison Ave, Memphis, TN 38104, www.boscosbeer.com

BBQ 멤피스가 세계적인 바비큐 도시라는 사실을 이미 언급했다. 그렇게 여겨지지 않을 수도 있지만 한번 맛을 보면 이런 자긍심을 금세 이해하게 될 것이다. 이 환희는 BBQ Shop, Cozy Corner, Leonard's, 그리고 Corky's 에서 경험할 수 있다. 바비큐립, 풀드포크(pulled pork) 샌드위치 외 온갖 바비큐 소스가 발린 돼지요리를 맛볼 수 있을 것이다. **BBQ SHOP:** 1782 Madison Ave, Memphis, TN 38104, **COZY CORNER:** 745 North Parkway, Memphis, TN 38105, **LEONARD'S:** 5465 Fox Plaza Dr, Memphis, TN 38115, **CORKYS:** 5259 Poplar Ave, Memphis, TN 38119

DRINK

P&H CAFE 이쯤되면 당신은 내가 호화로운 곳들을 그리 좋아하지 않는다는 사실을 알아챘을 것이다. 하지만 P&H(Poor & Hungry)는 특히나 더 동굴 같은 곳이다. 어둡고, 연기 자욱하고, 엄청나게 싸다. 술은 맥주만 팔고 음식은 햄버거류로 국한된다. 모두가 환영받을 수 있는 장소이다. 1532 Madison Ave, Memphis, TN 38104

POPLAR LOUNGE 친구들과 맥주를 곁들이며 여유 부리기 좋은 은신처 같은 라운지. 좋은 밴드들의 공연이 이루어지는데 특히 블루그래스 쪽으로 강하다. 이곳은 스스로 '세계적으로 유명하다'고 주장하는데 실상은 그냥 동네 술집이다. 현지 사람들과 즐기고 싶다면 더할 나위 없이 좋은 선택이다. 2586 Poplar Ave, Memphis, TN 38112

BUCCANEER 최고의 다이브바이자 현지 음악가들을 만날 수 있어 더욱 좋아하는 곳이다. 목검을 든 콧수염 해적이 그려진 깜찍한 간판을 발견했다면 제대로 찾아온 것이다. 안으로 들어가면 붉은색 레코드판으로 포인트를 준 귀신의 집 분위기의 작고 연기 자욱한 바를 발견하게 될 것이다. 친구들과 함께 계속해서 갑판을 뛰어 오르락 내리락 하게 되는 해적선 같은 곳이다. 1368 Monroe Ave, Memphis, TN 38104

ALEX'S TAVERN 하룻밤의 마무리로 적합한 곳. 놀랍도록 맛있는 음식과 맥주를 새벽 5시 30분까지 제공한다. 50년대 부터 운영해왔던 곳이라 멤피스 역사의 일부나 다름없다. 주크박스는 그만큼 오래됐고 유명 스타들의 사진이 벽에 줄지어 붙어 있다. 주변은 다소 위험한 지역이니 조심하는 것이 좋겠다. 1445 Jackson Ave, Memphis, TN 38107

NOCTURNAL 이 클럽은 80년 대와 90년대 펑크족의 본거지인 Antenna Club이었던 곳이다. 이곳에서 수많은 유명 밴드가 데뷔했다. 굉장한 밴드와 DJ를 지금도 볼 수 있다. 입장료와 맥주 값이 저렴하다. 1588 Madison Ave, Memphis, TN 38104

WILD BILL'S 그늘진 번화가 한켠에 위치한 아주 작은 블루스 클럽으로 시내 최고의 라이브 음악 공연장이다. 맥주는 40온스 병 단위로만 제공되며 비교적 높은 연령대의 다양한 손님들이 즐겨 찾는다. 블루스 거리라는 빌 스트리트(Beale Street)는 잊어라. 진정한 블루스는 이곳에 있다. 1580 Vollintine Ave, Memphis, TN 38107

HI TONE Hi-Tone은 가장 전문적인 방식으로 현지와 세계 음악가들을 한데 묶는 공연장이다. 음향 면에서도 최고의 공연장이며 거의 1년 내내 인디 밴드 등의 라이브 공연이 펼쳐진다. 분위기는 편안하고 바는 모든 것을 갖추다시피 했다. 스페셜 세트 메뉴 등 음식이 맛있는 것은 물론이고… 외벽에는 내가 그린, 끝내주는 벽화까지 있다. 1913 Poplar Ave, Memphis, TN 38104, www.hitonememphis.com

SHANGRI LA RECORDS 레코드판 천국! Soul 45를 찾기에 세상에서 이곳보다 나은 곳은 없을 것이다. 멤피스의 음악 정신을 담은 신제품과 중고품 LP판들이 이 사랑스러운 가게의 벽면을 따라 늘어서 있다. 1916 Madison Ave, Memphis, TN 38104, www.shangri.com

GONER RECORDS 아직도 레코드 쇼핑이 부족하다면 Goner Records로 가서 가라지, 펑크, 소울 음악을 더 만나보자. 이들은 고유 레이블을 갖고 있으며 Gonerfest 라는 나흘짜리 음악 페스티벌도 주최한다. 페스티벌은 매해 9월 미드타운의 공연장을 중심으로 열린다. 2152 Young Ave, Memphis, TN 38104, www.goner-records.com

BOOKSTAR 독립서점이라고 말하고 싶지만 사실은 반즈앤노블 (Barnes&Noble) 소유의 서점이다. 그래도 꽤 특별한데, 옛날 플라자 영화관이었던 곳에 원래의 간판, 영사실과 매표소를 그대로 유지한 채 서점으로 이용하고 있어서다. 실내의 스타벅스는 생긴 지 그리 오래 되지 않았다. 3402 Poplar Ave, Memphis, TN 38111

EASY WAY Easy Way 는 양질의 신선한 청과류와 맛좋은 델리 식품을 파는 멋진 식료품점이다. 시내 세 군데에 지점이 있다. 레트로 스타일의 검정&주황색 간판이 집처럼 편안한 느낌을 준다. 814 Mount Moriah Rd, Memphis, TN 38117

FLASHBACK 40년대부터 흘러온 빈티지 의류 및 기념품과 가정용품을 팔고 있다. 가격이 비싼 편이지만 모든 제품이 선별되어 잘 진열되어 있다. 2304 Central Ave, Memphis, TN 38104

MEMPHIS FARMERS' MARKET 다운타운에 새로 생긴 야외 버스 터미널에서 4월부터 10월까지 토요일 아침마다 열리는 농수산물 시장. 현지에서 생산된 농작물과 제과류, 그래놀라, 젤리 등 모두 품질이 우수하다. 대형 환풍기가 실내 냉기를 유지한다. Front St & GE Patterson Ave, Memphis, TN 38150, www. memphisfarmersmarket. com

THE LAMPLIGHTER IS THE MOST PERFECT HOLE IN THE WALL BAR. PEOPLE FLOCK THERE FOR EXCEPTIONAL JAZZ MUSIC, TALL CANS OF PBR, A GAME OF POOL, A GAME OF CHESS, ITS KINDA LIKE THE HIPSTER VERSION OF CHEERS.

Lamplighter Lounge

CONCEPT GALLERY 사우스 메인 예술구역(South Main Arts District)에 자리한 중간 규모의 전시 공간으로, 유능한 현지 예술가들의 작품을 전시하고 있다. 314 South Main St, Memphis, TN 38103, www.theconceptgallery.com

D EDGE ART & UNIQUE TREASURES 작은 갤러리 겸 숍으로 오리지널 작품을 판매하며 대부분 작품과 가구 등이 남부 민속예술풍이다. 유능한 작가들이 소속되어 있다. 550 South Main St, Memphis, TN 38103

DAVID LUSK GALLERY 내 친구와 동료 일부가 소속된 갤러리이며 시내에서 가장 전문적인, 갤러리 다운 갤러리이다. 작품은 젊고 재치 있고 재밌다. 둘러볼 만한 곳이다. 4540 Poplar Ave, Memphis, TN 38117

PLAYHOUSE ON THE SQUARE 멤피스 유일의 전문 극단을 위해 새로 생긴 멋진 빌딩. 분위기가 근사할뿐더러 무대에 올려지는 공연들도 훌륭하다. 51 South Cooper St, Memphis, TN 38150, www.playhouseonthesquare.org

THE ORPHEUM 아름다운 19세기 건물에 자리한 극장. 정성스레 복원됐지만 여전히 과거에 머물러 있다. 브로드웨이 공연과 함께 '록키호러픽쳐쇼'나 '티파니에서 아침을'과 같은 고전 영화를 상영한다. 203 South Main St, Memphis, TN 38103, www.orpheum-memphis.com

MALCO STUDIO ON THE SQUARE 시내의 괜찮은 영화관들은 모두 말코(Malco Paradiso, Malco Ridgeway 4) 소유인데 그중 최고가 이곳이다. 상영관 다섯 개는 아늑하고 작지만 기술만은 최신식이다. 예술 및 인디 영화를 다양하게 상영하며 바에서 술과 치즈 안주도 판매한다. 2105 Court Ave, Memphis, TN 38104, www.malco.com

THE PYRAMID 거대한 스포츠센터로, 90년대 초반 이 도시의 이름과 같은 이집트의 멤피스를 기리기 위해 지어졌다 사실 큰 호응을 얻지 못해 완전히 실패한 곳이다. 이 건물은 나중에 무엇이 될까? 새로운 피라미드의 미스터리가 시작되려고 한다. Auction Ave, Memphis, TN 38103

COOPER YOUNG FESTIVAL 쿠퍼 영은 최근 급부상하는 동네다. 매년 9월 좌판에서 공예품을 팔고 좋은 음악이 흐르는 소규모 페스티벌이 열린다. www.cooperyoungfestival.com

THE LEVITT SHELL 오버튼 파크 (Overton Park)에 있는 멋진 야외 공연장으로, 엘비스 프레슬리가 생애 첫 콘서트를 치른 곳이다. 정말 훌륭하게 개조되어 여름마다 현지 음악가들의 무료 콘서트가 이어진다. 1930 Poplar Ave, Memphis, TN 38104, www.levittshell.org

STAX MUSEUM 스택스 레코드(Stax Records)는 아이작 해이즈(Issac Hayes), 오티스 레딩(Otis Redding), Booker T & the MGs 등 여러 유명 아티스트의 커리어를 지원해온 곳이다. 새롭게 단장한 스튜디오에 있는 이 박물관도 아주 볼 만하다. 이 도시의 음악 역사가 진화한 과정을 볼 수 있다. 870 East McLemore Ave, Memphis, TN 38106, staxmuseum.com

SUN STUDIO Sun Studio는 로큰롤의 발상지이자 필수 방문지라 할 수 있다. 투어는 비싸지만 '인터랙티브'하다. 다시 말해, 이들의 마이크 앞에서 기타 치는 시늉을 하며 직접 노래해볼 수 있다는 말이다. 꼭 한번 방문해보자. 706 Union Ave, Memphis, TN 38103, www.sunstudio.com

SHELBY FOREST STATE PARK 시내에서 차로 20분 거리지만 도착하면 수백만 마일이나 떨어진 듯한 느낌을 주는 공원이다. 하이킹 코스, 시냇물, 프리즈비 골프, 야외 수영장, 낚시와 캠핑 등 자연을 만끽할 수 있다. 잭슨스 힐(Jackson's Hill)을 따라 자전거를 타고 가면서 강가의 경치도 즐길 수 있다. 910 Riddick Road, Millington, TN 38053

THE RIVER AT SUNSET 멤피스의 핵심이라 할 만한 미시시피강에 노을이 질 때면 너무도 아름답다. 보트 투어나 머드 아일랜드 리버파크(Mud Island River Park, 모노레일을 타고 갈 수 있다), 또는 하버타운(Harbortown)에서 가장 황홀한 경치를 볼 수 있다.

LEX WARBLE

MIAMI, FLORIDA BY MICHELLE WEINBERG

나는 오래전 뉴욕에서 마이애미로 이사왔다. 당시만 해도 아주 옮길 생각은 없었다. 나는 어떤 재단에서 작업을 의뢰받아 마이애미로 초대됐는데, 친절하게도 그곳에서 작업실과 아파트까지 마련해주었고, 미술 계통의 유쾌한 사람들도 소개해주었다. 굉장히 행복한 시간이었다. 나는 당시 네 살짜리 아들을 차에 태우고 뜨거운 한여름에도 늘 인파로 붐비는 사우스비치(South Beach)의 링컨로드(Lincoln Road)를 따라 드라이브를 즐기곤 했다. 좋은 서점, 빈티지 옷가게, 카페, 작은 파스텔색 아파트 빌딩의 끝없는 대열… 이 모든 것이 드넓은 대양의 바로 앞에 있었다. 게다가 살랑이는 바람이 불어 한여름의 맨해튼보다도 시원했다. 뉴욕의 아티스트에게 필요한 그 모든 것이 있었다. 그 후로 난 뒤돌아보지 않았다.

마이애미는 환상적인 여행지이다. 키스(Keys) 제도나 에버글레이드(Everglades) 습지로 가는 길목에 있어 단기 여행이나 더 긴 일정으로 머물기에도 좋은 이 도시의 예술계는 하루가 다르게 성장해나간다. 거대도시인 마이애미에는 양면성이 있다. 해변이나 관광지에 있는 동안에는 도시에 존재하는 빈곤이 보이지 않을 것이다. 하지만 주요 관광지를 조금만 벗어나면 낯설고 지저분한 놀라운 도시 풍경이 나타난다. 나는 이런 모습들에서 수많은 영감을 얻었고 이는 내 작업에 영향을 미쳤다.

문화 또한 믿기 어려운 정도로 다채롭다. 언젠가 나는 어떤 사람과 인터뷰를 했는데 그는 "미국에서 너무나도 가깝기 때문에" 마이애미를 좋아한다고 했다. 너무도 사실적인 이야기다. 마이애미는 미국 도시라기보다는 라틴아메리카의 비공식적 수도 같은 느낌을 준다. 마이애미를 현재의 위치로 성장시킨 쿠바인과 중남미에서 이주해온 사람들로 인해 마이애미에서는 모든 곳에서 스페인어가 사용된다. 또한 마이애미는 미국의 해안도시(American Riviera)이니 만큼 겨울철이면 유럽인들, 특히 프랑스, 이탈리아, 스위스 등 유럽에서 온 여행객이 많다.

뉴욕 출신 이주민으로서 나는 단일 문화에는 절대 만족할 수가 없으며 서로 다른 문화가 지속적으로 이 도시에 심어놓은 장소, 음식과 음악을 찾아나서곤 한다. 그 결과 여기 소개된 곳은 외딴 지역에 있는 경우가 많아 시간 여유가 되는 사람들에게 더 적합한 추천지일 것이다. 마지막으로, 마이애미는 고객 서비스가 훌륭한 곳은 아니니 당신의 질문에 심드렁한 사람들을 만나도 놀라지 마시길.

STAY

VICEROY 전통 마이애미식의 호화로움을 원한다면 여기로 가자. 극도로 트렌디하며 보석 마니아이기도 한 켈리 웨어스틀러(Kelly Wearstler)가 디자인한 곳이다. 사우스비치(South Beach) 호텔들보다 저렴하지만 다양성 면에서 월등하다. Viceroy의 수영장과 바는 하늘과 가깝고 환상적인 스파에는 티 없이 완벽한 욕조가 우아하게 자리 잡은 일광욕실이 있어 반신욕을 하며 저 멀리 아래 거번먼트컷 (Government Cut)에서 유람선이 떠나는 모습을 지켜볼 수 있다. 일일 스파 이용권 가격은 $30 정도로, 나쁘지 않으니 한번 이용해보는 것도 좋겠다. 485 Brickell Ave, Miami, FL 33131, www.viceroymiami.com

MIAMI RIVER INN 빅토리안 시대의 마이애미로 시간 여행을 온 듯한 숙박 시설. 마이애미 바이스 (Miami Vice)식 현란한 고층 빌딩을 피하는 한층 차분한 대안이 될 것이다. 다운타운에서 가깝고, 역사 깊고 아름다운 마이애미 리버(Miami River)에 있다. 가격은 저렴하다. 118 Southwest South River Dr, Miami, FL 33130

TOWNHOUSE HOTEL 아기자기하게 장식된 해변가 호텔들 중 하나이다. 자그마한 객실과 세련된 레스토랑, 트렌디한 인테리어, 멋진 직원들이 있다. 환상적인 옥상의 바에는 달빛을 즐길 수 있도록 매혹적이며 편안한 좌석이 준비되어 있다. 소유주 겸 운영자인 아미르 벤지온(Amir Ben-Zion) 씨는 중국 식당 Miss Yip(eat섹션 참조)의 주인이기도 하다. 그는 자신이 하는 일을 정확히 파악하고 있는 사람이다. 150 20th St, Miami Beach, FL 33139, www.townhousehotel.com

KATANA 집 근처여서이기도 하지만 Katana에서의 식사는 나와 아들, 내 남자친구에게 매주 반복되는 의식과도 같다. 색색의 접시에 담긴 스시가 보트를 타고 해자를 따라 미끄러져 온다. 식사 후에는 쌓인 접시 수를 세어서 계산한다. 마이애미에는 더 고급스러운 일식당이 많지만 이만큼 재미있는 곳은 없다. 가격도 저렴한 편이다. 저녁 6시 이후에만 연다. 920 71st St, Miami Beach, FL 33141

KON CHAU Kon Chau에 가려면 자동차가 필요하지만 정통 방식의 맛 좋은 딤섬을 저렴하게 즐길 수 있는, 사우스 마이애미의 명소이다. 시내 최대 규모의 중국 시장인 Lucky Oriental Market 바로 옆이니 쉽게 찾을 것이다. 8376 Bird Rd, Miami, FL 33155

MIAMI JUICE 천연 재료만 이용해 주스와 음식을 만드는 곳. 맛이 환상적인 스무디와 과일 샐러드를 먹고 싶어 하는 손님이 점차 늘자 이들의 요구에 부응하기 위해 최근 더 큰 동네로 옮겼다. 다른 메뉴들은 이스라엘식 건강식이고, 직원들은 친절하다. 16210 Collins Ave, Sunny Isles Beach, FL 33160, www.miamijuice.com

MISS YIP 실로 마이애미 최고의 중국 식당이라 할 수 있는 곳으로, 링컨 로드 (Lincoln Road) 근처에 있다. 분위기는 근사하고 리치 마티니와 북경 오리 요리도 훌륭하다. 내가 제대로 된 식사를 즐기고 싶은 날 가는 곳이다. 식후 최신 할리우드 영화를 보러 Regal Cinema까지 들른다면 완벽한 하루가 될 것이다. 1661 Meridian Ave, Miami Beach, FL 33139

TAP TAP 사우스 비치에서 유명한 장소인 이곳은 독특한 아이티 식당으로 전 세계 어디에도 존재하지 않을 만한 곳이다. 뉴욕은 물론 아이티 현지에서도 말이다. 벽은 전통 부두 벽화로 장식되어 있으며 라이브 음악으로 활기 넘치고 즐거운 시간을 보낼 수 있다. 개인적으로는 이곳 모히토를 좋아한다. 819 5th St, Miami Beach, FL 33139

CÔTE GOURMET 번화가에서 조금 떨어져 조용한 마이애미 쇼어즈(Miami Shores)에 있다. 이곳 역시 자동차가 있어야 가기 편하지만 그 정도 수고는 모녀가 차리는 프랑스 요리를 먹기 위해서라면 별 문제가 되지 않을 것이다. 군침 도는 샐러드와 세상에서 가장 아름다운 녹색을 띤 신선한 콩 수프! 저녁 식사는 가격대가 조금 더 높다. 식당은 병원 건물에 숨어 있으니 잘 찾아가자. 9999 Northeast 2nd Ave, Miami Shores, FL 33138

FOX'S SHERRON INN 묵직한 색채로 옛스럽게 꾸며진 식당이다. 부스에 애인과 가까이 앉아 마티니를 쏟기 좋은 곳인데, 내가 바로 그랬었다. 음식은 까무러칠 정도로 맛있다. 무엇보다도, 과거의 플로리다를 느낄 수 있는 분위기인데 어둑어둑한 그림과 잔잔한 조명이 이곳을 특별하게 만들어준다. 6030 South Dixie Hwy, Miami, FL 33143

JOEY'S 먹거리라고는 아예 없던 윈우드 예술구역(Wynwood ArtsDistrict)에 새로 생긴 환상적인 식당. 편안하면서도 세련된 공간에, 야외 테라스와 잘 갖춰진 와인리스트, 제대로 된 화덕 피자, 정말 맛있는 이탈리아 스낵, 파니니 등과 여러 요리가 당신을 기다린다. 고급스러우면서도 비싸지 않은, 미술 애호가들을 유혹하는 작은 오아시스 같은 곳이다. 2506 Northwest 2nd Ave, Miami, FL 33127, www.joeyswynwood.com

EAT

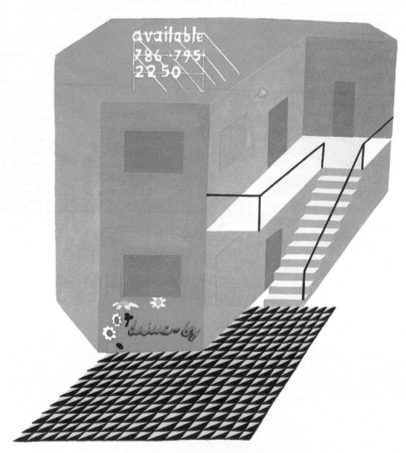

MAGNUM 나는 바를 즐겨 가진 않지만 Magnum은 이곳만의 차별성을 지녀 가볼 만한 곳이다. 마이애미 최초의 게이바 중 하나였던 이곳은 아늑한 무허가 술집 같은 분위기에 붉은 벨벳을 두른 벽과 묵직한 거울로 꾸며져 있다. 커다란 바는 즐거움을 선사하고 메뉴는 클래식하면서도 만족스럽다. 하지만 무엇보다도 피아노를 연주하면서 브로드웨이 곡(제일 싫다)과 옛날 명곡(정말 좋다)들을 부르는 가수들이 매력적이다. 몸에 좋은 칵테일을 들이켜며 아주 유쾌한 분위기에 흠뻑 빠져들 수 있는 곳으로 늦은 시간까지 문을 연다. 709 Northeast 79th St, Miami, FL 33138

BIN NO. 18 주로 전시 오프닝 행사 참석 후 즐겨 찾는 곳으로, 다운타운과 윈우드, 그리고 디자인 디스트릭트(Design District) 근처에 있다. 별다른 콘셉트가 없어 더욱 신선한 곳으로, 멋모르는 관광객보다는(링컨 로드처럼) 현지 손님에게 집중하고 있다. 와인바이면서도 맥주 셀렉션이 괜찮고, 치즈와 조리된 안주류가 맛있다. 이곳에서의 식사도 추천할 만하다. 1800 Biscayne Blvd Ste 107, Miami, FL 33132, www.bin18miami.com

RED LIGHT Red Light는 꽤 남다른 메뉴를 갖춘 식당이면서도 제대로 된 바이다. 아래층이나 야외에 흐르는 뿌연 시내 또는 운하(대체 무엇일까?)의 물가에 앉아 알록달록한 등불 아래에서 칵테일을 즐겨보자. 최근 새로 생긴 스트립바의 네온 불빛이 수면에 아른거릴 것이다. 이는 마이애미의 전형적인 풍경이다. Magnum 맞은편이니 하룻밤 제대로 놀고 싶다면 참고하면 되겠다. 7700 Biscayne Blvd, Miami, FL 33138

DRINK

BUENOS AIRES BAKERY 내가 사는 쪽의 마이애미 해변은 많은 아르헨티나 출신 사업가들이 식당과 카페를 운영하고 있어 '작은 부에노스아이레스(Little Buenos Aires)라 불리는데 이곳은 그중 내가 좋아하는 곳이다. 커피류는 전부 맛이 좋고 미니 샌드위치, 디저트류, 키시, 토티야 에스타뇰라 등 다양한 메뉴가 종일 제공된다. 해수욕장에 가기 전후로 들르기 좋다. 7134 Collins Ave, Miami Beach, FL 33141, www.buenosairesbakeryandcafe.com

A LA FOLIE 사우스비치 내 두 군데에 지점이 있다. 에스파뇰라 웨이(Espanola Way) 지점은 사우스비치만의 분위기와 밤 문화(그리고 Miami Beach Cinematheque)를 즐기기 좋다. 반면 선셋 하버(Sunset Harbor) 지점은 바다 풍경이 보이며 주차하기 좋다. 두 지점 모두 정통 크레페, 바게트, 샌드위치, 감미로운 커피와 차를 제공한다. 가격도 저렴하다. 516 Española Way·1701 Sunset Harbor Dr, Miami Beach, FL 33139, www.alafoliecafe.com

RED, WHITE, AND BLUE THRIFT STORE

어떤 장소를 자세히 알기 위해서는 그곳 주민들의
꾸밈없는 모습을 면밀히 살피는 데 많은 시간을
투자해야 한다. 마이애미는 중고품 쇼핑의
낙원이다. 북부 지방에서 온 사람들은 자신의
겨울옷을 쏟아내고 근사한 빈티지 차림의
노인들은 이곳에서 생을 마감한다. 고품격
거주지인 하이얼리어(Hialeah, 빈정거려 미안.)
에 있는 플라밍고 플라자(Flamingo Plaza)에는
미식축구 경기장 규모의 중고품 상점이 네 군데
이상 있다. 하지만 하루종일 돌 준비가 안 됐다면
코너에 있는 Red, White, and Blue로 바로 가면
된다. 펼쳐질 광경에 아마 넋을 잃게 될 것이다.
여기서 구한 물건들을 집에 가져가기 위한 중고
여행 가방도 하나 사자. 12640 Northeast 6th
Ave, Miami, FL 33161,
www.redwhiteandbluethriftstore.com

NIBA

니시 베리맨(Nisi Berryman)이 설립한
이 가게는 내 집을 위한 가장 아름다운 물건을
갖추어 놓았다. 가구부터 쿠션, 예술품, 주얼리,
온갖 장식품까지, NiBa는 다채롭고 최신 유행에
민감하며 둘러보기만 해도 꿈만 같은 곳이다.
디자인 디스트릭트의 꽃이라 할 만하다.
39 Northeast 39 St, Miami, 33137,
www.nibahome.com

KARELLE LEVY

세계에서 가장 독창적인 니트웨어를
파는 스튜디오 겸 쇼룸인 이곳은 패션의 공간인 만큼
예술 생산의 공간이기도 하다. 유일품은 미술품처럼
고가이지만 일반 제품은 가격대가 저렴한 데다 할인도
자주 한다. 180 Northwest 25th St, Miami, FL
33127, www.krelwear.com

MARIMEKKO

나는 핀란드의 디자인적 신앙이라 할
수 있는 1960년대 마리메코의 영향을 받으며 뉴욕에서
성장했다. 하지만 마리메코라는 브랜드를 들어본 적도
없는 미국인이 허다하다. 마이애미 시민인 크리스티나
도밍게즈(Cristina Dominguez) 덕분에 마이애미에는
보기 드문 마리메코 미국 지점이 생겼다, 그것도 디자인
디스트릭트에. 3940 North Miami Ave, FL 33127

COCONUT GROVE FARMERS' MARKET

내가 뉴욕에서 봐왔던, 여러 공급자가 한데 모이는 농산물 시장과 달리 이곳에는 마이애미 소유지인 레드랜드 농업지구(Redlands agricultural district)에 위치한 Glaser Organic Farms에서 생산한 농작물을 판매한다. 수없이 많은 식재료, 호두 버터, 김, 디저트군이 방대한 현지산 및 국산 농작물과 함께 당신의 손 아래 펼쳐진다. 운영시간은 매주 토요일 오전 10시~오후 7시. 3300 Grand Ave, Coconut Grove, FL 33133

EPICURE
사우스 비치에 자리한 시장으로 내가 뉴욕에서 즐겨 찾던 고급 식료품점과 가장 흡사하다. 이곳에는 치즈만 사러 가는데, 가격대가 높아 그나마도 월급날에만 이용한다. 베이커리와 조리 식품도 환상적이라 피크닉을 준비하기에 완벽한 곳이다. 1656 Alton Rd, Miami Beach, FL 33139, www.epicuremarket.com

BOOKS & BOOKS
마이애미를 설명할 때 '교양' 이라는 단어가 선뜻 떠오르지는 않지만 미첼 캐플란 (Mitchell Kaplan) 씨는 혼자 힘으로 Book & Books 를 통해 우리를 구해주었다. 유행이 그러하듯 사우스 비치와 코럴 케이블즈(Coral Gables) 지점에는 카페도 근사하게 마련되어 있다. 또한 낭독회와 현지, 국내, 해외 음악인들의 콘서트도 꾸준히 열린다. 마이애미로 이주해온 캠벨 맥그래스(Campbell McGrath)의 시집과 카페에 비치된 마이애미 미술계의 소식에 대한 서적인 Miami Contemporary Artists(내 작품도 실려 있다)도 한번 살펴보자. 265 Aragon Ave, Coral Gables, Miami, FL 33134 · 927 Lincoln Rd, Miami Beach, FL 33139, www.booksandbooks.com

GALLERY DIET 마이애미 예술계는 내가 1998년 이곳에 온 후 기하급수적으로 성장했으며 니나 존슨(Nina Johnson) 같은 젊은 갤러리스트들이 기반을 다지기에 적합한 환경이 구축되었다. 그녀의 프로그램은 설치미술과 행위예술에 초점을 둔다. 그녀는 함께하면 기분 좋아지는 사람이니 이 갤러리를 방문한다면 인사를 나누자. 매달 둘째 주 토요일 밤에는 예술 산책 행사가 진행된다. 수많은 사람과 부대껴야 하지만 화기애애한 활기가 넘칠 것이다. 174 Northwest 23rd St, Miami, FL 33127, www.gallerydiet.com

THE WOLFSONIAN MUSEUM 미첼 울프슨 주니어(Mitchell Wolfson Jr)의 방대한 소장품으로 구성된 Wolfsonian은 그래픽 디자인, 건축, 산업 디자인 등 응용 예술 작품들을 선보인다. 기획 전시의 역동적 작품들은 영구 소장품에서 추려낸 것이다. 이곳에는 근사한 서점 겸 카페가 있어 비공식적 연구를 무사히 해낼 수 있다. 1001 Washington Ave, Miami Beach, FL 33139, www.wolfsonian.org

MIAMI ART MUSEUM 다운타운 중심부에 위치한 MAM은 세계 거장들의 회고전을 개최하는 동시에 정기 프로그램을 통해 국내 및 현지 아티스트를 지원한다. 미술관에 있는 예술 서점도 훌륭하다. 같은 광장에는 마이애미-데이드 공공 도서관(Miami-Dade Public Library) 본관이 자리하는데, 이곳에서도 주요한 전시 프로그램이 운영된다. 101 West Flagler St, Miami, FL 33130, www.miamiartmuseum.org

LOCUST PROJECTS 마이애미에서 가장 유명한 대안공간인 Locust Projects는 최근 원래 있던 윈우드에서 디자인 디스트릭트로 옮겼다. 현지 작가를 포함하여 전 세계의 신진 아티스트의 그룹전 및 단독 전시를 지속적으로 개최하고 있다. 155 Northeast 38th St, Suite 100, Miami, FL 33137, www.locustprojects.org

SWAMPSPACE 절충적인 기획 전시 공간으로, 올리버 산체즈(Oliver Sanchez)가 감독하고 있다. 매월 이 작고 아늑한 공간이 새로운 작가에 의해 변신하기 때문에 매번 무엇을 보게 될지 예측하기 어렵다. Locust Projects에서 코너를 돌면 바로 나온다. 3821 Northeast 1st Ct, Miami, FL 33137, http://swampspace.blogspot.com

PRIVATE COLLECTIONS(개인 소장품 전시) 한 군데만 고르기가 어렵다! 플로리다 남부에서 실제 일어나는 현상으로, 개인 수집가의 막대한 전시 공간이 기존 박물관/미술관의 경쟁자로 부상했다. 가장 최근에 생긴 De la Cruz Collection은 미술과 건축이 협력하는 훌륭한 사례로, 같은 블록에 위치한 디자인&건축 고등학교 학생들이 함께 일하고 있다: 23 Northeast 41st St, Miami, FL 33137, www.delacruzcollection.org. 다음으로 Rubell Collection은 이 모든 것의 시초가 된 곳이다: 95 Northwest 29th St, Miami, FL 33127, www.rfc.museum. CIFO는 엘라 시에르노스-폰타날스(Ella Cicernos-Fontanals)의 약자로, 현지 건축가 르네 곤잘레스(Rene Gonzales)가 디자인한 대나무 숲 모자이크로 장식된 다운타운의 한 건물에 있다: 1018 North Miami Ave, Miami, FL 33136, www.cifo.org.

ART BASEL MIAMI BEACH 매년 12월 첫째 주말마다 마이애미는 미술품 수집가, 큐레이터, 작가, 딜러, 작가들을 초대하여 Art Basel 동계 행사를 개최한다. 주요 행사는 마이애미 비치 컨벤션 센터(Miami Beach Convention Center)에서 벌어지지만, 소규모 행사, 파티, 공연, 현지 갤러리 및 박물관의 호화로운 이벤트 외 수많은 볼거리가 주말 스케줄을 채운다. 행사가 전주에 시작돼 다음주까지 이어지기도 한다. 상상하지 못했던 황홀한 체험을 할 수 있을 것이다. 디자인 마이애미(Design Miami)가 뒤를 잇는데 이 또한 볼 만하다. www.artbaselmiamibeach.com, www.designmiami.com.

MIAMI BEACH CINEMATHEQUE

Miami Beach Cinematheque는 지치지 않는 열정을 지닌 데이나 키스(Dana Keith)의 지휘 아래 해외/독립/실험 영화만을 위해 운영되는 마이애미 유일의 극장이다. 영화 상영 일정은 온라인에서 확인하자. 512 Española Way, Miami Beach, FL 33139, www.mbcinema.com

RHYTHM FOUNDATION 당신이 경험한 것 가운데 가장 모험적이고 국제적인 음악 행사일 것이다. 웹사이트에서 일정 등 자세한 정보를 찾아보라. 뮤지션들 사진은 내 친구 루이스 올라자발(Luis Olazabal)이 전부 촬영했다. www.rhythmfoundation.org

TIGERTAIL 여건이 된다면 마이애미 최고의 연출가가 참여한 공연을 한 편 보자.

MIAMI RIVERWALK 마이애미강이 바다와 만나는 곳 물길 따라 세워진 벽에 나와 현지 아티스트들이 만든 공공 미술 작품 일곱 점이 설치되어 있다. 산책과 피크닉을 즐기기 좋다.

위스콘신주 밀워키 - 마이크 크롤

MILWAUKEE, WISCONSIN BY MIKE KROL

밀워키: 맥주. 독일 음식. 폴란드 음식. 맥주. 소시지와 사우어크라우트. 치즈. 이것은 이 도시를
방문할 때 떠올리게 되는 당연하고도 필수적인 체크포인트이지만 이외에도 즐길 거리는
무궁무진하다. 중서부 스타일이 뚜렷한 이곳 도처에서 그 정체성이 스며나온다. 밀워키는
진정한 블루칼라 마을이다. 창고, 공장, 산업, 철교, 철도역, 굴뚝이 있고 날씨가 좋을 때는
양조장에서 그윽한 향이 날아온다. 벽돌 빌딩의 옆면에는 20~50년대의 빛바랜 광고물들이
남아 있고, 60년대의 건축이 있고, 콘덴스드 산세리프체(condensed sans-serif)와 손으로 직접
그린 필기체 레터링이 뒤섞여 있다. 디자이너나 일러스트레이터에게 밀워키는 라번앤셜리
(Laverne and Shirley), 해피데이즈(Happy Days), 밀러 맥주(Miller Beer), 할리데이비슨(Harley Davidson)
에 이르기까지, 팝 문화의 산물로 기대할 수 있는 모든 시각적 영감을 안겨줄 것이다.

밀워키는 메노모니강(Menomonee), 키닉키닉강(Kinnickinnic), 밀워키강(Milwaukee)이 만나는
미시건호수(Lake Michigan)를 따라 둥지를 틀고 있다. 기후는 위스콘신 특유의 날씨 그대로
겨울이면 몹시 춥고 눈이 많이 온다. 여름에는 평온하고 따사로운 날이 이어지는데 음악이나
소수민족, 음식 등을 주제로 다양한 야외 축제가 벌어진다. 밀워키는 겨울의 추위를 단단히
버티고서 여름이 되면 매 순간 따뜻한 나날을 만끽하는 곳이다.

시내 여행은 까다롭지 않은 편이며, 대부분이 그리드 시스템에 맞춰 설계되어 있다.
세분해 살펴보면, 베이뷰(Bayview)는 요즘에 잘나가는 사람들이 모여 사는 멋진 남쪽 동네이고
이스트사이드(East Side)는 예전에 잘나가는 사람들이 살던 곳으로 위스콘신대학의 밀워키
캠퍼스(University of Wisconsin Milwaukee)가 있다. 서드워드(Third Ward)에는 옛 창고 건물들과
시장이 있다. 이 모든 지역은 위대한 미시건 호수를 따라 늘어서 있다.

밀워키는 당신에게 강한 인상을 남기려 노력하지 않을 것이다. 큰 소리도 내지 않을
뿐더러 어떤 부분에서는 열등감도 갖고 있다. 이 도시의 장점을 찾기 위해서는 조금 더 깊이
들여다보는 노력이 필요할지도 모르겠다. 하지만 그만한 가치는 충분하다. 그 매력을 찾게
된다면 왜 수많은 사람이 나처럼 결국 이곳에 머무르게 되는지 깨달을 수 있을 것이다.

IRON HORSE 생긴 지 오래되었으나 새롭게 주목 받는 이곳은 정말이지 근사하다. 여기저기 오토바이가 널린 오래된 창고 건물이다. 밀워키가 할리 데이비슨 탄생지이자 본거지라 더욱 설득력이 있어 보인다. 이곳을 만든 사람들은 디자인에 대해서도 뭔가 아는 사람들인 듯하다. 500 West Florida St, Milwaukee, WI 53204, www.theironhorsehotel.com

PFISTER 옛날 밀워키 스타일을 간직한 호텔. 전통과 부가 이곳에 살아 있다. 브루스 스프링스틴(Bruce Springsteen)의 공연이 있다거나 혹 다른 유명 연예인들이 밀워키를 방문한다면 여기에 머물 것이다. 이 호텔에는 유령이 있다니 조심하자. 귀신들은 밀워키를 좋아한다. 진짜로. 424 East Wisconsin Ave, Milwaukee, WI 53202, www.thepfisterhotel.com

HOTEL METRO 전통적인 Pfister와 트렌디한 Iron Horse의 중간쯤에 있는 곳. 우아하면서도 스타일리시하다. 411 East Mason St, Milwaukee, WI 53202, www.hotelmetro.com

THE PALOMINO 베이뷰(Bayview)에서 유명한 곳이다. 펑키하고 투박한 식당과 시크한 바가 한 공간에 모였다. 음악과 음식 (끝내주는 소스를 곁들인 브레드볼 튀김 등)이 모두 훌륭하다. 인테리어는 살짝 서부스러운 분위기를 풍긴다. 이 모든 것이 서로 잘 어울린다. 내가 좋아하는 바 네 군데 중 하나. 2491 South Superior St, Milwaukee, WI 53207, www.myspace. com/palominobar

BEANS & BARLEY 델리/레스토랑/미니 식료품점/잡화점. 주말 오전에 브런치를 하러 가보자. 하지만 시간 여유를 두고 가야 한다. 많은 사람이 이곳에서 브런치를 먹기 때문이다. 밀워키 사람들은 브런치를 좋아한다. 1901 East North Ave, Milwaukee, WI 53202, www.beansandbarley.com

COMET 최근 한 케이블 방송에서 Comet 를 소개했고 이후 이곳 베이컨을 사랑하는 사람이 급격히 증가했지만, 현지인들은 이 이스트 사이드(East Side) 명소에는 돼지고기보다 더 많은 진미가 있음을 잘 안다. 일종의 '슬로우 푸드' 식당인 이곳은, 느리더라도 요리를 잘 만들고자 노력할 것이다. 미트로프와 으깬 감자를 먹어보자. 가격은 저렴하고 분위기도 좋다. 1947 North Farwell Ave, Milwaukee, WI 53202, www.thecometcafe.com

KOPPA'S 현지 기반의 식료품 가게로 Fulbeli Deli에서는 The Bread Favre, Oogle Noogle, Deli Lama 같은 전설적인 샌드위치를 판다. 사워크라우트는 꼭 곁들이자. 조금 유치하기도 하고 완전히 폴란드식인 동시에 밀워키스럽다. 예술적인 중서부식 디자인을 좋아하는 사람들은 이곳이 분명 마음에 들 것이다. 1940 North Farwell Ave, Milwaukee, WI 53202, www.koppas.com

CRAZY WATER "밀워키"임을 강조하지는 않았지만 이것이 장점일 때도 있다. 의미를 잘 모르겠는데 '유러피언 비스트로 스타일'이라고 들은 적이 있다. 839 South 2nd St, Milwaukee, WI 53204, www.crazywatermilwaukee.com

CAFE LULU 베이뷰로 돌아오자. Lulu는 정말 맛있고 가격까지도 매우 합리적인 곳 중 하나이다. 여름철이면 가게 앞으로 키닉키닉가(Kinnickinnic Ave - 발음하려고 노력하지 말자, 그저 'KK'라고 부르면 다들 알아들을 것이다)의 활기찬 풍경이 활짝 열릴 것이다. 2265 South Howell Ave, Milwaukee, WI 53207, www.lulubayview.com

TRANSFER 특이하고 맛있는 피자. 밀워키에는 괜찮은 피자집이 많지만 특히 이곳은 새로 생겨 급부상하는 중이다. 101 West Mitchell St, Milwaukee, WI 53204, www.transfermke.com

CACTUS CLUB

QUALITY

NEIGHBO

HOO

SINCE 186

Bay View
Bay View
Bay View
Bay View
Bay View
Bay View

HOLLER HOUSE

BUCKLE YOUR ★★★ RUST BELT

DRINK

AT RANDOM 여전히 1957년에 머물러 있는 곳. 색다른 아이크스림 음료가 특히 유명한데, 큼직한 어항 같은 유리그릇에 종이우산 장식까지 곁들여서 나온다. 레트로 양식에 푹 빠져 있는 디자이너들에게 강력 추천한다. 사실 과거와의 끈을 한 번도 놓은 적이 없으니 '레트로'라고 칭하기는 어렵다. 2501 South Delaware Ave, Milwaukee, WI 53207

BARNACLE BUD'S 지미 버핏(Jimmy Buffett, 가수 겸 레스토랑 사업가. 여름철 휴양지를 떠올리게 하는 노래들로 유명하다)를 좋아하는지? 그래, 우리도 안 좋아한다. 하지만 Barnacle Bud's는 밀워키 한복판에서도 마치 키웨스트(Key West)에 와 있는 듯한 느낌을 주기 때문에 소개할 가치가 있다. 보트 정박지 옆이라 당신이 럼을 마시는 동안 배들이 스쳐 갈 텐데 묘한 경험이 될 것이다. 1955 South Hilbert St, Milwaukee, WI 53207, www.barnacle-buds.com

BURNHEARTS 현지 인디 밴드인 Decibully가 직접 운영하는 바로, 밀워키의 음악인들을 위한 곳이다. 국내 유명 밴드가 밀워키를 방문한다면 공연 후 이곳에 올 확률이 높다. Spoon과 비슷하다. 2599 South Logan Ave, Milwaukee, WI 53207, www.myspace.com/burnhearts

THE SAFE HOUSE 밀워키의 전설. 스파이들이 대치하는 클럽하우스와 주류 판매 금지 시대의 주류 밀매점이 합쳐진 듯한 술집이다. 문 앞에서 비밀번호를 눌러야 입장할 수 있으며, 그렇지 않으면 다른 손님들 앞에서 창피를 당할 것이다. 행운을 빈다! 779 North Front St, Milwaukee, WI 53202, www.safe-house.com

TONY'S TAVERN 핍스워드(Fifth Ward)의 숨은 보석. 1960년대에 주크박스가 한 대 설치된 것을 제외하곤 1800년대 후반 이후로 손댄 적이 없다. 주크박스에는 1960년대 이후의 노래로는 U2의 'Mysterious Ways' 한 곡만 들어 있는데, 그 이유를 아무도 모른다. 12 South 2nd St, Milwaukee, WI 53204

VALUE VILLAGE The Domes(Go란 참조) 맞은편에 있는 중고품 할인점. 내 친구 마이크는 사슴 머리가 큼직하게 인쇄된 트레이닝 셔츠와 다른 셔츠 세 벌을 샀다. 하나는 울부짖는 늑대, 하나는 흰올빼미, 마지막 하나는 오리 그림이 있었다. 이런 위스콘신식 할인점이다. 729 South Layton Blvd, Milwaukee, WI 53215

ATOMIC RECORDS 2009년 문을 닫았지만 지난 24년간 밀워키 최고의 인디 음반 가게였기 때문에 언급되어 마땅하다. 구하기 어려운 레코드판, 희귀한 CD, 수집가용 기념품, 실내 공연 등이 있었다. 아직은 웹사이트에서 근사한 Atomic Records 티셔츠를 살 수 있다. 데이브 그롤(Dave Grohl), 프랭크 블랙(Frank Black), 마이크 크롤(Mike Krol) 등의 유명 인사들이 이 티셔츠를 입었다. Atomic이여, 명복을 빕니다. www.atomic-records.com

YELLOWJACKET 이스트 사이드의 브래이디 스트리트(Brady Street)에 있는 멋진 빈티지 의류점. 주인이 오래된 주택을 사들여 내부에 차린 가게이다. 이곳에 들르는 김에 브래이디 스트리트도 쭉 둘러보자. 주변이 마음에 들 것이다. 1237 East Brady Street, Milwaukee, WI 53202

SPARROW COLLECTIVE·OWL EYES 베이뷰 KK에 있는 두 가게로, 독립/현지 디자이너와 공예가들이 직접 제작한 의류, 장신구, 음반, 잡지 등을 판매한다. 당신이 상상하던 바로 그런 곳이다. 2224 S Kinnickinnic Ave, Milwaukee, WI 53207, www.myspace.com/owleyes

CULTURE

MILWAUKEE ART MUSEUM 우리는 칼라트라바 (Calatrava)에게 미술관 별관을 설계하라고 협박하다시피 했다. 그 결과 조형미 넘치는 건물이 생겨났다. 예술에 관심이 있는 사람들에게 필수 방문지. 정말 꼭 와서 봐야만 한다. 700 Art Museum Dr, Milwaukee, WI 53202, www.mam.org

CACTUS CLUB 전형적인 쇼규모 펑크/ 얼터너티브/록 클럽으로 수준 있는 현지 음악과 언더그라운드 뮤지션들의 공연을 볼 수 있는 곳이다. 내 집 지하나 오두막에서 공연을 보는 것 같은 느낌이다. Palomino 바로 옆집이다. 2496 South Wentworth Ave, Milwaukee, WI 53207, www.cactusclubmilwaukee.com

EISNER MUSEUM OF ADVERTISING AND DESIGN 전 세계에서 몇 안 되는 광고 및 디자인 박물관. 규모가 작으니 만큼 입장료도 저렴하고 볼거리가 언제나 괜찮다. 우리 작품도 전시되어 있다. 208 North Water St, Milwaukee, WI 53202

ART VS CRAFT 밀워키 최초의 DIY 인디 마켓으로 매년 딱 한 번, 11월에 열린다. 중서부와 그외 지역 최고의 예술/디자인/수공예 상품이 모이는 것으로 유명하다.

THE ORIENTAL 오래된 영화관으로, 특정한 날에는 괴상한 남자가 나타나 영화 시작 전에 파이프 오르간을 연주한다. 오싹오싹하다. 으시시한 곳. 2230 North Farwell Ave, Milwaukee, WI 53202, www.landmarktheatres.com

THE PABST/THE RIVERSIDE/TURNER HALL 좋은 공연을 보여주고 서로 긴밀하게 연결된 훌륭한 음악 공연장이 갑자기 세 군데나 생겼다. 2009년 내 친구 앤디는 Pabst에서 Grizzle Bear의 공연을 보며 행복해했지만 마이크 크롤은 그 밴드를 싫어했다. 한편 Pabst에 공연을 보러 가서 Pabst Blue Ribbon 맥주를 마시지 않는 것은 어리석고 바보 같다. 알아듣겠는가? 어리석고 바보 같다. 144 East Wells St, 116 West Wisconsin Ave, and 1034 North 4th St, respectively, www.pabsttheater.org

BAYVIEW BOWL 밀워키는 볼링으로 유명하다. 이 사실을 알고 있었는가? 밀워키에는 볼링장이 많은데 이곳은 공을 굴리는 동안 파티를 즐기며 예술을 논하고 싶어 하는 20~30대를 주 타깃으로 한다. 2416 South Kinnickinnic Ave, Milwaukee, WI 53207

THE DOMES (MITCHELL PARK CONSERVATORY) The Domes는 너무나 근사한 곳이다. 당신이 상상하는 바로 그런 모습이다. 꽃이 핀 정원과 정글 식물이 있는 거대한 돔. 그 모습은 한 번도 바뀐 적이 없으며 분위기가 상당히 60년대적이다. 이 모두가 사실은 아니다. 얼마 전에 최신식 LED 조명이 설치되어서 밤이면 에펠타워처럼 반짝인다. 하지만 Domes여, 우리에게 너는 여전히 아주 60년대스러워 보이는구나. 524 South Layton Blvd, Milwaukee, WI 53215, www.milwaukeedomes.org

THIRD WARD WALK 과거 밀워키는 "크림 도시(Cream City)"라 불렸는데, 이 근사하고 높은 벽돌 건물의 크림색 때문이다. 산업 건축물, 점차 퇴색되어 가는 벽면 광고, 거대한 산세리프체 글씨들…. 그 모습이 머릿속에 떠오를 것이다. 주변에는 스케이트 보드, 레코드판, 장난감, 고급 의류, 애완동물을 위한 값비싼 물건들, 예쁜 Design Within Reach 스튜디오 등 구경할 만한 작은 가게들도 많다.

MILLER PARK 당신네 도시의 야구장에는 지붕이 있는지? 그래? 그럼 그 지붕이 움직이는가? 우리네 야구장은 움직인다. 가끔씩은 그러지 말아야 할 때도 움직인다. 우리 메이저리그 구단인 브루어즈(Brewers)의 성적은 그리 좋지 않다. 하지만 우리에겐 7회가 되면 두 다리로 구장을 뛰어다니는 소시지 괴물이 있다. 201 South 46th St, Milwaukee, WI 53214, www.brewers.mlb.com

WHITEFISH BAY-MILWAUKEE ART MUSEUM 사이의 호숫가 드라이브 밀워키 사람들은 물가를 즐겨 찾지 않는다(이미 언급한 바와 레스토랑들 때문). 하지만 이따금씩 찾는 곳도 있다. 이곳을 이용하든 아니든, 호숫가를 드라이브하며 밀워키에서 가장 오래된 집과 호수 등을 둘러보자. 모래사장에 모인 사람들은 구경할 필요 없다.

STRICTLY WORKING CLASS

VIOLENT FEMMES

LARGEST
4-SIDED
CLOCK
IN THE ★
WORLD

ADAM TURMAN'S
MINNE
APOLIS
minn.

Bars, bikes, & beers

MINNEAPOLIS, MINNESOTA BY ADAM TURMAN

미니애폴리스는 미네소타주에서 가장 큰 도시지만 미국의 동서부 해안의 타 대도시에 비하면 규모가 작은 편이다. 그러나 크기가 전부는 아니지 않는가. 내용이 더 중요하다. 그리고 정말이지 이 도시는 정이 넘친다.

미니애폴리스는 역사적으로 '제분소의 도시'로 알려졌다. 미시시피강과 미네소타강에서 얻은 동력을 이용하기 위해 수많은 제분소가 세워졌기 때문이다. 미니애폴리스의 제분 산업은 오늘날까지 활발하게 유지되고 있는데 밀링디스트릭트(Milling District)는 가장 아름답고 역사적인 볼거리가 되었다.

밀링디스트릭트 외에도 둘러볼 만한 곳은 충분히 많고 각각의 특징도 뚜렷하다. 노드이스트(Nordeast)는 예전부터 제분소의 일꾼들이 살았던 곳인데 여전히 노동자 계층의 거주지이다. 이곳에는 수많은 술집과 교회가 벽을 맞대고 있다. 이외에도 훌륭한 극장과 레스토랑이 있으며 근사한 예술구역(Arts District)도 있다. 업타운(Uptown)은 비공식적인 멋쟁이들의 동네이다. 바 호핑을 하거나 식사를 하거나 사람들을 구경하기에 좋다. 그다음으로는 미드타운(Midtown)을 들 수 있다. 소수민족 주거지가 많고 이들의 문화적 색채가 흥미로운 지역이다. 이곳에서 매년 12월에 열리는 'No Coast Craft-o-Rama'는 수공예품에 관심 있는 사람이라면 꼭 가봐야 할 행사이다. 이 밖에도 미니애폴리스에는 통근용, 레저용 자전거로가 미국에서 가장 잘 갖추어져 있는데, 미드타운 그린웨이(Midtown Greenway)라 부른다. 마지막으로 다운타운에는 니콜렛몰(Nicollet Mall)이 한가운데로 뻗은 상업지구가 있다. 보행자와 자전거 이용자들에게 편리한 곳이며 상점과 식당 외에도 지친 여행자들을 위한 펍과 괜찮은 극장이 모여 있다.

미네소타를 유명케 하는 호수들은 서쪽 업타운에 맞닿아 있으며 자전거를 타거나 조깅 또는 산책을 하기에 좋다. 아니면 그냥 앉아서 지나가는 배들을 구경만 해도 좋을 것이다. 아일스 호수(Lake of the Isles), 캘하운 호수(Lake Calhoun), 해리엇 호수(Lake Harriet)가 가까이 있다. 이 호숫가에 수많은 제재사업 및 제분사업 거부들이 궁전 같은 집을 지어 풍경이 아름다워졌다.

나는 미니애폴리스를 사랑한다. 미니애폴리스는 한번 알게 되면 그리 거대하게 느껴지지 않는다. 그 누구도 이곳에서는 소외감을 느끼지 않으리라 생각한다. 다양성이 보장되고 음악계와 미술계의 흥겨운 이벤트가 이어지고, 음식, 맥주, 사이클링 등 즐기고 누릴 일도 많다. 마지막으로 언급하고픈 내용이 있다. 당신은 미니애폴리스에 세인트폴(Saint Paul)이라는 쌍둥이 도시가 있다고 들었을 것이다. 이 두 도시 중 한 곳에 살고 있다면 그 이론을 더는 지지하지 못할 것이다. 혹 기회가 된다면 세인트폴은 다음 기회에 다루고 싶다.

ALOFT HOTEL 밀링
디스트릭트의 중심에 위치한
부티크 호텔로 최고로 세련된
바도 있다. 미시시피강에서 한
블록 거리에 있는데, 골드메달
제분소(Gold Medal Flour
Mill)의 경치가 내려다 보인다.
900 Washington Ave South,
Minneapolis, MN 55415, www.
starwoodhotels.com

THE DEPOT MINNEAPOLIS
미니애폴리스의 주요 철도
차량 기지였던 곳으로, 지금은
모두 아이스링크와 워터파크로
개조되었다. 당신이 어떻게
생각할지 알겠지만, 솔직히
말해 멋진 곳이다. 아이들과
함께, 또는 아이들 없이도
즐거운 곳. 225 3rd Ave South,
Minneapolis, MN 55401, www.
thedepotminneapolis.com

**LE MÉRIDIEN CHAMBERS
MINNEAPOLIS** 세련된 감각의
현대적인 객실과 멋진 가구 덕에
상당히 고급스러운 호텔. 아래층
레스토랑의 음식까지 훌륭하다.
게다가 다운타운 한복판인 헤네핀
애비뉴(Hennepin Ave)에
있다. 숙박하지 않더라도 구경할
만한 곳. 901 Hennepin Ave,
Minneapolis, MN 55403,
www.starwoodhotels.com

W MINNEAPOLIS – THE FOSHAY
W호텔이 빼어난 이유로 몇
가지가 있지만 특히 포셰이 타워
(Foshay Tower)에 있기 때문이다.
이 빌딩은 1929년에 세워졌는데
당시 미니애폴리스에서 가장 높은
건물이었다. W호텔은 건물 외관은
보존하면서 인테리어만 아주
세련되게 현대적으로 바꾸었다.
821 Marquette Ave South,
Minneapolis, MN 55402

EAT STREET (먹자골목) 다양한 메뉴를 원한다면 여기가 정답이다. 아시안부터 멕시칸, 채식주의, BBQ까지 없는 것이 없다. 최근 내가 즐겨 찾는 식당은 Asia, Jasmine Deli, Salsa Ala Salsa, Black Forest 등이다. Nicollet Ave, Lake St 북쪽, Minneapolis, MN 55408

CAKE EATER BAKERY 조용한 주택가 한켠에 자리한 작은 빵집이지만 개성만은 아주 뚜렷하다. 그리고 이곳의 페이스트리는 먹다 죽어도 좋을 맛이다. 2929 East 25th St, Minneapolis, MN 55406

RED STAG SUPPER CLUB 너무나 멋진 곳이다. 현지 밴드들의 라이브 공연이 펼쳐지며 많은 이가 즐겨 찾는다. 분위기가 참 좋고 음식도 맛있다. 509 1st Ave Northeast, Minneapolis, MN 55413, www.redstagsupperclub.com

NYE'S POLONAISE 미니애폴리스를 찾는 모든 이들은 꼭 이곳을 방문해야만 한다. 정말이다. 피로시키(러시아 파이의 일종)를 하나 시켜서 금빛 반짝이는 부스에 앉아 먹으며 스윗 루 스나이더(Sweet Lou Snider)의 피아노 연주를 들어보자. 아니면 바에서 World's Most Dangerous Polka Band의 음악에 맞추어 폴카를 춰도 좋다. 흡족하게 보낼 수 있을 것이다. 112 East Hennepin Ave, Minneapolis, MN 55414, www.nyespolonaise.com

CAFE 28 레이크 해리엇(Lake Harriet) 근처의 아기자기한 동네인 린든힐즈 (Linden Hills)에 있다. 지속 가능한 농업을 지지하는 비스트로인데, 음식이 모든 것을 말해주는 그런 곳이다. 게다가 국내 최고의 맥주인 설리(Surly)도 판다. 그 어떤 핑계를 대서라도 여기서 식사를 해야 할 것이다. 2724 West 43rd St, Minneapolis, MN 55410, www.cafetwentyeight.com

PIZZA LUCÉ 내 생각에 뭐니뭐니 해도 시내 최고의 피자 집. 베이컨과 으깬 감자가 올라간 피자도 있단 말이다! Luce는 1993년부터 이 지역을 중심으로 지점을 늘려 가며 피자계를 장악했다. 파티를 하든 노닥거리든 자전거를 타든 열정적으로 보낸 기나긴 하루를 마무리하기 좋은 곳이다. 꼭두새벽까지 영업한다. 119 North 4th St, Seward, 2200 East Franklin Ave, and 3200 South Lyndale Ave, www.pizzaluce.com

TOWN TALK DINER 색다른 맛의 조합을 자아내는 식당이다. Frickles를 맛보자. 이것은 피클 튀김이다…. 그래, 나도 처음엔 거부감이 일었지만 실제로 아주 맛있다! 음료도 다 괜찮은데 Hair of the Lion, Mexican Pine Cone, Bacon Manhattan 등 희한하게 불리는 이 음료들에 당신은 금세 매료될 것이다. 또 Highlife 40병을 와인 냉장고에 넣어 샴페인 글라스 두 잔과 함께 내오기도 한다. 2707 East Lake St, Minneapolis, MN 55406

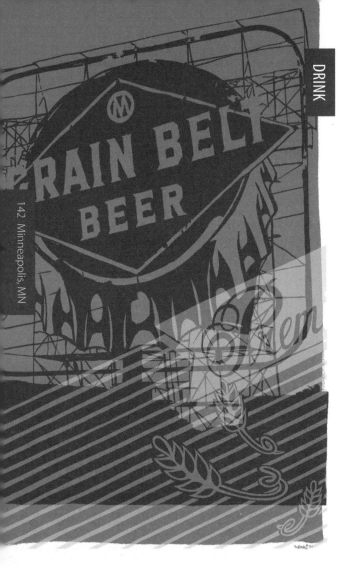

PRACNA ON MAIN 장대한 미시시피 강둑에 있다. 와인이나 맥주를 들고 야외로 나와 테이블에서 레고를 갖고 놀며 시간을 보낼 수 있다. 식사 메뉴도 있다. 117 Southeast Main St, Minneapolis, MN 55414, www.stanthonymain.com

MATT'S BAR 이곳에 대해 언급할 내용은 이곳이 주시루시(Juicy Lucy, 패티에 치즈를 넣은 햄버거) 의 고향이라는 사실이다. 내 말을 믿어야 할 것이다. 금요일이나 토요일 밤에 이곳을 찾는다면 긴 줄을 서서 기다릴 텐데 발 편한 신발이 간절해질 것이다. 3500 Cedar Ave South, Minneapolis, MN 55407, www.mattsbar.com

BRIT'S PUB 다운타운에서 맛보는 영국식 즐거움. 화창한 날 맥주 한잔을 들고 위층 잔디밭에 올라가 뒹굴어보자. 1110 Nicollet Mall, Minneapolis, MN 55403, www.britspub.com

FIRST AVENUE & THE 7TH STREET ENTRY 세상에나, 가수 프린스(Prince)의 고향이다! 슈퍼스타가 되기 이전의 좋은 밴드들이 여전히 공연한다. 나도 이곳에서 역대 최고의 공연들을 봤다. 701 North 1st Ave, Minneapolis, MN 55403, www.first-avenue.com

TRIPLE ROCK SOCIAL CLUB 미니애폴리스 최고의 펑크록 밴드인 Dilliger Four가 소유한 클럽. 식사 메뉴도 있다. 흔한 바 안주를 말하는 것이 아니다. 내용물이 옆으로 마구 새는 포보이 샌드위치 같은 음식을 말하는 것이다. 629 Cedar Ave, Minneapolis, MN 55454, www. triplerocksocialclub.com

SURLY BREWERY TOUR 미네소타와 중서부에서 인기 있는 양조장 중 하나로, 금요일 밤마다 재미있는 투어 프로그램을 운영한다. 항상 인원이 마감되니 미리 신청해야 한다. 4811 Dusharme Dr, Minneapolis, MN 55429, www.surlybrewing.com

I LIKE YOU 이곳은 미녀 두 명이 운영하는 곳으로, 내 작품을 포함해 현지에서 제작된 수공예품을 팔고 있다. 501 1st Ave Northeast, Minneapolis, MN 55413, www.ilikeyouonline.com

MITREBOX 멋진 액자 가게로, 다양하고 재밌는 카드와 근사한 활판인쇄 제품이 많다. 213 North Washington Ave, Minneapolis, MN 55401, www.mitreboxframing.com

SHUGA RECORDS 레코드판! 작은 공간에 보석 같은 음반이 한가득 들어 있는 굉장한 가게. 165 13th Ave Northeast, Minneapolis, MN 55413, www.shugarecords.com

WHO MADE WHO 미니애폴리스의 포스터 디자이너들이 작품을 제작하고 전시하는 공간으로, 노드이스트 예술 구역 중심에 있다. 158 13th Ave Northeast, Minneapolis, MN 55413, www.whomadewho.etsy.com

ONE ON ONE BIKE STUDIO Gene-O에서 운영하는 곳으로, 편하게 놀러와서 커피 한잔하며 빛나는 자전거들도 구경하고 그 유명한 지하실을 방문하여 특이한 자전거 부품들도 구경해보자. 117 North Washington Ave, Minneapolis, MN 55401, www.oneononebike.com

CRAFTY PLANET 공예를 좋아하는가? 당신이 상상할 수 있는 그 모든 색조의 털실을 팔며 직물 한 야드를 가장 효율적으로 활용하는 데 필요한 재료를 전부 구할 수 있는 곳이다. 작품을 직접 만들 수 있는 강좌도 운영된다. 2833 Johnson St Northeast, Minneapolis, MN 55418, www.craftyplanet.com

RAGSTOCK·STEEPLE PEOPLE 업타운에서 빈티지 의류를 파는 상점들. Ragstock는 보다 고급 빈티지 및 신상 의류를 판매하는 편집숍 성격이 강하며 Steeple People는 전형적인 중고 할인점에 가까워, 물건 보는 눈이 있는 이들에게는 횡재가 따를 곳이다. **RAGSTOCK:** 433 West Lake St, Minneapolis, MN, 55408, **STEEPLE PEOPLE:** 2004 South Lyndale Ave, Minneapolis, MN 55405

RITZ THEATER 노드이스트의 중심부에 위치한 이 극장에서는 유명 밴드와 Ballet of the Dolls 같은 무용단의 공연, 오토바이 경주 등 모든 것이 가능하다. 345 13th Ave Northeast, Minneapolis, MN 55413

UPTOWN THEATER 이곳의 차양은 업타운 미니애폴리스의 아이콘이라 할 수 있다. 나는 크리스토퍼 게스트 (Christopher Guest)의 영화 '게스트쇼 (Guest in Show)'부터 심야 시간대의 '록키 호러 픽쳐쇼' 등 여러 재미있는 영화를 이 극장에서 보았다. 2906 Hennepin Ave, Minneapolis, MN 55408

WALKER SCULPTURE GARDEN 난 이곳을 사랑한다. 이 정원의 중앙에 있는 조형 작품인 'Cherry and Spoon'을 봐야만 당신은 미니애폴리스를 봤다고 말할 수 있다. 1750 Hennepin Ave, Minneapolis, MN 55403, www.walkerart.org

WEISMAN ART MUSEUM 프랭크 게리가 디자인한 이 미술관은 미네소타 대학(University of Minnesota)의 이스트뱅크(East Bank) 캠퍼스에 있는데 건물 안팎으로 빛이 난다. 333 East River Pkwy, Minneapolis, MN 55455, weisman.umn.edu

LAKE HARRIET BANDSHELL 레이크 해리엇 음악당에서는 여름철이면 주 1회 이상 저녁 시간에 라이브 공연이 이루어진다. 좋은 공연도 많다. 4135 West Lake Harriet Pkwy, Minneapolis, MN 55410, www.minneapolisparks.org

CULTURE

FIRST AMENDMENT 이곳에서 공연하는 밴드 멤버의 지인이 있어야 갈 만한 장소. 이곳에 가는 당신은 쿨한 사람이 된다. 1101 Stinson Blvd, Basement rooms A&B, Minneapolis, MN 55413

MINNEAPOLIS INSTITUTE OF ARTS MIA에는 과거와 현대를 방대하게 아우르는 소장품이 전시되어 있다. 2400 3rd Ave South, Minneapolis, MN 55404, www.artsmia.org

GUTHRIE THEATER 밀링 디스트릭트에 비교적 새로 생긴 극장이다. 미니애폴리스를 찾아오는 대형 연극 및 공연이 이곳 무대에 올려진다. 극장 자체도 둘러볼 만하다. 818 South 2nd St, Minneapolis, MN 55415, www.guthrietheater.org

TURMAN '08

CYCLE MINNEAPOLIS

Minn

CHAIN OF LAKES 미니애폴리스에는 호수가 셀 수 없이 많다. 시내 호수 대부분에는 물가를 따라 산책로/ 자전거로가 조성되어 있으며 서로 연결되기도 한다. 여름에는 수영을 겨울에는 아이스 스케이트를 즐길 수 있다. 서로 인접한 호수들은 레이크 오브 더 아일즈(Lake ofthe Isles), 레이크 캘하운(Lake Calhoun), 레이크 해리엇 (Lake Harriet)이다. 레이크 해리엇은 숲이 우거진 평화로운 곳으로 아름다운 장미 정원과 음악당이 있다. 캘하운은 사람들로 붐비지만 3마일짜리 산책로가 있고, 레이크 오브 더 아일즈는 낚시, 카누, 카약 등을 즐기기에 좋다. www.minneapolisparks.org

GRAND ROUNDS 미니애폴리스는 자전거 애호가들을 위한 도시. 당신이 진정으로 열렬한 사이클리스트라면 Grand Rounds를 일부라도 경험해보는 것이 좋겠다. 시내 도처의 공원을 연결한 순환로로, 50여 마일의 자전거로이다. 이 코스는 다운타운의 강변, 미시시피 협곡, 미네하하(Minnehaha), 체인 오브 레이크스(Chain of Lakes), 테오도어 워스 파크(Theodore Wirth Park), 노드이스트를 관통하는 통로까지 전부 아우른다. 그림 같은 도시 풍경이 담긴 국내 최고의 길이라 할 수 있다.

MIDTOWN GREENWAY 6마일짜리 자전거 전용 고속도로인데 미니애폴리스를 통과하므로 시내 어디로든 1마일이 안 걸린다. 본래 기찻길이었기 때문에 완전히 평평하며 유지 보수가 아주 잘 되어 겨울철에도 상태가 부드럽고 반듯하다. 길가에는 자전거 가게와 카페가 줄지어 서 있다. 당신 마음에도 쏙 들 것이다. www.midtowngreenway.org

FRESH WHITE
CORN

PRESERVATION

HALL

ByWATER
RESTAURANT

"Boudin"

KREWE
OF
COSMIC SEA FOODS
DEBRIS

FRENCH MARKET

café

NICE & RIPE

MEAT
PHONE 511-0031
PO BOYS

tom varisco's
new orleans

루이지애나주 뉴올리언스 - 톰 바리스코

NEW ORLEANS, LOUISIANA BY TOM VARISCO

뉴올리언스에는 많은 일이 일어났었다. 허리케인 카트리나가 덮쳤는가 하면 그다음엔 BP 기름 유출 사태가 있었다. 당시 사람들은 뉴올리언스가 더러운 기름때 위로 배를 내놓은 채 둥둥 떠 있다고 생각할 수도 있었을 것이다. 하지만 실상은 그렇지 않았다. 폐허가 된 뉴올리언스를 돕기 위해 젊은이들이 돌아왔으며 그들은 새로운 희망과 낙관의 풍경을 그려 나갔다. 그리고 바로 지금이 '빅이지(Big Easy, 뉴올리언스의 별칭)'에서 살기에 더할 나위 없이 즐거운 시기이다.

오늘날의 뉴올리언스를 한마디로 표현하기는 조금 어렵다. 하지만 걱정할 필요가 없다. 뉴올리언스의 독특한 개성만은 여전하기 때문이다. 프렌치쿼터(French Quarter) 또는 현지인들이 '쿼터'라 약칭하는 지역은 최고의 관광지로 특히 버번 스트리트(Bourbon Street)는 대부분 방문객이 찾는 곳이다. 나는 예전에 버번 스트리트에 살았다. 하지난 이내 스트립클럽과 부산스러운 분위기에 싫증이 났다. 요즘 나는 마리니(Marigny)와 물가에 인접한 지역의 바 또는 클럽, 서점, 커피숍, 시장, 주택가가 더 흥미롭다고 생각한다. 침체된 지역이기는 하지만 새로운 분위기가 점차 형성되는 중이다. 라이브 음악, 빈티지 패션, 골동품, 저렴하면서도 다양한 요리, 그리고 세대를 불문하고 건강하고 상냥한 멋쟁이와 예술가, 공연자들이 모여든다. 또 세인트클로드 애비뉴(St Claude Avenue)에는 미술 갤러리들이 생겨났다. 시내 나머지 지역과 마찬가지로, 이곳도 많은 변화를 거쳐 더 나은 모습이 되었다. 하지만 그 본질만은 오랜 세월 항상 그래왔듯 같은 모습을 유지하고 있다.

뉴올리언스는 종종 미국에서 가장 유럽적인 도시로 꼽힌다. 따라서 '작은 유럽'이라고 부르는 이도 많다. 도시 면적이 겨우 350제곱마일 정도라 처음 방문한다 해도 3~4일이면 전체를 둘러보기에 충분할 것이다. 머리가 복잡해질 만큼 어려운 여행지가 아니지만, 떠나고 나면 뉴올리언스에서의 추억이 계속 맴돌아 나처럼 평생 살기 위해 돌아오고 싶어질지도 모른다. 이 미시시피강 하구에 있는 단 하나의 진주 같은 도시는 면적의 약 50%가 해수면보다 고도가 낮다. 이곳 사람들은 무엇이든 기념하고 축하하기를 좋아하고, 가게의 해피아워가 오후 전체를 의미하는가 하면, 포보이(po-boy)를 천여 곳에서 맛볼 수 있고, 일년 중 8개월은 외투가 필요없다. 당신은 또한 뉴올리언스에서 정체성과 유머 감각이 남다른, 세상에서 가장 관용적인 시민들과 만나게 될 것이다. 여기는 그 무엇이든 가능한 곳이다. 술잔을 기울이며 기뻐할 일이다.

WINDSOR COURT HOTEL 최고급 호텔. 사치스러운 기회를 얻어 두 번 직접 묵었는데, 이후 이곳의 테디베어처럼 부드러운 수건, 샤워가운, 사각거리는 침대 시트, 미니 바 등 덕분에 기분 좋은 추억이 생겼다. Grill Room에서는 정찬을 Polo Lounge에서는 춤을 즐길 수 있다. 호텔의 이름 자체에 당신이 숙박비로 지불해야 할 비용에 대한 메시지가 담겨 있다. 하지만 그 비용이 절대 아깝지 않을 것이다. 300 Gravier St, New Orleans, LA 70130, www.windsorcourthotel.com

EDGAR DEGAS HOUSE 같은 이름의 유명 화가가 살던 저택으로, 그만큼 인상적이다. B&B로서 이곳은 본래 구조를 유지하고 있으며 천장이 높고 발코니는 앙증맞다. 쿼터(Quarter)와 시티파크(City Park) 사이의 미드시티(Mid-City)에 있어 많이 걸어야 하니 차가 없다면 버스 노선을 연구해야 할 것이다. 2306 Esplanade Ave, New Orleans, LA 70119, www.degashouse.com

MARIGNY MANOR HOUSE 쿼터에서 걸으면 금방 닿을 만한 거리에 있는 19세기 B&B로, 직원들이 친절하고 농장 생활의 정취가 가득한 곳이다. 뉴올리언스식 테라스와 마당이 있으며 골동품도 많고 조용하다. 비싸지 않으면서도 특별한 숙박 시설. 2125 North Rampart St, New Orleans, LA 70116, www.marignymanorhouse.com

MELROSE MANSION 버건디('건'에 강세를 두어 발음해야 한다) 한 귀퉁이에 자리한 대저택. 내 친구들이 몇 해 전 이곳에 묵었는데 높은 천장과 앤티크 가구들을 몹시 마음에 들어 했다. 나는 이곳의 이름과 위치가 좋다. 쿼터와 마리니 디스트릭트(Marigny District) 의 경계에 있다. 가격도 저렴하다. 937 Esplanade Ave, New Orleans, LA 70116, www.melrosegroup.com

INTERNATIONAL HOUSE 시내에서 디자인이 가장 괜찮은 중간 규모의 호텔. 이곳 로비는 엄청나게 유려하고 현대적이다. 다운타운에 있어 위치도 좋고 캐널 스트리트(Canal Street)에서 두 블록 정도 떨어져 있다. 다른 어떤 곳보다 매력적인 바 Loa에서 칵테일도 마셔보자. 221 Camp St, New Orleans, LA 70130, www.ihhotel.com

Why you're here
may determine
where you
stay

- edgar degas house
- windsor court hotel
- melrose mansion
- international house
- prighty manor house

café
the joint
august
bayona
everyone has an opinion about where to eat and they are all right
parkway tavern
irene's cuisine
domilise's
cochon

가장 집필하기 어려운 부분이다. 한때 뉴올리언스는 요리마다 진한 소스가 곁들여지는 동네 레스토랑이 주를 이루었는데, 지난 20년간 외식 붐이 일면서 고급 레스토랑들이 우후죽순 생겨났고 신선한 현지 재료를 사용한 소위 '남부지방식(Southern Regional)'요리를 선보이기 시작했다. 이곳에서의 식사는 전에 없이 풍성하다.

THE JOINT 뉴올리언스에는 괜찮은 바비큐 요리 집이 많지 않지만, 이 식당만은 아주 적당한 가격에 훌륭한 풀드포크를 제공하고 있다. 801 Poland Ave, New Orleans, LA 70117, www.alwayssmokin.com

CAFE RECONCILE 로워 업타운(Lower Uptown)에 위치한 이곳은 16-22세의 청소년에게 가정식 요리를 직접 조리할 기회를 주어 삶을 긍정적으로 바꿀 수 있도록 돕는다. 샐러드를 곁들인 찜닭요리(smothered chicken)는 인기가 꾸준하다. 가격은 아주 저렴하다. 손님이 많으니 12시 전에 도착하는 것이 좋다. 1631 Oretha Castle Haley Blvd, New Orleans, LA 70113, www.cafereconcile.com

IRENE'S CUISINE 쿼터에 있는 이 식당은 믿을 만한 프랑스 지방 가정식 및 이탈리안 요리를 만드는데, 사람들은 이 요리를 먹기 위해 한 시간씩 기다렸다가 테이블을 배정받는 일도 마다하지 않는다. 게다가 이런 기다림은 흔한 일이다. 내가 좋아하는 메뉴는 Pollo Rosemarino 인데, 양념에 재워 마늘로 향을 낸 닭요리로 그 맛의 여운이 깊고 깊다. 이상하게 들릴수도 있겠지만 난 이 식당 이름의 발음이 참 좋다. 무척 유쾌한 곳이니 시도해보길 바란다. 이곳을 다시 찾게 될 것이다. 539 St Philip St, New Orleans, LA 70116

BAYONA 주방장인 수잔 스파이서(Susan Spicer)는 나의 오랜 친구로, 성(姓)이 직업에 딱 맞는다. 그녀는 이 지방의 요리법과 연출에 대해 처음으로 재해석한 요리사 중 하나인데, 그 결과 격식 없고 편안한 환경에서 놀라울 정도로 간단하고 우아한 요리를 제공하게 되었다. 추천요리는 검은콩 케이크를 곁들인 구운 새우 요리(grilled shrimp with black bean cake)다. 430 Dauphine St, New Orleans, LA 70112, www.bayona.com

PO'BOYS (포보이 샌드위치) 지로(Gyro, 그리스식 샌드위치)와 비슷한 샌드위치지만 뉴올리언스만의 별미다. 빵 속은 부드럽고 겉은 딱딱하며, 주재료는 육즙 가득한 로스트 비프, 튀긴 새우, 굴 또는 소프트 쉘 크랩(soft-shell crab)이다. 포보이를 먹을 수 있는 곳은 문자 그대로 수천 군데나 된다. 가장 맛있는 곳으로는 쿼터에 있는 Johnny's 업타운의 아이리시 채널(Irish Channel)에 자리한 Parasol's 미드시티에 있는 Parkway Tavern and Bakery는 시내 최고(그리고 최대)의 로스트 비프 포보이를 팔며, Domilise's도 맛있다. 마지막으로 언급한 곳은 내가 가장 좋아하는 곳으로 내게는 뉴올리언스 그 자체로 다가온다. 작은 바에 앉아 음식이 나오기를 기다리며 Barq's 루트 비어나 Dixie 맥주를 마시자. 아침에 맡는 새우튀김 냄새보다 더 좋은 게 있을까… **JOHNNY'S:** 511 St Louis St, New Orleans, LA 70130, **PARASOL'S:** 2533 Constance St, New Orleans, LA 70130, **PARKWAY TAVERN AND BAKERY:** 538 Hagan St, New Orleans, LA 70119, **DOMILISE'S:** 5240 Annunciation St, New Orleans, LA 70115

COCHON 나는 '아카디아나(Acadana, 프랑스 이주민 지역으로 케이준cajun의 본거지)의 중심지'로 알려진 루이지애나주 라파예트(Lafayette) 출신이니 만큼 이 식당이 뉴올리언스 최고의 케이준 요리를 한다고 단언할 수 있다. 실제로 케이준 본고장의 요리 대부분을 볼 수 있다. 주방장인 도널드 링크(Donald Link)와 스티브 스트리예브스키(Stryjewski)는 돼지 볼살요리(내가 좋아하는 메뉴)부터 미트파이, 환상적인 굴요리와 베이컨 샌드위치까지 방대한 메뉴를 척척 해낸다. 시간을 들여 다 먹어보자. 그러고 나서 낮잠을 한숨 자면 된다. 930 Tchoupitoulas St, New Orleans, LA 70195, www.cochonrestaurant.com

RESTAURANT AUGUST 당신이 찾는 남부식 특징이 뚜렷하면서도 화려한 고급 식당으로, 이곳에서라면 절대 실패할 일이 없다. 메뉴판에 나온 글귀를 인용하자면 이들의 요리는 '농부였던 우리의 뿌리와 세련된 풍미을 나타낸다'. 과거의 매력이 현대적인 방식과 결합된 곳이다. 설탕과 향신료가 범벅된 그릿츠(grits)는 반드시 맛보아야 한다. 301 Tchoupitoulas St, New Orleans, LA 70130, www.restaurantaugust.com

snug harbor
d.b.a.
saturn
yuki
all way
one eyed jacks
if there
really such a
as happy
it must be
between 2 and
6pm

뉴올리언스에는 그 어느 곳보다 화기애애한 다이브바들이 있으며 이들 바의 대부분에서는 라이브 음악이 동반된다(이 도시에서 음악과 음주를 분리하기란 쉽지 않다). 내가 추천하는 곳 다수는 관광객 무리가 그득한 버번 스트리트(Bourbon Street)에서 떨어져 있다.

d.b.a. 개인적으로 d.b.a. (소문자로 써야 한다)는 모든 바가 정답게 느껴지는 도시에서도 가장 마음을 끄는 곳이다. 쿼터 뒤편 마리니 부근의 신나는 프렌치멘 스트리트(Frenchmen Street)에 있다. 맥주 리스트는 최고이다. 운이 좋다면 한잔하는 동안 갤 홀리데이(Gal Holiday)의 로커빌리를 들을 수 있다. 616 Frenchmen St, New Orleans, LA 70195

SNUG HARBOR d.b.a에서 몇 걸음 떨어져 있으며, 가장 편안하지는 않아도 느긋하고 수더분한 인테리어가 매력적인 곳이다. 위층 난간에 앉아 트럼펫 연주자 테런스 블랜차드(Terence Blanchard) 같은 이들의 연주를 내려다보자. 재즈를 좋아한다면 이곳으로 향할 것. 626 Frenchmen St, New Orleans, LA 70116

YUKI IZAKAYA 허리케인 카트리나 이후로 생긴 하이브리드 술집. 일본식 선술집이다. 아주 작은 좌석에 앉아 일본식 안주 요리를 맛볼 수 있다. 바에는 20명까지 앉을 수 있다. 수요일 밤이면 By and By라는 유능한 현지 밴드의 공연이 펼쳐진다. 525 Frenchmen St, New Orleans, LA 70116

ALLWAYS 라운지 겸 극장으로, 급성장 중인 세인트 클로드(St. Claude) 예술 지역에 있다. 가게 앞 담배 연기 자욱한 바에서 현지 밴드들도 만나볼 수 있고 뒤로 가면 1인극이나 낭독회, Radical Faeries Ball이라는 것도 볼 수 있다. 길 건너편에는 Hi Ho Lounge라는 괜찮은 술집이 또 있다. 2240 St Claude Ave, New Orleans, LA 70117

ONE EYED JACKS 쿼터에서 바를 찾는다면 이곳을 선택하는 것이 좋겠다. 독립 영화관이었던 곳인데 가까이할 수 없을 정도로 멋진 손님들이 모여든다. 이따금씩 Bonnie Prince Billy나 Meat Puppets 같은 국내 유명 뮤지션도 볼 수 있다. 615 Toulouse St, New Orleans, LA 70130, www.oneeyedjacks.net

THE MAPLE LEAF BAR 강변에서 가까운 캐롤튼 (Carrollton)에 위치한 오래된 스탠드 바로, 댄스 플로어까지 딸려 있다. 술 한잔하며 Rebirth Brass Band 같은 흥거운 전통 음악도 들어보자. 주로 늦은 밤에 춤 추러 가기 좋은 곳이다. 8316 Oak St, New Orleans, LA 70118, www.mapleleafbar.com

CHICKIE WAH WAH 짜증스러운 현지 노래 곡목을 따서 이름 지은 곳이지만, 이 아늑한 미드시티의 공연장에서는 화요일 저녁마다 앤더스 오스본 (Anders Osborne)이 최고의 공연을 선사하고 저메인 배즐 (Germain Bazzle)이 무대에 서기도 한다. 그는 매혹적이며 격정적인 블루스 곡을 만들고 직접 연주도 한다. 그녀는 드물게 무대에 서는 재즈 가수이다. 유일하게 담배 연기가 없는 술집. 2828 Canal St, New Orleans, LA 70119, www.chickiewahwah.com

VAUGHAN'S LOUNGE 커밋 루핀스(Kermit Ruffins)와 그의 밴드 Barbeque Swingers 가 활동을 시작한 곳. 음악과 인테리어가 좋고 탁구대가 있다. 800 Lesseps St, New Orleans, LA 70117

DRINK+MUSIC

DRINK

내가 진정 술집다운 술집이라 부를 수 있는 곳. 음악 들으러 가는 곳은 아니지만 어쨌든 가봐야 할 곳들이다.

THE COLUMNS 호텔, 바, 리허설홀, 건물 앞 테라스 등 모든 것이 농장 투어의 일부처럼 보이지만 어딘가 신비롭다. 자리잡고 앉을 구석이나 비밀 장소도 많다. 야외 층계에 앉아 거리에 자동차가 지나가는 모습을 바라보는 것도 좋겠다. 3811 St Charles Ave, New Orleans, LA 70115, www.thecolumns.com

SATURN BAR 노인들에게는 동네 술집이었지만 지금 예술적 감각의 인파에게는 댄스 파티를 즐기는 곳. 마리니 지역의 인기 장소 중 하나다. 실내에는 낡은 무대가 보존되어 있다. 네온사인이 멋지고 재미있는 곳이다. 3067 St Claude Ave, New Orleans, LA 70117

MARKEY'S BAR 노동자를 위한 바. 허튼소리가 통하지 않고, 텔레비전, 무료 당구대가 있는, 딱 좋은 느낌의 공간이다. 640 Louisa St, New Orleans, LA 70117

SHOP

ANTENNA 이 비영리 갤러리는 바이워터(Bywater) 부근에 있다. 현지 시인과 미술가들의 작품집을 사거나 예술 행사에 참여할 수도 있다. 3161 Burgundy St, New Orleans, LA 70117

FARMERS' MARKETS 농산물 직거래 시장은 많지만 나는 다음 두 곳이 무척 좋다. Crescent City Farmers' Market은 토요일 오전 8시부터 열리며 신선한 식재료를 판다. Hollygrove Market and Farm 는 실내 시장으로, 현지 생산된 과일과 채소를 저렴한 가격에 판다. **CRESCENT CITY:** 700 Magazine St, New Orleans, LA 70130, **HOLLYGROVE:** 8301 Olive St, New Orleans, LA 70118

BETH'S BOOKS 중고 서적과 신간, 만화책과 Esopus 를 포함한 잡지를 취급한다. 아주 아늑한 최적의 장소이다. 턱수염을 멋지게 기른 트리스튼(Tristen)은 박학다식한 매니저로, 당신을 물심양면 도울 것이다. 이 책도 환영받은 듯하다. 2700 Chartres St, New Orleans, LA 70117

BYWATER ART MARKET 셋째 주 토요일마다 넓은 공터에 차양을 치고 여는 시장. 이 지역에서 생산된 도자기, 종이, 직물 등이 판매된다. 상인들과 대화도 나누고 풀밭에서 노닐어도 좋을 것이다. 화창한 날씨를 즐기기에 완벽한 곳. Royal at Piety, New Orleans, LA 70117

GNOME 쿼터 지구 뒤편에 자리한, 낮은 가격대의 정겨운 의류숍. 나무 바닥과 캐주얼한 진열, 예쁜 옷이 마련되어 있다. 1301 Decatur St, New Orleans, LA 70116

FAULKNER HOUSE BOOKS 윌리엄 포크너(실제로 이곳에 거주했다)가 집필한 책과 관련 서적을 파는 서점으로, 현지 출간물과 각종 신간도 빽빽히 진열되어 있다. 주인인 로즈매리 제임스(Rosemary James)와 조 드살보(Joe DeSalvo)는 이토록 좁은 공간에 마법을 부려놓았다. 624 Pirates Alley, New Orleans, LA 70116, www.faulknerhousebooks.net

음, 이 지역에는 매년 2월이나 3월 초에 마르디 그라스 (Mardi Gras, 참회 화요일)라는 행사가 있다. '지구 최고의 무료 쇼'라고 광고되는데, 한 번은 직접 보고, 느껴야만 믿을 수 있을 것이다. 이 외에 추천하고 싶은 것들을 소개한다.

JAZZ FEST 1970년 현지 밴드를 구경하러 몇백 명이 모였을 뿐이던 이 행사가 지금은 4월 말부터 5월 초까지 2주간 벌어지는 대규모 축제로 자리 잡았다. 현지 및 국내외 아티스트들의 공연과 음식을 즐길 수 있다. 음향도 완벽하다. 공연은 예정 시각에 바로 시작된다.

CONTEMPORARY ART CENTER CAC는 한때 약국 및 약국 창고로 쓰이던 공간에 자리 잡고 있는데, 그 공간 자체도 둘러볼 만하다. 상설 전시된 설치 미술이 빼어나고 카페도 괜찮다. 900 Camp St, New Orleans, LA 70130

ST CLAUDE STREET GALLERIES 이 지역에서 아주 유능하고 주목받는 작가들의 작품을 보려면 엘리샨 필즈(Elysian Fields, 쿼터 뒤편)부터 프레스 스트리트(Press Street)의 철길까지 이어지는 세인트 클로드(St Claude) 거리의 갤러리들을 둘러보면 된다. 오기 전에 Fringe Festival부터 Bakcstreet Cultural Museum을 포함하여 이 거리에서 벌어지는 행사 정보를 충분히 알아보고 오자.

ZEITGEIST INTERDISCIPLINARY ARTS CENTER 영화감독이자 이곳 주인인 르네 브루사드 (Rene Broussard) 덕분에 뉴올리언스에도 국내외 독립영화를 정기 관람하거나 발표할 수 있는 색다른 장소가 생겨났다. 상영 후에 밴드 공연이 벌어지기도 한다. 업타운이라 할 만한 특정 지역에 있지만 이곳만의 특색이 아주 뚜렷하다. 페차쿠차의 밤 행사도 가끔 벌어진다. 1618 Oretha Castle Haley Blvd, New Orleans, LA 70113, www.zeitgeisttheater.wordpress.com

THE PRYTANIA 시내 유일의 단관 극장. 가족이 운영하며 (로버트 브루네탠드Robert Brunetand와 그의 아버지) 살기 좋은 업타운 지역에 있다. 상영 시설은 최신식이면서도 아늑하게 꾸며졌으며 최신 영화 외에 독립영화도 상영한다. 이보다 더 좋을 수 있을까? 5339 Prytania St, New Orleans, LA 70115, www.theprytania.com

A GALLERY FOR FINE PHOTOGRAPHY 이름 그대로인 갤러리. 소유주인 조쉬 패일릿 (Josh Pailet)은 실로 세계적 수준인 사진 갤러리를 쿼터 지역에 열었다. 그는 앤셀 애덤스(Ansel Adams)부터 EJ 벨로크(EJ Belocq), 헬무트 뉴튼(Helmut Newton) 등 거장의 작품을 소장하고 있으며 조세핀 사카보 (JosephineSacabo)나 루비에르& 바네사(Louviere & Vanessa) 같은 현지 작가들의 작품도 선보인다. 놓치지 말 것. 241 Chartres St, New Orleans, LA 70130

OGDEN MUSEUM OF SOUTHERN ART 비교적 최근 생긴 미술관으로, CAC 맞은편 디자인이 아름다운 건물에 있다. 남부 미술에 중점을 둔다. 925 Camp St, New Orleans, LA 70130

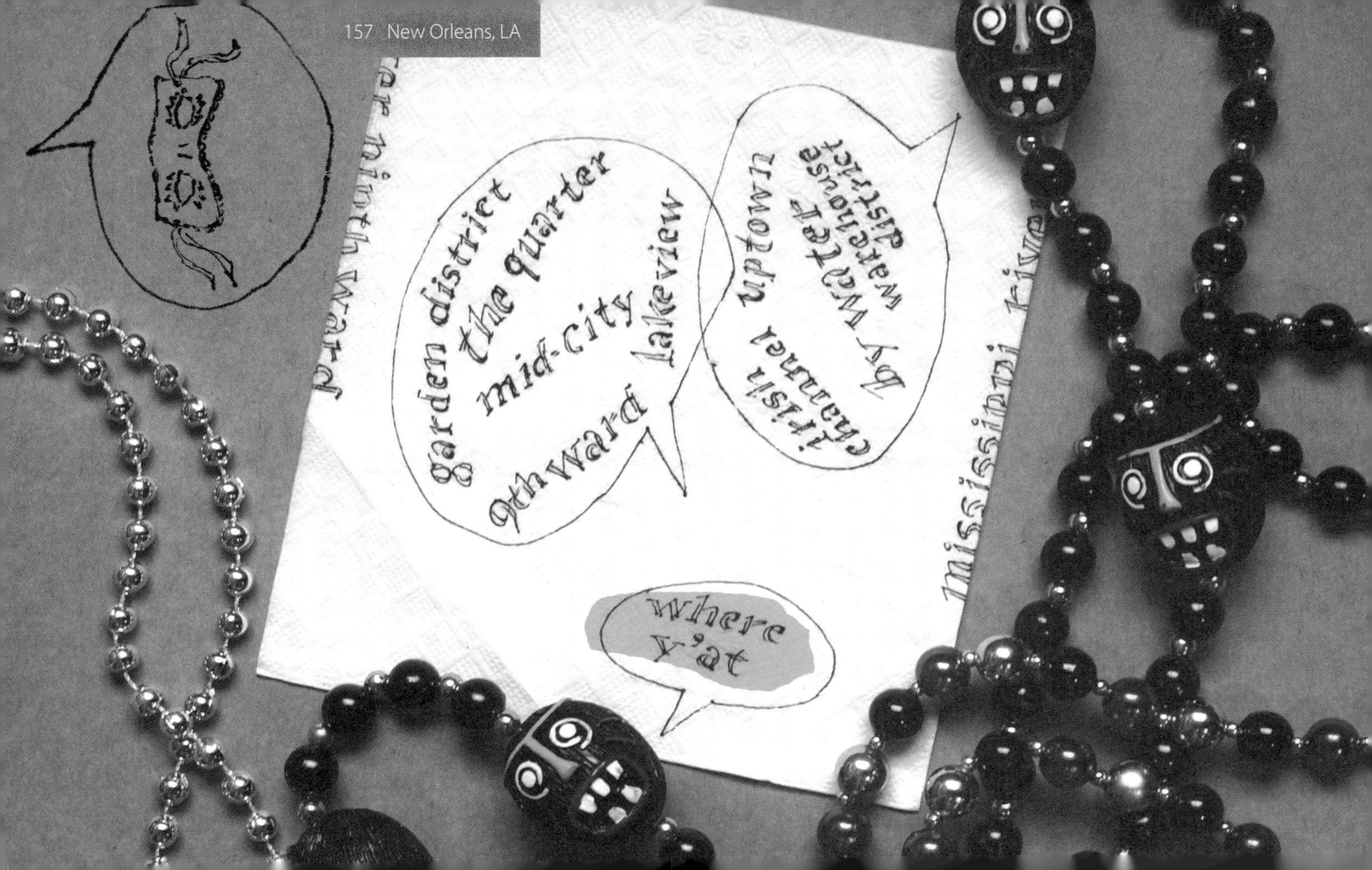
lower ninth ward
garden district
the quarter
mid-city
9th ward
lakeview
irish channel
uptown
by water
warehouse district
where y'at
mississippi river

CEMETERIES (공동묘지 투어)

뉴올리언스에는 공동묘지가 많은데, 시신을 지면에 안치하는 특이한 방식을 보기 위해서만이라면 방문해볼 만한 곳이 몇 군데 있다. 이런 방식은 지역 지하수면의 수위가 높기 때문이다. 나는 바이워터 지역의 세인트 로쉬 묘지[St Roch Cemetery]를 즐겨 찾는다. 세인트 클로드 거리에 새로 생긴 갤러리들을 둘러본 후 세인트 로쉬(St Roch)에서 폭풍에 피해 입은 세인트 로쉬 마켓[St Roch Market]을 지나 좌회전, 노스 더비니 스트리트(North Derbigny Street)가 나올 때까지 걸으면 된다. 그 공동묘지의 예배당에는 기적의 치유를 주관하는 수호성인인 성 로코(Saint Roch)에게 바치는 제단이 있다. 사람들은 그곳에 목발, 교정기, 손이나 발 부위의 깁스 등을 올려두었다. 잊을 수 없는 광경이다. 내가 좋아하는 또 다른 공동묘지에는 이름이 없다. 찾아가기가 힘들지만 어렵게 찾아갈 보람이 있는 곳이다. 델가보 커뮤니티 컬리지(Delgado Community College) 뒤의 폐지로, 로즈데일 드라이브(Rosedale Drive)의 대학 주차장을 지나 있다. 공식적으로는 4900번지지만 정문도 없다. 운전해서 둘러보고 싶다면 먼지 쌓인 길이 있긴 하지만 로즈데일에 주차해 놓고 걸어서 구경하는 방법을 권한다. 이곳 지면에서는 무덤을 찾지 못할 것이다. 아쉽지만 그것이 이곳만의 매력이기도 하다.

OUTDOORS

THE ALGIERS FERRY 유치찬란한 제안으로 들릴 테지만 Algiers Ferry는 한번 타볼 만한 데다가 무료이다. 카날 스트리트(Canal Street) 끝의 수족관 근처에서 배를 타고 미시시피강을 건너 앨지어스 포인트(Algiers Point)까지 갔다가 돌아오면 된다. 이 페리 여행으로 이 도시의 매혹적인 굴곡을 감상해보자. 뉴올리언스가 Crescent City(초승달 도시)로 불리는 데는 이유가 있다. 페리 여행 자체가 이 모든 것의 핵심이다. 일부 현지인이 이 페리를 이용하며 관광객은 더욱 적다.

LEVEE WALK 세이트 찰스 애비뉴(St Charles Avenue) 전차를 타고 캐롤튼 애비뉴(Carrollton Avenue)까지 간 다음 강을 향해 걸어보자. 미시시피강이 내려다보이는 제방에 이를 것이다. 어느 방향으로든 몇 마일이고 걸을 수 있다. 왼쪽으로 가면 달리 구경할 일이 없을 주택가의 풍경을 볼 수 있고 오른쪽으로 가면 이 도시의 뒤편에 자리한 산업 지구가 보일 것이다.

you are now someplace else

the architecture of the quarter is as much Spanish as it is french

shotgun

back

creole cottage

town house

CAMILLIA BENBASSAT'S

NYC

IIAVE

뉴욕주 뉴욕 – 카밀리아 벤배셋

NEW YORK CITY, NEW YORK
BY CAMILLIA BENBASSAT

내가 뉴욕에 대해 가장 좋아하는 점은 그 수그러들지 않는 힘찬 에너지이다. 거리를 걷는
동안에도, 밤에 잠이 들면서도, 아침에 눈을 뜨는 순간에도 그 에너지가 느껴진다. 뉴욕은 말
그대로 맥박이 요동치고 당신이 일과를 보내는 내내 그 울림을 전한다. 이 울림이 어떤 날에는
길을 걷는 당신을 감쌀 것이고, 어떤 날에는 바람처럼 뺨을 스칠 것이다. 강렬하고도 여운이
짙어 자꾸만 더 기대하고 원하게 만든다. 이곳에 살면 바라는 것은 무엇이든 이룰 수 있고
구하는 것은 무엇이든 찾아낼 수 있을 듯하다. 짜릿하다. 캘리포니아 출신인 나는 전혀 다른
환경에서 자랐다. 그곳에서는 날마다 햇살이 나를 반겨주며 잠에서 깨기 전에 이미 하루가 활짝
열려 있었다. 이곳에서는 태양이 스쳐갈 뿐이고 모든 것은 밤이 되어야 살아난다. 뉴욕에서는
새벽 4시에 바에 앉아서도 멀쩡한 정신으로 시간이 도대체 언제 이렇게 지났는지 놀라게 될
것이다.

시각적인 영감의 원천은 끝도 없다. 영화에서 수백 번이나 보았을 상징적인 이미지들은
그 실물을 보면 더욱 감명 깊다. 화재 대피용 비상계단이 뒤덮은 낡은 벽돌 건물, 자유의
여신상, 타임스퀘어의 야경 등 뉴욕의 그 어떤 것도 진부해지지 않는다. 아직도 나는 노란
택시들이 거리를 채운 모습을 좋아하고, 윌리엄스버그 브리지(Williamsburg Bridge)를 건너면서
엠파이어스테이트 빌딩이 빛나는 야경을 바라보며 감탄한다.

결론적으로, 뉴욕 같은 도시는 없다. 그래서 갈 곳, 볼거리, 먹거리(가장 중요한 부분)
등을 소개하는 이 일이 절대 쉽지 않았다. 나는 브루클린(Brooklyn)의 한 지역인 윌리엄스버그
(Williamsburg)에 산다. 최근 들어 이곳에 개발이 많이 진행돼 마치 다른 도시로 이사 온 듯하다.
어쨌거나 내가 사랑하는 곳이며, 맨해튼의 광기에서 한숨 돌릴 여유가 생기는 동네이기에
개인적으로 즐겨 찾는 곳을 몇 군데 넣었다. 난 내가 아는 곳이 전부이지만, 여러분에게는
계속해서 미지의 장소에 도전해보라고 권유하고 싶다. 뉴욕은 우리가 따라잡기 힘든 속도로
바뀌고 있다. 이 멋진 도시를 두루두루 관찰하며 엄청난 에너지를 어떻게든 받고자 노력하는
것은 온전히 여러분 몫이다.

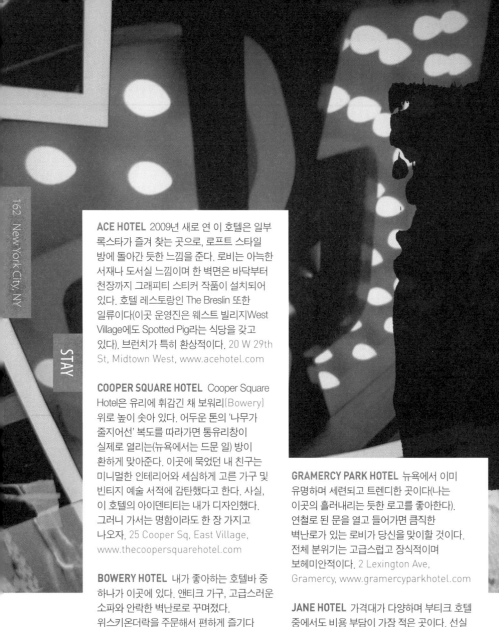

ACE HOTEL 2009년 새로 연 이 호텔은 일부 록스타가 즐겨 찾는 곳으로, 로프트 스타일 방에 돌아간 듯한 느낌을 준다. 로비는 아늑한 서재나 도서실 느낌이며 한 벽면은 바닥부터 천장까지 그래피티 스티커 작품이 설치되어 있다. 호텔 레스토랑인 The Breslin 또한 일류이다(이곳 운영진은 웨스트 빌리지West Village에도 Spotted Pig라는 식당을 갖고 있다). 브런치가 특히 환상적이다. 20 W 29th St, Midtown West, www.acehotel.com

COOPER SQUARE HOTEL Cooper Square Hotel은 유리에 휘감긴 채 보워리(Bowery) 위로 높이 솟아 있다. 어두운 톤의 '나무가 줄지어선' 복도를 따라가면 통유리창이 실제로 열리는(뉴욕에서는 드문 일) 방이 환하게 맞아준다. 이곳에 묵었던 내 친구는 미니멀한 인테리어와 세심하게 고른 가구 및 빈티지 예술 서적에 감탄했다고 한다. 사실, 이 호텔의 아이덴티티는 내가 디자인했다. 그러니 가서는 명함이라도 한 장 가지고 나오자. 25 Cooper Sq, East Village, www.thecoopersquarehotel.com

BOWERY HOTEL 내가 좋아하는 호텔바 중 하나가 이곳에 있다. 앤티크 가구, 고급스러운 소파와 안락한 벽난로로 꾸며졌다. 위스키온더락을 주문해서 편하게 즐기다 보면 유명 인사도 몇 명 눈에 띌 것이다. 335 Bowery, Noho, www.theboweryhotel.com

GRAMERCY PARK HOTEL 뉴욕에서 이미 유명하며 세련되고 트렌디한 곳이다(나는 이곳의 흘러내리는 듯한 로고를 좋아한다). 연철로 된 문을 열고 들어가면 큼직한 벽난로가 있는 로비가 당신을 맞이할 것이다. 전체 분위기는 고급스럽고 장식적이며 보헤미안적이다. 2 Lexington Ave, Gramercy, www.gramercyparkhotel.com

JANE HOTEL 가격대가 다양하며 부티크 호텔 중에서도 비용 부담이 가장 적은 곳이다. 선실같이 꾸며진 객실은 저렴하면서도 트렌디한 숙소를 제공한다. 더 넓은 방들은 대부분 허드슨강(Hudson River)을 굽어보고 있다. 이곳의 바도 뉴욕 최고의 명소이다. 입장아 여럽기는 하지만 시도해봄 직하다. 113 Jane St, West Village, www.thejanenyc.com

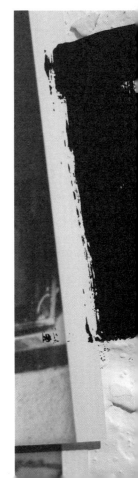

LATIN RESTAURANTS Caracas는 베네수엘라 식당으로 고기, 치즈, 야채 등 다양한 재료로 옥수수 토티야 속을 채운 아레파(arepa)를 만든다. 캘리포니아 출신인 나는 멕시칸 요리에 대해 까다로운 편이지만 Barrio Chino는 기대 이상의 것을 제공한다. 음식도 흠잡을 데 없고 마가리타는 더 맛있기까지 하다 (내가 좋아하는 맛은 할라피뇨이다). 맛 좋은 쿠바식 브런치를 즐기며 연예인도 보고 싶다면 늘 붐비는 Café Habana로 가자. 고급 식당을 찾는다면, La Esquina 에서 훌륭한 데킬라와 근사한 분위기를 만끽해보자. '직원 전용(Employees Only)'이라고 표시된 문은 VIP 공간으로 이어지는 비밀 입구이다. 입구에서 기도가 막아서도 걱정할 필요가 없다. 위층의 멕시코 식당도 충분히 맛있기 때문이다. 통옥수수 요리는 꼭 먹어보자. **CARACAS:** 91 E 7th St, East Village 또는 291 Grand St, Williamsburg, Brooklyn, **BARRIO CHINO:** 253 Broome St, Chinatown, **CAFÉ HABANA:** 17 Prince St, Nolita, **LA ESQUINA:** 114 Kenmare St, Soho

MARLOW & SONS 내가 뉴욕에서 가장 좋아하는 식당. 매일 다른 메뉴를 제공하며 오늘의 스페셜은 농장에서 갓 수확한 신선한 재료로 구성된다. 굴요리는 가히 최고라 할 수 있는데, 굴을 싫어하는 내 주변의 많은 친구가 이곳에서 다시 태어났다. 디저트로는 반드시 초콜릿 또는 캐러멜 타르트를 주문하자. 늦은 시간에 방문하면 카운터에 있는 종이봉투를 가져가도 된다. 오전에 카페에서 만들고 남은 빵이 들어 있다. 옆집 Diner라는 식당과 주방을 함께 쓴다. 양쪽 모두 브런치를 먹기 좋다. 81 & 85 Broadway, Williamsburg, Brooklyn, www.marlowandsons.com

MOMOFUKU 나는 이스트빌리지(East Village)에 있는 이 작고 소박한 누들바에서 돼지고기 샌드위치를 먹는 꿈을 자꾸 꾼다. 일어로 '행운의 복숭아'라는 뜻인 Momofuku는 몇 블록 거리에 지점이 여러 곳이다. 최고의 메뉴는 Momofuku Ko에서 제공하는 12코스 정식이다(라고 들었다. 예약하기 까다로운 온라인 예약 시스템을 아직도 정복하지 못했기 때문이다). Momofuku Ssam에는 독특하면서도 풍미 넘치는 조합의 달콤한 메뉴를 제공하는 밀크바가 있다. Crack Pie나 Compost Cookie를 먹어보자. **MOMOFUKU NOODLE BAR:** 171 1st Ave, East Village, **MOMOFUKU KO:** 163 1st Ave, East Village, **MOMOFUKU SSAM:** 207 2nd Ave, East Village

EAT

ITALIAN RESTAURANTS 뉴욕에서 이탈리안 요리를 처음 맛본 순간, 나는 완전히 새로운 차원을 경험했다. 내가 만찬을 즐기기 시작한 곳은 Inoteca 이며, 곧 이스트 빌리지와 로워 이스트 사이드(Lower East Side)에 밀집한 이탈리안 레스토랑 군락을 발견했다. 다행히도 이 식당들은 한결같이 맛이 좋고 가격도 저렴해서 실패할 일이 없다. Lil Frankies, Supper, Frank, Frankies Spuntino 모두 너무나 맛있었다. 또 다른 추천 식당은 파크 슬롭(Park Slope) 에 있는 Al di La로, 언제나 붐비는 곳이다. 한번 먹어보면 그 이유를 깨닫게 될 것이다. **INOTECA:** 91 Rivington St, Lower East Side, **LIL FRANKIES:** 19 1st St, East Village, **SUPPER:** 156 E 2nd St, East Village, **FRANK:** 88 2nd Ave, East Village, **FRANKIE'S SPUNTINO:** 17 Clinton St, Lower East Side, **AL DI LA:** 248 5th Ave, Park Slope, Brooklyn

PIZZA 늦은 밤 피자 한 쪽이 당기면 Artichoke 으로 가자. 테이크아웃 전문점인 이곳은 새벽 1 시 이후에도 거리를 따라 긴 줄이 이어진다. 두툼한 빵에 아티초크를 한가득 쌓아올린 피자는 그만큼 기다린 보람을 느끼게 해줄 것이다. Grimaldi's와 Lombardi's는 포장 주문이 안되며 한 판을 통째로 시켜야 하는 곳인데, 이 두 곳에서도 길게 줄 서야 하니 바다와 같은 인내심을 갖추고 가길 바란다. **ARTICHOKE BASILLE'S PIZZA & BREWERY:** 328 E 14th St, East Village, **GRIMALDI'S PIZZERIA:** 19 Old Fulton St, Dumbo, Brooklyn, **LOMBARDI'S:** 32 Spring St, Nolita

BURGERS 나는 뉴욕에 온 후로 버거를 전에 없이 좋아하게 되었다. 여름이면 매디슨 스퀘어 파크 (Madison Square Park)에 있는 Shake Shack 를 찾아가라. 기다리는 줄이 블록을 따라 늘어져 있을 것이다. 하지만 적어도 기다리는 동안 공원의 아름다운 경치가 함께하지 않는가. 내 모든 것을 바꿔준 버거는 윌리엄스버그(Williamsburg) 에 있는 Dumont Burger에서 만났다. 브리오쉬 번과 캐러맬라이즈된 양파, 만체고 치즈를 주문하자. Corner Bistro 역시 최고로 꼽히는 곳이다. 오후에 와서 맥솔리스(McSorley's)를 한 잔 움켜쥔 채 태번의 정취를 만끽해보자. 다른 것 없이 Bistro Burger만 주문하면 된다. **SHAKE SHACK:** Madison Ave & 23rd St, Madison Square Park·366 Columbus Ave, Upper West Side, **DUMONT BURGER:** 314 Bedford Ave, Williamsburg, Brooklyn, **CORNER BISTRO:** 331 W 4th St, West Village

DESSERTS 탐식의 정점을 찍으려면 달달한 디저트로 마무리를 해야만 한다. 뉴욕에 방문할 때 Magnolia Bakery에서의 컵케이크 시식을 빠뜨릴 수 없다. Birdbath Bakery에서 만드는 쿠키는 최고다(프레즐 크로와상은 말할 필요도 없다). 소호에 있는 Balthazar에서는 페이스트리 더미를 무시하고 피스타치오 마들렌을 맛보면 된다. 이곳에 있는 동안 디자인이 아름다운 레스토랑도 둘러보자. 이곳 아이덴티티는 시내에서 가장 근사한 레스토랑의 인테리어를 맡았던 Mucca Design이 제작했다. 이들이 디자인한 곳 중에는 Schiller's Lucky Strike, 애프터눈티와 케이크를 즐기기에 안성맞춤인 Sant Ambroeus가 있다.

MAGNOLIA BAKERY: 401 Bleeker St, West Village, **BIRDBATH BAKERY:** 160 Prince St, Soho, and 223 1st Ave, East Village, **BALTHAZAR:** 80 Spring St, Soho, **SCHILLER'S LIQUOR BAR:** 131 Rivington St, Lower East Side, **LUCKY STRIKE:** 59 Grand St, Soho, **SANT AMBROEUS:** 259 W 4th St, West Village

SPEAKEASIES 스피크이지(speakeasy) 스타일의 바는 뉴욕 유흥계의 숨은 보석으로 성장했다. 유명 칵테일 기술자가 만든 환상적인 칵테일과 근사한 인테리어 디자인의 결합이 나은 결과다. 이런 술집 대부분은 규정이 있으며 입구에는 대개 출입을 통제하는 기도가 있다. PDT에서는 핫도그 집에 딸린 낡은 공중전화 박스에 들어가 통화를 해야만 입장 허가를 받을 수 있다. Death & Co에 들른 뒤 길을 따라 내려가면 남부식 타일로 장식된 Mayahuel에서 데킬라 베이스의 칵테일을 맛볼 수 있다. Little Branch와 East Side Company는 모든 음료를 신선한 재료로 만든다. 아시아 분위기를 찾는다면 위층으로 올라가 층계 맞은편 스시 레스토랑을 지나 Angel Share로 가면 된다. Milk & Honey는 이중에서 가장 조용한 술집인데, 회원 전용으로 운영되지만 전화로 예약하면 저녁 9시 이전까지 이용할 수 있다. **PDT:** 113 St Marks Pl, East Village, **DEATH & CO:** 433 E 6th St, East Village, **MAYAHUEL:** 304 E 6th St, East Village, **LITTLE BRANCH:** 20 7th Ave South, West Village, **EAST SIDE COMPANY BAR:** 49 Essex St, Lower East Side, **ANGEL SHARE:** 6 Stuyvesant St, 2nd Fl, East Village, **MILK & HONEY:** 134 Eldridge St, Lower East Side, [212 625 3397]

WILLIAMSBURG BARS 윌리엄스버그에서의 내 단골집은 Larry Lawrence이다. 이곳 주인과 바텐더들을 무척 좋아하기도 하지만 차분한 조명과 고급스러운 목재 장식으로 그윽하게 꾸며진 인테리어가 더욱 마음을 끈다. 뉴욕 바들이 대개 그렇듯, 옥외 간판이 없기 때문에 뒤편에 숨은 바로 들어가려면 목재로 된 커다란 문을 지나 긴 복도를 따라 내려가야 한다. 같은 길가에서 수준 높은 라이브 재즈 연주를 볼 수 있고 장미 무늬 벽지로 꾸며진 Rose Bar도 추천한다. 같은 건물 아래층으로 내려가면 허기를 채울 만한 Vutera가 있다. 코너를 돌면 Spuyten Duyvil이 나오는데, 이곳은 세계 맥주를 취급하며 여름철에는 정원이 꾸며져 더욱 완벽하다. Hotel Delmano는 오래된 문신 시술소에 있으며 완전히 브루클린적이다. 칵테일도 일품이고 공간은 그윽하며 문신한 멋쟁이들과 음악이 멋지다. 화장실의 타일 장식마저 근사한 그런 곳이다. **LARRY LAWRENCE:** 295 Grand St, Williamsburg, **ROSE BAR/VUTERA:** 345 Grand St, Williamsburg, **SPUYTEN DUYVIL:** 359 Metropolitan Ave, Williamsburg, **HOTEL DELMANO:** 82 Berry St, Williamsburg

LOWER EAST SIDE 뉴욕으로 이사를 막 왔을 때, 나는 대부분의 시간을 로워 이스트 사이드에서 보냈다. 이 부근의 바들은 뉴욕에서 예상되는 (그리고 가보고 싶은) 지저분하고 허름한 분위기를 지녔다. 술도 싸다. 운이 좋다면 Motor City의 창가에서 느닷없이 춤 추는 사람을 볼 수 있을 것이다. 좀 더 색다른 경험을 원한다면 장난감 가게 간판으로 가려진 The Back Room에 가보자. 뒷골목으로 들어가서 걷다 보면 주류 판매 금지 시대로 거슬러 올라가는 듯한 느낌의 스피크이지 바가 나올 것이다. 찻잔으로 술을 마셔야 하고 맥주는 실제로 종이봉투에 담긴 채 서빙된다. 하지만 이중 내가 특히 좋아하는 곳은 151이다. 어둑한 지하 공간으로, 좋은 음악이 흐르고 한 바텐더가 오랫동안 자리를 지켜온 곳이다. **MOTOR CITY:** 127 Ludlow St, Lower East Side, **THE BACK ROOM:** 102 Norfolk St, Lower East Side, **151:** 151 Rivington St, Lower East Side

BROOKLYN 브루클린으로 가서 그만의 매력에 흠뻑 빠져보자. 여름철의 Flatbush Farm은 정답기만 하다. 꼬마전구로 장식된 뒷마당에 큼직한 낡은 테이블이 깔린다. Brooklyn Social 에서는 선별된 음악을 바에 앉아 즐겨보자. 레트훅 (Red Hook)까지 갈 수 있다면 Fort Defiance 를 지나치지 말자. 낮에는 햇살 가득한 카페였다가 밤이면 아늑하고 편안한 칵테일바로 변신한다. **FLATBUSH FARM:** 76 St Marks St, Park Slope, **BROOKLYN SOCIAL:** 335 Smith St, Carroll Gdns, **FORT DEFIANCE:** 365 Van Brunt St, Red Hook

124 RABBIT CLUB 내가 즐겨 찾는 바. 칵테일을 좋아하는 나로서는 의외의 선택이지만 이 맥주 및 와인 바는 부산스럽고 취객이 즐비한 거리 뒤에 숨어 있어 도시의 은신처 같은 곳이다. 사람 좋은 바텐더는 당신이 올 때마다 기억해줄 것이다. 희미한 조명의 어두운 실내에 노출된 벽돌, 작지만 완벽한 공간이다. 124 MacDougal St, West Village

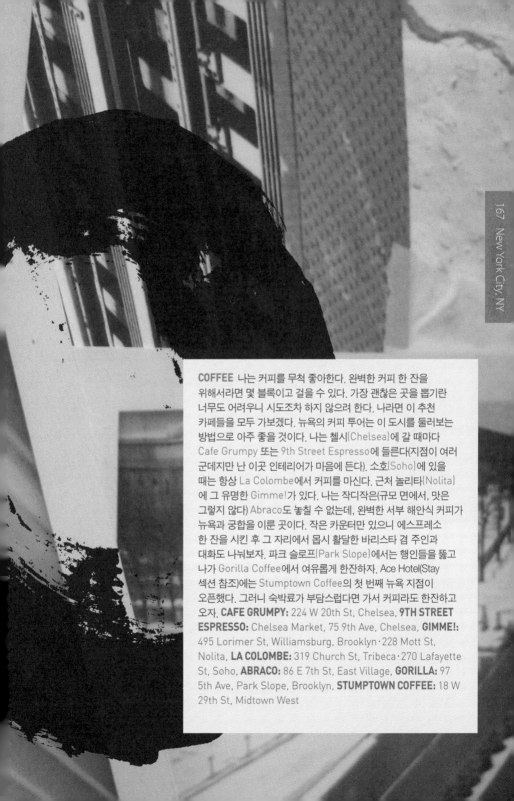

COFFEE 나는 커피를 무척 좋아한다. 완벽한 커피 한 잔을 위해서라면 몇 블록이고 걸을 수 있다. 가장 괜찮은 곳을 뽑기란 너무도 어려우니 시도조차 하지 않으려 한다. 나라면 이 추천 카페들을 모두 가보겠다. 뉴욕의 커피 투어는 이 도시를 둘러보는 방법으로 아주 좋을 것이다. 나는 첼시(Chelsea)에 갈 때마다 Cafe Grumpy 또는 9th Street Espresso에 들른다(지점이 여러 군데지만 난 이곳 인테리어가 마음에 든다). 소호(Soho)에 있을 때는 항상 La Colombe에서 커피를 마신다. 근처 놀리타(Nolita)에 그 유명한 Gimme!가 있다. 나는 작디작은(규모 면에서, 맛은 그렇지 않다) Abraco도 놓칠 수 없는데, 완벽한 서부 해안식 커피가 뉴욕과 궁합을 이룬 곳이다. 작은 카운터만 있으니 에스프레소 한 잔을 시킨 후 그 자리에서 몹시 활달한 바리스타 겸 주인과 대화도 나눠보자. 파크 슬로프(Park Slope)에서는 행인들을 뚫고 나가 Gorilla Coffee에서 여유롭게 한잔하자. Ace Hotel(Stay 섹션 참조)에는 Stumptown Coffee의 첫 번째 뉴욕 지점이 오픈했다. 그러니 숙박료가 부담스럽다면 가서 커피라도 한잔하고 오자. **CAFE GRUMPY:** 224 W 20th St, Chelsea, **9TH STREET ESPRESSO:** Chelsea Market, 75 9th Ave, Chelsea, **GIMME!:** 495 Lorimer St, Williamsburg, Brooklyn·228 Mott St, Nolita, **LA COLOMBE:** 319 Church St, Tribeca·270 Lafayette St, Soho, **ABRACO:** 86 E 7th St, East Village, **GORILLA:** 97 5th Ave, Park Slope, Brooklyn, **STUMPTOWN COFFEE:** 18 W 29th St, Midtown West

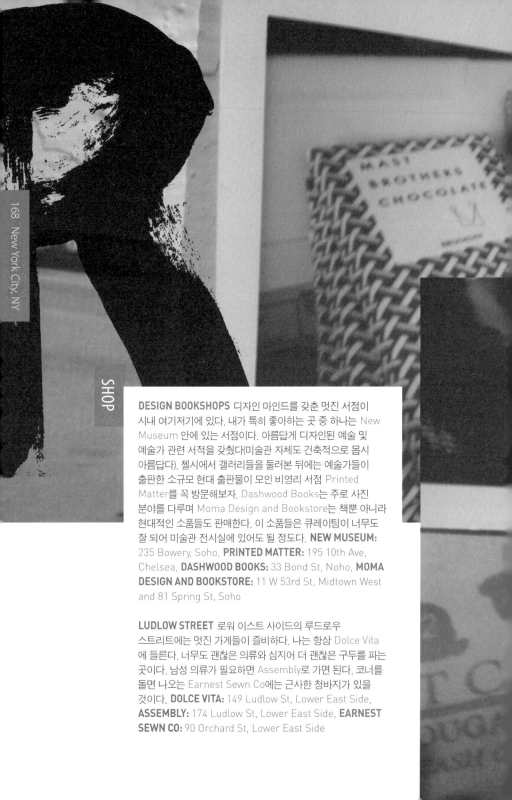

SHOP

DESIGN BOOKSHOPS 디자인 마인드를 갖춘 멋진 서점이 시내 여기저기에 있다. 내가 특히 좋아하는 곳 중 하나는 New Museum 안에 있는 서점이다. 아름답게 디자인된 예술 및 예술가 관련 서적을 갖췄다(미술관 자체도 건축적으로 몹시 아름답다). 첼시에서 갤러리들을 둘러본 뒤에는 예술가들이 출판한 소규모 현대 출판물이 모인 비영리 서점 Printed Matter를 꼭 방문해보자. Dashwood Books는 주로 사진 분야를 다루며 Moma Design and Bookstore는 책뿐 아니라 현대적인 소품들도 판매한다. 이 소품들은 큐레이팅이 너무도 잘 되어 미술관 전시실에 있어도 될 정도다. **NEW MUSEUM:** 235 Bowery, Soho, **PRINTED MATTER:** 195 10th Ave, Chelsea, **DASHWOOD BOOKS:** 33 Bond St, Noho, **MOMA DESIGN AND BOOKSTORE:** 11 W 53rd St, Midtown West and 81 Spring St, Soho

LUDLOW STREET 로워 이스트 사이드의 루드로우 스트리트에는 멋진 가게들이 즐비하다. 나는 항상 Dolce Vita 에 들른다. 너무도 괜찮은 의류와 심지어 더 괜찮은 구두를 파는 곳이다. 남성 의류가 필요하면 Assembly로 가면 된다. 코너를 돌면 나오는 Earnest Sewn Co에는 근사한 청바지가 있을 것이다. **DOLCE VITA:** 149 Ludlow St, Lower East Side, **ASSEMBLY:** 174 Ludlow St, Lower East Side, **EARNEST SEWN CO:** 90 Orchard St, Lower East Side

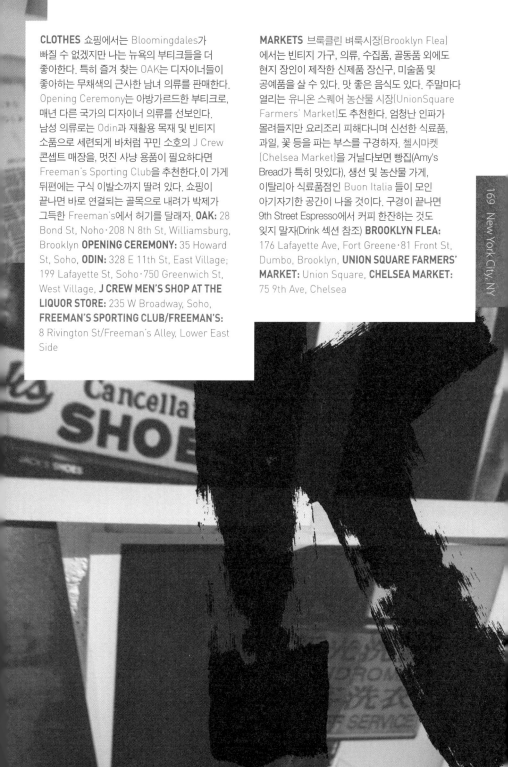

CLOTHES 쇼핑에서는 Bloomingdales가 빠질 수 없겠지만 나는 뉴욕의 부티크들을 더 좋아한다. 특히 즐겨 찾는 OAK는 디자이너들이 좋아하는 무채색의 근사한 남녀 의류를 판매한다. Opening Ceremony는 아방가르드한 부티크로, 매년 다른 국가의 디자이너 의류를 선보인다. 남성 의류로는 Odin과 재활용 목재 및 빈티지 소품으로 세련되게 바처럼 꾸민 소호의 J Crew 콘셉트 매장을, 멋진 사냥 용품이 필요하다면 Freeman's Sporting Club을 추천한다. 이 가게 뒤편에는 구식 이발소까지 딸려 있다. 쇼핑이 끝나면 바로 연결되는 골목으로 내려가 박제가 그득한 Freeman's에서 허기를 달래자. **OAK:** 28 Bond St, Noho·208 N 8th St, Williamsburg, Brooklyn **OPENING CEREMONY:** 35 Howard St, Soho, **ODIN:** 328 E 11th St, East Village; 199 Lafayette St, Soho·750 Greenwich St, West Village, **J CREW MEN'S SHOP AT THE LIQUOR STORE:** 235 W Broadway, Soho, **FREEMAN'S SPORTING CLUB/FREEMAN'S:** 8 Rivington St/Freeman's Alley, Lower East Side

MARKETS 브루클린 벼룩시장(Brooklyn Flea)에서는 빈티지 가구, 의류, 수집품, 골동품 외에도 현지 장인이 제작한 신제품 장신구, 미술품 및 공예품을 살 수 있다. 맛 좋은 음식도 있다. 주말마다 열리는 유니온 스퀘어 농산물 시장(UnionSquare Farmers' Market)도 추천한다. 엄청난 인파가 몰려들지만 요리조리 피해다니며 신선한 식료품, 과일, 꽃 등을 파는 부스를 구경하자. 첼시마켓(Chelsea Market)을 거닐다보면 빵집(Amy's Bread가 특히 맛있다), 생선 및 농산물 가게, 이탈리아 식료품점인 Buon Italia 들이 모인 아기자기한 공간이 나올 것이다. 구경이 끝나면 9th Street Espresso에서 커피 한잔하는 것도 잊지 말자(Drink 섹션 참조) **BROOKLYN FLEA:** 176 Lafayette Ave, Fort Greene·81 Front St, Dumbo, Brooklyn, **UNION SQUARE FARMERS' MARKET:** Union Square, **CHELSEA MARKET:** 75 9th Ave, Chelsea

MOMA MoMa는 이미 유명하지만 여전히 언급될 가치가 있다. 최고 수준의 소장품과 건축미를 갖추고 끊임없이 영감을 주는 곳이기 대문이다. 11 W 53rd St, Midtown West, www.moma.org

COOPER HEWITT 미국에서 유일하게 현대 및 과거의 디자인만 다루는 미술관. 어퍼 이스트 사이드(Upper East Side)의 '뮤지엄 마일(Museum Mile)'에 있어 찾아가기도 쉽다. 특히 디자인 트리에날레 기간에 방문하면 더 좋을 것이다. 2 E 91st St, Upper East Side, www.cooperhewitt.org

NEUE GALERIE 독일과 오스트리아 미술을 위해 지어진 이 갤러리가 내게는 각별하다. 내가 좋아하는 작가 에곤 쉴레(Egon Schiele)의 작품을 소장하고 있기 때문이다. 1048 5th Ave, Upper East Side, www.neuegalerie.org

THE MUSEUM OF ARTS AND DESIGN 원래 미국 공예 박물관(American Craft Museum)으로 불리던 곳이지만, 새로운 이름 및 아이텐티티(펜타그램 Pentagram이 디자인), 콜럼버스 서클(Comlumbus Circle) 내의 새 보금자리를 통해 이미지를 바꾸는 데 성공했다. 2 Columbus Circle, Upper West Side, www.madmuseum.org

CHELSEA GALLERIES 가로수가 드리운 첼시 거리를 거닐며 길가 갤러리들을 하나하나 꼭 둘러보라. 개인적으로 선호하는 갤러리는 Paula Cooper Gallery로, 설치 미술가인 소피 칼(Sophie Calle) 의 작품을 다수 소장하고 있다. 이외에 즐겨 찾을 만한 곳으로는 Zwirner & Wirth와 Gagosian Gallery가 있다. **PAULA COOPER:** 534 W 21st St, Chelsea, **ZWIRNER & WIRTH:** 525 W 19th St, Chelsea, **GAGOSIAN GALLERY:** 555 W 24th St, Chelsea

OUT OF TOWN GALLERIES 시외로 나갈 시간 여유가 된다면 Dia: Beacon으로의 당일치기 여행을 추천한다. 강을 따라 허드슨 밸리 (Hudson Valley)를 통과하여 80분간 기차 여행을 하고 나면 인쇄 공장을 빼어나게 개조한 미술관이 등장할 것이다. 리처드 세라(Richard Serra), 브루스 나우먼(BruceNauman), 솔 르윗(Sol LeWitt) 등 유명 작가들의 조형물, 설치물, 드로잉, 회화 등을 소장하고 있다. 미술관의 조경과 주변 풍광도 굉장하다. 예술적 감성으로 충만한 또 다른 당일치기 여행지로는 메트로폴리탄 박물관(Metropolitan Museum) 분관인 The Cloisters와 500에이커에 달하는 Storm King Art Center와 조각 공원을 추천한다. **DIA: BEACON:** 3 Beekman St, Beacon, **THE CLOISTERS:** 99 Margaret Corbin Dr, Fort Tryon Park, **STORM KING:** Old Pleasant Hill Rd, Mountainville

MUSIC

MUSIC VENUES 뉴욕의 밤 문화를 체험하고 싶다면 사실 클럽과 음악 공연장은 끝도 없이 많다. 개인적으로 좋아하는 소규모 클럽으로 Mercury Lounge, Bowery Ballroom, Music Hall of Williamsburg 등이 있다. 가끔 유명 출연진이 나오기도 하지만 공연은 편안하고 친숙한 분위기에서 진행된다. 다음으로 추천하고 싶은 곳은 그런지나 펑크록을 들을 수 있는 Glasslands, 그리고 조금 더 부드러운 음악을 들을 수 있는 Union Hall이나 Fontanas 정도이다. **MERCURY LOUNGE:** 217 E Houston St, Lower East Side, **BOWERY BALLROOM:** 6 Delancey St, Lower East Side, **MUSIC HALL OF WILLIAMSBURG:** 66 N 6th St, Williamsburg, Brooklyn, **GLASSLANDS:** 289 Kent Ave, Williamsburg, Brooklyn, **UNION HALL:** 702 Union St, Park Slope, Brooklyn, **FONTANA'S:** 105 Eldridge, Lower East Side

JELLY POOL PARTIES 사실 풀장이 없는 파티지만, 뉴욕의 여름에 빼놓을 수 없는 놀거리이다. 매주 일요일 윌리엄스버그의 이스트 리버 파크(East River Park) 에서는 반쯤 벗은 멋쟁이들이 공놀이를 하거나 슬립& 슬라이드(slip n' slide)에서 미끄럼을 타고, 한켠에서는 뉴욕의 신인 밴드들이 스카이라인을 배경으로 공연한다. 맥주와 음식을 사서 풀밭에 앉아 먹거나 무대 앞에서 서로 밀고 당기는 팬들 사이에 껴보는 것도 재미있겠다. 전부 무료로 진행된다. East River Park(N 8th와 N9th St 사이의 Kent Ave), Williamsburg, Brooklyn

CENTRAL PARK 뉴욕에 와서 센트럴파크를 보지 않는 것은 말도 안 된다. 이렇게 무시무시한 속도로 움직이는 도시에는 한숨 돌릴 휴식처가 필요한데, 산책길이 길게 뻗어 있는 이 공원이 그 역할을 해준다. 따스한 날에는 프리즈비를 들고 쉽 메도우(Sheep Meadow)로 향하라. 아니면 치즈와 와인을 사들고 뉴욕 필하모닉 (NY Philharmonic)에서 주최하는 무료 콘서트를 즐기며 밤하늘의 별을 감상해도 좋을 것이다. 6월부터 8월까지 매주 일요일 오후에는 Summer Stage에서 유명 밴드들이 공연한다. 일찍 와야 입장할 수 있다. www.centralparknyc.org, www. nyphil.org, www.summerstage.org

DUMBO 내가 뉴욕에서 가장 좋아하는 곳이 덤보(Dumbo)이다. 전철에서 내려 거대한 맨해튼 브리지(manhattan Bridge)의 육교 아래 자갈이 깔린 거리를 걸어보자. 길가에 아른거리는 햇살과 그림자마저도 영감을 주는 듯하다. 코너를 돌면 이 도시를 상징하는 두 다리 사이로 수변 공원이 나타날 것이다. 이곳에서는 맨해튼 남쪽의 경치를 볼 수 있다. '숨 막히는 경치'란 몹시 절제된 표현일 것이다.

PROSPECT PARK 뉴욕의 '또 다른 공원'. 파크 슬로프에 있다. 규모가 꽤 넓으며 회전목마부터 식물원, 브루클린 미술관 (Brooklyn ArtMuseum)까지 모든 것을 갖추었다. 봄에 방문한다면 벚꽃 잎이 내려앉는 시기에 열리는 축제도 구경해보자. 여름에는 음악당에서 무료 콘서트가 열린다. www.prospectpark.org

THE HIGH LINE 웨스트 빌리지와 첼시 위로 솟은 철로에 지어진 긴 산책로이다. 공원은 선로 일부가 보였다 사라졌다 하는 등 요소를 절제한 감각적인 디자인으로 설계되었다. 라운지의 목재 의자에 기대어 허드슨 강을 바라보며 느긋하게 있어보자. 이 의자들은 선로를 따라 움직이니 옆사 람에게 조금 더 다가가고 싶다면 그리해도 좋다. Gansevoort St에서부터 34th St 까지, Chelsea, www.thehighline.org

THE FLOATING POOL 가장 독특하면서 엄청나게 멋진 뉴욕의 명소. 브루클린 끝자락의 이스트 리버(East River)에 자리한 수영장이다. 매년 이 수영장은 강 위의 새로운 장소로 이동해 가니 위치를 미리 확인해야 한다. 한 가지 팁: 웹사이트를 참조해 '어린이 이용 시간'을 피하자. www.nycgovparks.org

OUTDOORS

Katie Hatz's

PHIL
ADEL
PHIA

펜실베이니아 필라델피아 - 케이티 해츠

PHILADELPHIA, PENNSYLVANIA
BY KATIE HATZ

윌리엄 펜(William Penn)이 1701년 세운 도시 필라델피아는 현재 미국에서 여섯 번째로 인구가 많은 곳이다. 하지만 그리 살고 싶은 도시는 아니다. 필라델피아 사람들은 매일 같은 동네에 붙어 살며 같은 무리와 마주치기 때문에 이곳이 얼마나 좁게 느껴지는지 이야기하곤 한다. 나 또한 이번 장에서 웨스트필리(West Philly)의 매력이 빠졌다는 사실에 죄책감을 느끼고 있다.

필라델피아 사람들이 하는 이야기 중 또 하나는 모두가 이곳의 "거침과 개성"을 좋아한다는 것이다. 필리(philly, 필라델피아 사람, 가끔씩은 감정을 섞어 'Philthy(더러운)'이라고도 부른다)들은 지저분하고 냄새나며 불안해 보이기로 유명하다. 하지만 우리는 괘념치 않는다. 사실 이런 면에는 스릴도 있다. 안전한 지역만 골라다닌다면 아무 일도 없을 것이다(라고 현지인들은 왠지 지나치게 강조할 것이다)!

필라델피아는 너무도 많은 구역으로 이루어져 있다. 그리고 각 구역의 문화와 분위기는 저마다 독특하다. 위키피디아에 필라델피아의 구역이 꽤 잘 정리되어 있으니 참고해도 좋다. 역사 지구라 할 수 있는 올드시티(Olde City)에는 아기자기한 녹지와 괜찮은 식당과 상점들이 있다. 하지만 그만큼 관광객이 너무 많다. 올드시티 바로 남쪽에 있는 소사이어티힐(Society Hill)은 고즈넉한 주택가이지만 둘러볼 만한 곳이 많다. 사우스스트리트(South Street) 인접 지역은 바와 상점이 많은 번화가로 펑크나 힙합 패션, 문신과 피어싱 가게들이 즐비하다. 좀 더 상류층 분위기의 리튼하우스(Rittenhouse)는 사람들 구경이나 쇼핑 또는 호화로운 식사를 즐기기에 좋다. 북동쪽으로 좀 더 가면 노던리버티즈(Northern Liberties, 줄여서 노립스NoLibs)와 피쉬타운(Fishtown)이 나오는데 보다 트렌디한 지역이다. 노립스는 정비가 더 잘 되었고(다른 말로 하자면 '보기 좋고 비싸고'), 피쉬타운은 최근 예술가와 학생들의 관심을 받고 있다.

필라델피아의 대중교통은 최고도 최악도 아니다. 두 개의 주요 지하철 노선이 시청에서 만난다. 오렌지색 노선은 브로드스트리트(Broad Street)를 따라 남북으로 뻗어 있고, 파란색 노선(E이라고도 불린운다)은 마켓스트리트(Market Street)를 따라 동서를 가로지르다가 북동쪽으로 꺾인다. 이외에도 버스, 트롤리, 철도가 있다. 더 자세한 교통 정보는 www.septa.org에서 확인해보자.

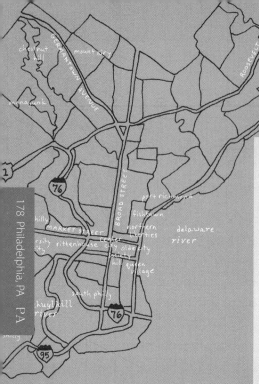

STAY

내가 뜻밖의 사건들을 겪어 오갈 데 없는 갑부가 된다면 기쁜 마음으로 다음 숙소에 머물겠다.

SEVENTH STREET B&B 친구 집에서 머무는 듯한 기분을 주는 B&B. 다른 점이 있다면 그 친구라는 이의 집이 아름답고 말끔하게 꾸며진 곳이라는 점과, 당신을 위해 요리하거나 구경거리에 대해 조언하는 경우를 제외하면 당신을 귀찮게 하지 않는다는 점, 그 친구 이름이 스티브(Steve)라는 점 정도가 될 것이다. 하지만 내가 강조하고 싶은 것은 이곳에서 숙박을 한다면 필라델피아에 살고 있는 느낌을 받으리라는 점이다. 꽤 괜찮은 경험이 될 것이다. 702 South 7th St, Philadelphia, PA 19147

MORRIS HOUSE HOTEL 1787년에 지어진 Morris House Hotel은 정성 들여 보존된 사적지라 할 수 있다. 호텔 정원에서는 소규모 결혼식, 바르 미츠바(유대교 성인식) 등의 행사가 진행되는데, 당신이 모르는 사람의 파티를 훔쳐볼 수 있다는 것을 의미한다! 오, 제발 그렇게 해보라. 망원경을 가져가면 어떨까. 225 South 8th St, Philadelphia, PA 19106, www.morrishousehotel.com

HOTEL PALOMAR PHILADELPHIA Hotel Palomar는 새로 지어 깨끗하고 현대적이며, 애완견 출입이 가능하고 위치도 좋은 데다 필라델피아에서 유일하게 LEED 인증을 받아, 기관이 시행하는 엄청나게 까다로운 기준을 준수해야 하는 친환경 호텔이다. 117 South 17th St, Philadelphia, PA 19103, www.hotelpalomar-philadelphia.com

PENN'S VIEW HOTEL 올드 시티에 있는 이 보석 같은 호텔은 세계 최대의 와인 저장고 및 보관 시스템을 갖추었다. 그리하여 구내 레스토랑 Ristorante Panorama에서는 개봉한 와인 120병까지 변하지 않게 보관할 수 있다. 비활성 질소 가스와 연관됐을 것이다. 식당의 고풍스러운 매력과는 별개로, 잔 단위 주문이 가능한 와인이 무려 800여 종이다! 14 North Front St, Philadelphia, PA 19106, www.pennsviewhotel.com

THE RITTENHOUSE 리튼하우스 스퀘어 (Rittenhouse Square)에 있는 이곳은 필라델피아뿐 아니라 전 세계에서 가장 고급스럽고 화려하며 예쁘고 끝내주는 호텔로 늘 손꼽힌다. 나는 숙박한 적은 아직 없지만 호텔 식당 Lacroix에서 일요 브런치를 만끽한 적이 있다. 정말이지 만족스러웠다. 직원들은 친절하고 해박한 데다 결코 도도하지 않았다. 나는 그들이 분명 오만하리라 예상했었는데. 미안해요, 직원 여러분! 210 West Rittenhouse Sq, Philadelphia, PA 19103, www.rittenhousehotel.com

당신의 필라델피아 체험을 치즈 스테이크로 기념하고 싶다면 지금 당장 길을 나서라. 하지만 맛있는 요리를 위해 배를 조금은 비워 두자. 그 공간을 이제부터 내가 채워주겠다.

MODO MIO 필라델피아 사람 아무나 붙잡고 시내 최고의 이탈리안 레스토랑이 어디냐 물어보라. 그들은 피쉬타운의 Modo Mio로 안내할 것이다. 인기 최고지만 규모는 작아서 예약해야 한다. 필라델피아에서는 주류 판매 면허를 얻기가 어려워 BYOB가 일반적이니 마실 술을 직접 가져와도 된다. 161 West Girard Ave, Philadelphia, PA 19123

MEMPHIS TAPROOM 조금 멀지만 그 수고로움에 대한 보상은 충분히 될 것이다. 이곳에서 식사할 때마다 만족스럽게 끝난다. Philadelphia Inquirer 지에는 "지역 펍 요리"라고 묘사되었는데, Memphis Taproom의 음식들은 독특하면서도 맛있다. 특히 브런치는 최고다. 소개 끝! 2331 East Cumberland St, Philadelphia, PA 19125, www.memphistaproom.com

EKTA 인디안 포장 요리에 대해서는 Ekta에 견줄 곳이 없다(같은 길가의 Tiffin이라는 곳도 많이 비슷하긴 하다). 모든 메뉴가 맛있지만, 나는 Chicken Korma를 가장 좋아한다. 250 East Girard Ave, Philadelphia, PA 19125, www.ektaindianrestaurant.com

GOLDEN EMPRESS GARDEN 그렇다, 필리에는 차이나타운이 제대로 형성되어 있다. 나는 이 사우스 스트리트(South Street) 한켠에 있는 식당을 몹시 아끼는데, 당신도 이곳 Vegan Orange Duck 요리를 한번 맛보고 나면 동의할 것이다. 두부껍질로 만든 요리라니 듣는 순간에는 군침이 돌지 않겠지만 이 메뉴는 사실 예술품이다. 610 South 5th St, Philadelphia, PA 19147

HONEY'S SIT 'N EAT 남부 정통식과 유대 가정식의 퓨전 요리를 안락한 시골 분위기에서 먹을 수 있는 곳. Honey's야말로 가장 인기 있는 브런치 식당이다. 허기질 때 영원처럼 느껴질 테니 한참 서서 기다리고 싶지 않으면 주말에는 일찍 도착하라. 800 North 4th St, Philadelphia, PA 19123, www.honeys-restaurant.com

HORIZONS MODERN VEGAN CUISINE 채식주의 요리에 그리 애착이 없다면 그 생각을 이곳이 바꿔줄 것이다. 원래 시내 북쪽으로 몇 마일이나 떨어진 평범한 카페였던 Horizon은 몇 년 전 다운타운으로 옮겨온 후 진일보했다. 새 보금자리는 활기차고 편안하며 더 고급스럽고, 메뉴에는 엄선된 유기농 와인과 맥주도 포함된다. 611 South 7th St, Philadelphia PA 19147, www.horizonsphiladelphia.com

CREPERIE BEAU MONDE 내가 사우스 스트리트 (South Street) 부근에서 즐겨 찾는 식당. 어두운 목재, 벽화와 벨벳 천으로 호화롭게 꾸며졌는데, 근방을 통틀어 크레페가 가장 맛있다. 강렬한 블러디메리도 만든다. 624 South 6th St, Philadelphia, PA 19147, www.creperie-beaumonde.com

나는 제대로 된 식당만큼 맛있는 안주가 있는 술집을 선호한다. 운이 좋게도 스카치 위스키만으로는 만족하지 못하는 때를 위해(그래 나도 안다, 신성모독이다) 필리에는 그런 맛있는 술집이 많다.

ROYAL TAVERN 다른 곳들에 비해 남쪽으로 조금 떨어진 패성크(Passyunk) 부근에 있다. 음악이 좋고 나초도 맛있으며 분위기가 어둡고 아늑해 친구들과 저녁 시간을 여유롭게 함께 보내기에 좋다. 같은 블록의 The Dive 도 재미있으니 들러보자. 937 East Passyunk Ave, Philadelphia, PA 19147, www.royaltavern.com

TRIA 맛있는 와인, 치즈, 맥주에서 이름을 따 온 Tria는 지점이 두 군데이며 국산 및 수입 주류를 다양하게 갖춘 훌륭한 메뉴와 야외 테이블, 시음 강좌 등으로 현지인들에게 많은 사랑을 받고 있다. 123 South 18th St, Philadelphia, PA 19103·1137 Spruce St, Philadelphia, PA 19107, www.triacafe.com

KRAFTWORK 밴드 Kraftwerk와 혼돈하지 말자. 피쉬타운에서 최근 가장 주목받는 술집이다. 이곳의 하이라이트로는 다양한 수제 생맥주와 맛있는 안주, 핸드메이드 테이블, 공간을 가득 채운 맞춤식 금속공예 장식을 꼽을 수 있다. 541 East Girard Ave, Philadelphia, PA 19125

BOB & BARBARA'S 필라델피아에서 유명한 Bob & Barbara's는 Details 잡지에서 미국 최고의 다이브바로 지명되기도 했다. Pabst Blue Ribbon 맥주를 테마로 한 이 작은 공간에서 드래그쇼, 만취 스펠링비, 라이브 재즈공연 등이 진행된다. 하우스 스페셜을 주문하면 말라깽이들이 세 명쯤 나타나 당신에게 Pabst와 짐빔 한 잔을 사줄 것이다. 심약하거나 옷차림이 과도한 사람들에겐 맞지 않는 곳! 1509 South St, Philadelphia, PA 19146

BAR FERDINAND 노던 리버티즈의 요지에 자리하여 화려하면서도 편안한 공간에서 수많은 와인 및 타파스 메뉴를 선보이는 Bar Ferdinand. 이곳은 술을 마시기에도 좋지만 소량의 훌륭한 음식으로 본의 아니게 배를 채우는 곳이기도 하다. 내가 좋아하는 메뉴는 Manchego Frito와 Tempranillo, 아주 많은 Tempranillo다. 1030 North 2nd St, Philadelphia, PA 19123, www.barferdinand.com

JOHNNY BRENDA'S 피쉬타운 최고의 비밀 장소라 하긴 어렵지만, 사람들이 지라드(Girard)의 이쪽 부근을 '안전' 하다고 여기면서 최근 몇 년째 많은 사랑을 받는 곳이다. 현지 생맥주와 군침 도는 버거(비록 비싸지만)가 있고 위층에는 멋진 음악 공연장도 있다. 1201 Frankford Ave, Philadelphia, PA 19125, www.johnnybrendas.com

GOOD DOG BAR AND RESTAURANT 바에서 함께 온 친구들이 화장실이나 담배 때문에 또는 누군가에게 말을 걸겠다고 자리를 비우는 바람에, 혼자 남은 당신은 시선 둘 곳을 잃은 채 어색하게 다른 손님들을 쳐다보거나 일행이 올 때까지 휴대폰을 만지작거리거나 한 적이 있는가? 이곳에서는 그럴 필요가 없다. 왜냐면 벽 전체를 귀여운 개 사진이 뒤덮고 있기 때문이다. 게다가 비트 샐러드에는 큼지막한 염소치즈볼이 들어 있다. 224 South 15th St, Philadelphia, PA 19102, www.gooddogbar.com

MOSTLY BOOKS 필리의 수많은 중고 서점 중 가장 즐겨 찾는 곳이다. 사우스 스트리트에서 한 블록 떨어져 편리한 위치에서 흥미로운 엽서, 오래된 사진, 중고 레코드판, 그리고 물론, 책을 팔고 있다. 이곳의 작고 허름한 공간에 속지 말자. 가게 뒷문을 열면 동굴 같은 방이 나오는데 그곳에는 책이 더 많다! 애서가의 꿈 같은 곳. 529 Bainbridge St, Philadelphia, PA 19147

ARTSTAR 상점 겸 갤러리인 ArtStar는 전 세계의 신예 아티스트가 직접 제작한 수준 높은 작품을 판매한다. 이곳은 매년 5월, 필라델피아 최대의 연례 야외 공예 축제인 Craft Bazaar도 주최한다. 623 North 2nd St, Philadelphia, PA 19123, www.artstarphilly.com

LOST & FOUND 합리적인 가격, 재미있는 스타일, 빈티지 및 현대 의류의 적절한 조합 때문에 Lost & Found는 내가 노스 3번 가(North 3rd Street)에서 즐겨 찾는 가게 중 하나이다(그런 곳들이 많다!). 133 North 3rd St, Philadelphia, PA 19106

WILBUR 유능한 큐레이터는 그저 그런 가게들의 바다에서 훌륭한 빈티지 숍을 구분 짓는 사람이다. 댄 윌버(Dan Wilbur)가 바로 이러한 도전을 하고 있으며, 아늑하고 정감 있는 공간에서 훌륭한 빈티지 의류 및 주얼리와 위탁품을 판다. 716 South 4th St, Philadelphia, PA 19147, www.wilburvintage.blogspot.com

READING TERMINAL MARKET 1892년 처음 열었을 때 Reading Terminal Market은 국내 최대의 실내 시장이었다. 오늘날에도 여전히 드넓고 분주한 곳으로 남아 국내외 농산품, 향신료, 수공예품, 책, 화분 등이 팔리고 있다. 나는 시장 내 Miller's Twist 에서 햄&계란&치즈 프레즐 롤업을 즐겨 먹는다. 이건 아침용 샌드위치이자 프레즐이다. 지금 당장 너무 먹고 싶어서 정신을 못 차리겠다. 12th St & Arch St, Philadelphia, PA 19107, www.readingterminalmarket.org

AIA BOOKSTORE AND DESIGN CENTER AIA Bookstore and Design Center에는 멋진 미술, 건축, 디자인 서적이 너무도 많은 데다가 Reading Terminal Market 및 Fabric Workshop and Museum 에서 한 블록도 안 떨어져 있으므로 산책 거리도 안 되는 구역에서 당신은 감당하기 힘들 정도의 시각적 & 정신적 자극을 받게 될 것이다. 1218 Arch St, Philadelphia, PA 19107, www.aiabookstore.com

HEADHOUSE FARMERS' MARKET 2번 가(2nd Street)의 자갈길만큼 길게 늘어진 지붕 아래 세워진 시장으로 주말에 운영된다. 2nd St & Lombard St, Philadelphia, PA 19147, www.thefoodtrust.org

필라델피아에는 예술에 관심을 둔 사람들을 위한 볼거리가 풍부하다. 모든 장소가 냉방이 되진 않지만, 까놓고 얘기하자. 솔직히 말해 유럽의 대부분도 마찬가지인데 사람들이 늘 몰려들지 않는가.

WAGNER FREE INSTITUTE Wagner Free Institute은 필라델피아 시민에게 무료로 과학 교육을 제공하고 있다. 흥미로운 건축, 유서 깊은 강연장, 박제로 영원히 보존되어 세심하게 분류된 동물 등을 감상해보자. 1700 West Montgomery Ave, Philadelphia, PA 19121, www.wagnerfreeinstitute.org

LANDMARK RITZ THEATRES 이토록 지척에 모였다는 사실이 이상할 수도 있겠다. 왠지 모르겠지만 필라델피아에는 Ritz Theatre 세 곳이 몇 블록 안에 있다. Ritz Five, Ritz at the Bourse, Ritz East는 독립 및 해외 영화에 대한 욕구를 충족시켜준다. **RITZ FIVE:** 125 South 2nd St, **RITZ EAST:** 214 Walnut St, **RITZ AT THE BOURSE:** 400 Ranstead St, Philadelphia, PA 19106

FLUXSPACE AT ART MAKING MACHINE STUDIOS 2007년 대학교 시절 친구 몇 명이 설립한 갤러리이다. 이들은 켄징턴의 창고 건물을 여러 칸의 작업실, 목공실 금속공예실, 갤러리로 탈바꿈했다. 다운타운에서 꽤 많이 걸어와야 하지만 좋은 공연 및 상영회, 다양한 행사가 벌어져 그럴 만한 가치가 있다. 3000 North Hope St, Philadelphia, PA 19133

FLEISHER ART MEMORIAL 지역 중심의 예술 기관으로 각계각층의 필라델피아 주민을 위해 강좌, 워크숍 및 전시를 운영한다. 로마네스크 양식을 재현한 아름다운 공연 시설을 꼭 둘러보자. 719 Catharine St, Philadelphia, PA 19147

AMERICAN PHILOSOPHICAL SOCIETY MUSEUM 260년도 이전에 설립된 박물관이면서 최근에 생긴 현대미술 전시관이다. 그 외에도 오래된 지도, 서적, 필사본, 기타 과학 표본, 진품을 전시한다. 정말이지 흥미진진한 경험이 될 것이다. 104 South 5th St, Philadelphia, PA 19106, www.amphilsoc.org

EASTERN STATE PENITENTIARY 윌리 서튼 (Willie Sutton)과 알 카포네(Al Capone) 같은 사람들이 거쳐간 곳으로, 이제는 수용소나 (놀랍게도) 현대미술에 관심 있는 사람들이 즐겨 찾는 명소가 되었다. 매년 이곳은 환경 미술 작품을 위해 공간을 내어준다. 2027 Fairmount Ave, Philadelphia, PA 19130, www.easternstate.org

THE PIAZZA AT SCHMIDT'S AND LIBERTIES WALK 비교적 최근 붐비기 시작한 두 곳으로 갤러리, 상점, 식당 등이 과잉 공급되어 있으며 노립스에 있다. Piazza 중앙에는 자갈이 깔린 넓은 공간이 있고 무대와 대형 LED 스크린이 있어 스포츠부터 예술 영화까지 다양한 콘텐츠를 보여준다. 거대한 TV가 가미된 필리에서의 로마 체험이라 하겠다. North 2nd St, Girard와 Poplar 사이, www.atthepiazza.com

THE FABRIC WORKSHOP AND MUSEUM 필리 예술계에서 유명한 Fabric Workshop의 핵심 목표는 "새로운 재료와 새로운 방식으로 새로운 작품"을 창조해내는 것으로, 매우 혁신적인 현대미술 작품을 감상할 수 있는 곳이다. 내가 가장 좋아했던 작품은 트리스틴 로베의 펠트로 제작한 실물 크기 고래였는데, 따개비 등 디테일이 모두 살아있는 작품이었다. 1214 Arch St, Philadelphia, PA 19107, www.fabricworkshopandmuseum.org

THE CRANE ARTS BUILDING 2004년에 설립된 Crane에는 예술가 스튜디오가 많다. 거대한 Ice Box Gallery와 흥미로운 행사를 여는 장소들도 있다. 건물 자체도 무척 근사하다. 웹사이트에서 사진을 확인해보라. 나는 이곳에서 살고 싶기까지 하다. 400 North American St, Philadelphia, PA 19122, www.cranearts.com

내가 필리를 사랑하는 이유 중 하나는 바로 자전거 이용이 편리하는 점이다. 200마일이 넘는 자전거로와 50마일 이상의 산책로를 바탕으로, 2008년 미국 통계청 조사에 따르면 필라델피아는 국내 대도시에서 인구당 자전거 출퇴근자 비율이 가장 높은 도시이다. 일반적인 도로 이용 규칙들이 적용되는데, 인도에 진입하지 말 것, 야간에 5번 가(5th Street) 터널을 지날 때면 소리 지를 것 등이다. 내 말을 믿어도 좋다.

PENN TREATY PARK 피쉬타운 끝자락의 델라웨어 강(Delaware River) 둔치에 자리 잡은 펜 트리티 공원에서는 풍부한 햇살, 그늘, 구불구불한 언덕과 뉴저지(New Jersey)의 전경이 펼쳐진다. 무엇이 더 필요할까?

FAIRMOUNT PARK 무려 9,200에이커에 이르는 페어몬트 공원은 세계 최대의 도시 공원이다. 이곳은 63곳의 동네 및 지역 공원, 필라델피아 동물원, 야외 조형물, 거대한 미술관(그렇다. 필라델피아 미술관 Philadelphia Museum of Art이 여기 있다)을 포함한다. 넓디 넓은 곳.

WISSAHICKON CREEK PARK 페어몬트 공원의 일부이기는 하지만 독립적으로 다룰 만한 가치가 있다. 공원을 가로지르는 주요 도로는 포비든 드라이브(Forbidden Drive)라고 불리는데, 위사힉콘 크리크 (Wissahickon Creek)를 따라 나란히 운치 좋게 뻗은 넓은 자갈길로, 차량 진입은 금지되어 있다(길 이름처럼). 달리는 사람, 자전거를 타는 사람, 산책을 즐기는 가족들이 많다. 포비든 드라이브는 여러 하이킹 코스와도 이어지며 사랑스러운 Valley Green Inn에도 닿는다.

LIBERTY LANDS PARK 노던 리버티즈 주민 협의회(Northern Liberties Neighbors Association)에서 운영하는 리버티 랜즈 공원은 여름철이면 화요일 저녁마다 무료 상영회와 다양한 볼거리 및 즐길 거리로 활기차다. 700 North 3rd St, Philadelphia, PA 19123

RITTENHOUSE SQUARE 리튼하우스 스퀘어는 보다 작은 규모의 녹지이다. 넓이보다는 분위기가 핵심이 되는 곳. 필라델피아에서 가장 좋은 지역의 한복판에 자리한 이곳은 친구들을 만나 분수가에서 피크닉을 즐기기에도 좋다. 여름이면 무료 콘서트 프로그램이 운영된다. 수요일 밤 일찍 도착해서 담요와 간식을 펼치고 (이상하리만치 점잖은)군중과 함께할 마음의 준비를 하자. 18th St & Walnut St, Philadelphia, PA 19103

.phx
JON ASHCROFT'S
(PHOENIX)

애리조나주 피닉스 - 존 애쉬크로프트

PHOENIX, ARIZONA BY JON ASHCROFT

'태양의 계곡(Valley of the Sun)'으로 알려진 피닉스와 그 주변 지역은 산맥과 낮은 사막이 깔린 자연 한가운데에 마치 섬처럼 떠 있는 사람들의 거주지이다. 서로 연결된 도시들로 피닉스 외에 스코츠데일(Scottsdale), 템피(Tempe), 챈들러(Chandler), 메사(Mesa), 길버트(Gilbert), 피오리아(Peoria) 외 작은 마을들도 있다. 이 모든 곳이 현재 급격히 성장 중인 메트로폴리탄 지역을 이룬다. 피닉스 중심부, 템피, 스콧츠데일 위주로 소개하는 이유는 이 지역들에서 내가 생활하고, 놀고, 일하기 때문이다.

사람들은 피닉스를 말도 안 되게 더운 곳으로 상상하곤 한다. 이건 사실(정말이지 사실이다) 이지만 일년 중 넉 달 동안만 해당된다. 나머지 기간의 날씨는 환상적이다. 겨울은 온화하고 매일 저녁 숨이 멎을 듯한 석양이 펼쳐진다. 지리적으로 고립되어 생기는 장점 중 하나는 드넓은 대자연으로 둘러싸인다는 점이다. 도시의 문턱을 넘기만 하면 세계적인 산악자전거 및 하이킹 코스, 산악 등반 코스와 캠핑지가 나타난다. 두어 시간이면 피닉스의 도시환경에서 벗어나 그랜드캐니언(Grand Canyon), 플래그스태프(Flagstaff)의 산들, 세도나(Sedona)의 바위산과 마주할 수 있다. 이러한 요소들로 인해 피닉스는 도시 생활을 즐기면서도 황홀한 자연의 혜택을 포기하지 못하는 사람들을 위한 완벽한 선택지다.

하지만 피닉스의 문화계는 정체성의 위기를 겪고 있다. 다양성과 가능성 양 측면에서 문화적 핵심 동력이 결여된 상태이다. 그렇기는 해도 점차 바뀌는 중이라고 나는 믿는다. 기술 산업의 번영은 예술/디자인 산업에서의 기회를 의미한다. 피닉스는 창조적인 일을 하는 나 같은 젊은이들이 아주 좋아하는 도시 중 하나가 되었으며 문화 산업이 새롭게 일어남에 따라 점점 더 성장해 나가고 있다. 또 도시의 팽창 속도는 늦추면서 대신 다운타운 및 인구 밀집 지역의 부활을 일구고 있다. 최근 지역사회와 창의성에 대해 관심이 집중되기 시작한 피닉스가 다음 십여 년간은 잿더미를 털고 일어나 높이 솟아오르며 문화의 수도가 될 것이라고 굳게 믿는다.

THE CLARENDON HOTEL

미드타운 박물관 지구(Midtown Museum District)에 있는, 세련되고 현대적인 호텔. 오아시스 풀은 이탈리아 모자이크와 수천 개의 LED로 장식되어 있어 마치 밤하늘처럼 보인다. 하지만 이 호텔의 하이라이트는 꼭대기 층의 바 겸 라운지로, 피닉스 스카이라인을 한눈에 볼 수 있는 탁 트인 경관을 자랑한다. 숨 막히듯 펼쳐지는 애리조나의 석양을 감상하기에 최고인 장소. 401 West Clarendon Ave, Phoenix, AZ 85013, www.goclarendon.com

HOTEL VALLEY HO 다운타운 스캇츠데일

(Scottsdale)의 수많은 갤러리, 상점, 고급 식당에 둘러싸여 있다. 호텔 자체는 세기 중반 근대건축의 훌륭한 사례이다. 1956년에 건설되었으며 2005년에 복원되어 레스토랑, 스파, 그리고 캐멀백 산(Camelback Mountain)의 경치가 파노라마로 보이는 통유리창이 생겼다. 가격대가 높지만 당신이 그 시대의 양식을 좋아한다면 그만한 값을 할 것이다. 6850 East Main St, Scottsdale, AZ 85251, www.hotelvalleyho.com

MARICOPA MANOR 역사 깊은 노스

센트럴 피닉스(North Central Phoenix) 지역의 중심에 자리한 독특한 B&B. 옛날식 주택 네 채로 구성된, 성곽 마을의 축소형 같은 곳이다. 아주 안락하며 새로 생긴 전철역과 다운타운까지 가깝다. 15 West Pasadena Ave, Phoenix, AZ 85013, www.maricopamanor.com

CORNISH PASTIES CO 나는 패스티(고기와 채소를 넣은 파이류)를 이곳에서

처음 먹어봤는데, 그 바삭한 파이를 한 입 베어 문 순간부터 사랑에 빠졌다. CornishPasty Co는 땅콩버터&젤리부터 양고기 빈달루까지 온갖 재료로 속을 채워 패스티를 맛있게 만들어낸다. 탄광 콘셉트의 인테리어와 구식 교회 의자로 꾸민 분위기도 좋다. 1941 West Guadalupe, Suite 101, Mesa, AZ 85202, www.cornishpastyco.com

THE ORANGE TABLE 동료들도 나도 좋아하는 곳. 긴장을 풀고 쉴 수 있는

여유로운 분위기가 흐른다. 이곳 샌드위치와 버거류는 크고 맛도 있다. 강력히 추천한다. 7373 East Scottsdale Mall, Scottsdale, AZ 85251

MATT'S BIG BREAKFAST Matt's Big Breakfast는 옛날식 식당으로 단순함과

고품질을 유지하려 노력한다. 다운타운 피닉스 중심에 위치한 작은 공간에서 신선하고 질 좋은 재료로 요리한다. 너무 별난 것을 기대하고 오면 안 된다. 기본에 충실하면서도 할머니들보다 맛있게 요리하는 곳이다. 801 North 1st St, Phoenix, AZ 85004, www.mattsbigbreakfast.com

GALLO BLANCO CAFE 아주 세련된 Clarendon Hotel(Stay 섹션 참조)에 자리한 카페 겸 바는 타코로 유명하다. 나머지 메뉴도 결코 실망스럽지 않다. 현대적인 인테리어와 미술품들이 만족감을 더해줄 것이다. 401 West Clarendon Ave, Phoenix, AZ 85013, www.galloblancocafe.com

CAROLINA'S MEXICAN FOOD 심약한 사람들에게는 적합하지 않은 식당. 이곳으로 가려면 시내에서 가장 위험한 지역을 통과해야 하는 데다 도착해서 마주하는 건물은 총탄 구멍이 숭숭 뚫려 있을 테니까. 실내라고 상황이 낫지 않으며 깨끗하지도 않다. 당신은 "그럼 왜 거기까지 가서 먹어야 하죠?"라고 질문할 것이다. 대답은 이곳 간판에 써 있다. "시내 최고의 토티야". 그리고 이것은 결코 거짓이 아니다. 맛있는 멕시칸 재료를 가득 채운 토티야로 대회에서 우승까지 했으며 가격도 무척 저렴하다. 그래서 항상 붐빈다. 재미 넘치는 곳. 1202 East Mohave St, Phoenix, AZ 85034, www.carolinasmex.com

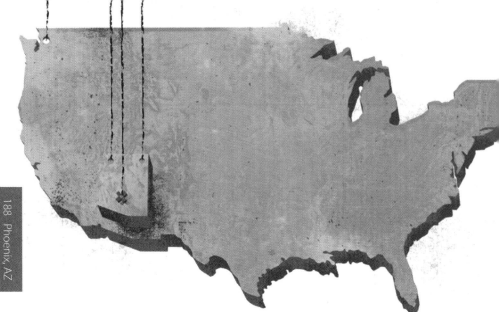

DRINK

THE LOST LEAF 루즈벨트 예술구역
(Roosevelt Arts District)에 있는, 별 특징
없는 1920년대 방갈로인 The Lost Leaf는
내가 참 좋아하는 술집 중 하나다. 바는 현지
밴드의 공연장뿐 아니라 수수료를 받지 않은
채 갤러리 역할도 하면서 현지 아티스트의
작품을 전시해준다. 매주 목요일 밤에는
재즈를 연주한다.
914 North 5th St, Phoenix, AZ 85004,
www.thelostleaf.org

CASEY MOORE'S OYSTER HOUSE
Casey Moore's, 또는 현지인들이 쉽게
Casey's라 부르는 이곳은 애리조나 주립
대학과 인접하여 나무들이 줄지어 선 템피
지역에 있다. 넓은 테라스에 놓인 테이블은
애리조나의 시원한 밤을 만끽하며 쉬기에
좋다. 바에서 나오는 생맥주가 다양하고,
이곳 굴 요리도 아주 맛있다고 한다.
850 South Ash Ave, Tempe, AZ 85281,
www.caseymoores.com

THE ROSE AND CROWN 내가 즐겨 찾는 곳으로,
센트럴 피닉스 내 헤리티지 스퀘어(Heritage Square)
에 있다. 맞은편에는 유명한 Pizzeria Bianco가 있다.
전철역부터 걸어갈 만한 거리이다. 당구대, 콘홀 세트,
주크박스와 가게 앞 테라스는 수많은 특징 중 일부에
불과하다. 한편, 음료가 그리 싸지는 않고 테라스가
너무 붐빌 때가 있다.
628 East Adams St, Phoenix, AZ 85073,
www.myspace.com/roseandcrownpub

THE ROOSEVELT TAVERN 나는 번화가에 있는
곳들보다 이곳처럼 동네에 자연스럽게 스며든 바를
좋아한다. 루즈벨트 예술구역에 있는데 잘 모르면 그저
주거용 방갈로로 오해하고 지나치기 쉽다. 바 분위기는
유쾌하고 편안하며 현지 수제 맥주와 부티크 와인이 꽤
괜찮다. 816 North 3rd St, Phoenix, AZ 85004

FOUR PEAKS BREWERY 내 음주 역사를 통틀어
가장 좋아하는 맥주인 Kilt Lifter Scottish-Style Ale을
창조해낸 곳이라 특히 애착이 간다. 맥주 외에 요리도
맛이 좋은데 그린 칠리 치즈버거는 시내에서 제일이다.
유일한 단점이라면, 이 사실을 누구나 알아서 30분
이상 줄을 서야 들어갈 수 있다는 것이다. 1340 East
8th St, Tempe, AZ 85281, www.fourpeaks.com

BUNKY BOUTIQUE 'Bunky'라는 말이 무슨 뜻인지는 몰라도 이 작고 멋진 가게에 왠지 어울린다. 다운타운 피닉스 내 Roosevelt Tavern 옆에 자리하며 의류, 장신구, 수공예품들을 엄선해 판매하는 곳이다. 직원들이 상냥하고 노래도 좋아서 쇼핑하기 즐거울 것이다. 812 North 3rd St, Phoenix, AZ 85004, www.bunkyboutique.com

MACALPINES 1920년대 약국으로 들어가면 이 레트로 스타일의 소다 바/레스토랑/빈티지 상점이 나올 것이다. 레스토랑에 바가 있고 그 안쪽 방에는 빈티지 가구, 의류, 장신구, 레코드판들이 가득하다. 모든 가격이 그리 부담스럽지 않은 수준이다. 직원들은 아주 멋진 빈티지 의상을 입고 있으며 당신이 몰트 셰이크를 마시는 동안 스피커에서는 옛날 명곡이 줄줄이 흘러나올 것이다. 2303 North 7th St, Phoenix, AZ 85006, www.macalpines1928.com

FRANCES Frances는 센트럴 피닉스에 있는 작지만 알찬 빈티지 상점으로, 주인의 할머니 이름을 따서 지어졌다. 여성 의류가 대부분인 데다 빈티지 드레스, 핸드백, 주얼리 등이 많아 나의 아내가 빠져든 가게다. 이외에도 남성 의류와 근사한 문구류, 레트로 전자 기기 등이 있다. 10 West Camelback Rd, Phoenix, AZ 85013, www.francesvintage.com

DOWNTOWN PHOENIX PUBLIC MARKET Downtown Phoenix Public Market은 점차 성장하는 프로그램으로, Community Food Connections에 의해 운영된다. 싱싱한 현지 농작물 및 식료품을 구매할 수 있다. 분위기가 좋고 자전거나 전철로 오가기도 쉽다. 14 East Pierce/721 North Central, Phoenix, AZ 85004, www.foodconnect.org/phoenixmarket

BARDS BOOKS 피닉스에서 살아남은, 몇 안 되는 독립 서점 중 하나. 이곳만의 개방적이고 지역 중심적인 분위기 덕분에 유지될 수 있었다. 단순한 유통 할인점에서 벗어나 워크숍이나 낭독회 등 다양한 행사를 주최해 주민 센터의 역할까지 한다. 신간 및 중고 서적이 골고루 잘 구비되어 있다. 3508 North 7th St #145, Phoenix, AZ 85014, bardsbooks.com

STINKWEEDS RECORD EXCHANGE 독립 레코드점으로 20여 년째 이 지역의 음악적 열망을 채워주고 있다. 신작 및 중고 CD, LP, 도서, 잡지 등을 다양하게 갖추었다. 오랜 세월 동안 모든 음악 팬을 위한 중추로서 자리매김했다. 현지 밴드의 공연 티켓을 판매하고 직접 공연을 주최하기도 한다. 12 West Camelback, Phoenix, AZ 85013, www.stinkweeds.com

SHOP

THE ICEHOUSE 콘스터블(Constable)이라는 얼음 저장고는 캘리포니아의 농산물을 동부 해안까지 운반하는 데 이용되는 얼음 블록 300파운드를 생산하기 위해 1910년에 지어졌다. 이후에는 경찰이 범죄 사건의 증거를 보관하는 곳으로 이용했다. 최근에는 예술 센터로서 여러 행사와 대규모 전시를 연다. 붉고 오래된 벽돌이 공간 분위기를 완성해준다. 429 West Jackson St, Phoenix, AZ 85003, www.theicehouseaz.com

PHOENIX ART MUSEUM 1959년 문을 연 Phoenix Art Museum에서는 순회 전시뿐 아니라 세계적인 소장품으로 이루어진 상설 전시도 열린다. 내가 좋아하는 소장품은 이곳 창립 이사인 필립 커티스(Phillip C Curtis)가 초현실적으로 그린 빅토리안 테마의 회화 작품이다. 1625 North Central Ave, Phoenix, AZ 85004, www.phxart.org

TEMPE CENTER FOR THE ARTS 템피 타운 레이크(Tempe Town Lake) 수변에 자리한 아트 센터. 아름다운 건물은 템피에 있는 건축사무소 Architekton과 상을 받았던 Barton Myers Associates가 설계했다. 불규칙한 도형들로 덮인 지붕은 유리 외벽 위로 치솟아 있다. 저물녘 호수에 반사되는 모습은 숨 막힐 정도이다. 건물에서 진행되는 콘텐츠도 훌륭하다. 템피 심포니 오케스트라의 공연과 연극, 기타 문화 행사를 경험할 수 있다. 700 West Rio Salado Pkwy, Tempe, AZ 85281, www.tempe.gov/tca

VALLEY ART THEATRE 상영관이 하나뿐인 고전적인 스타일의 영화관으로, 활기 넘치는 밀 애비뉴(Mill Avenue)에 있다. 독립영화 및 예술영화 상영 외에도 시 낭독회나 코미디 쇼 등 여러 공연이 펼쳐진다. 구내 바 수준도 최고이다. 509 South Mill Ave, Tempe, AZ 85281, www.millavenue.com

FRACTAL PHOENIX 다운타운의 옛 파이 공장 건물에 자리한 다용도 공간. 프리랜스 디자이너에게 시간제로 임대하는 작업실과 멀티미디어 갤러리, 불우한 청소년들을 위한 디자인 멘토링 센터, 지역 자전거 동호회, 사회 봉사 센터, 친구들과 만나 놀 수 있는 곳 등으로 이용된다. 방문할 때마다 즐겁고 보람 있다. 1301 Northwest. Grand Ave, Phoenix, AZ 85007, www.fractalphoenix.com

THE MONORCHID 1937년 세워진 창고를 개조한 곳으로, 센트럴 피닉스 예술구역 한복판에 있다. 드넓은 공간은 노출 목재 트러스와 공장식 인테리어, 그리고 이 지역에서 가장 혁신적인 전시로 채워져 있다. 이외에 작가들이 입주해 공동으로 창작하는, 독특한 로프트도 있다. 214 East Roosevelt St, Phoenix, AZ 85004, www.monorchid.com

THE EYE LOUNGE 현대미술 공간으로 예술인 단체가 운영한다. 유명 작가 외 신인들의 작품까지 볼 수 있는 유명 갤러리이다. 지척에 식당 및 바가 많아 저녁 나들이로 문화생활을 곁들일 수 있어 더욱 좋다. 419 East Roosevelt St, Phoenix, AZ 85004

FIRST FRIDAY ART WALK 첫 째주 금요일 밤마다 진행되는 셀프 가이드 예술 나들이. 이런 행사로는 최초로 생겨나 여전히 최대 규모를 자랑한다. 기회가 된다면 꼭 한번 경험해보라. 다운타운 내 많은 거리에서 차량이 통제되며, 수십 군데 갤러리가 개방되고, 길거리 상인들은 핫도그부터 유화까지 온갖 것을 판다. www.artlinkphoenix.com

MILL AVENUE DISTRICT 다운타운 템피 또는 밀 애비뉴는 지역에서 유흥지가 가장 활발하게 형성된 지역이다. 애리조나 주립대 본교 캠퍼스, 템피 타운 레이크(Tempe Town Lake), 비치 파크(Beach Park) 에 인접한 밀 애비뉴에는 레스토랑, 바, 클럽, 상점과 거리 음악가들이 즐비하다. 전철로 피닉스와 메사 사이를 쉽게 오갈 수 있다. www.millavenue.com

FRANK LLOYD WRIGHT ARCHITECTURAL TOUR 프랭크 로이드 라이트(Frank Lloyd Wright) 는 노년을 태양의 계곡에서 보냈으며 이곳 도처에 뛰어난 건축 작품을 남겼다. 개중 탈리신 웨스트(Taliesin West)가 최고의 작품일 것이다. 1937 년 건설된 이 건물은 프랭크 로이드 라이트의 겨울 집이자 작업실이며 건축 대학이었다. 현재는 프랭크 로이드 라이트 재단 본부로 이용되는데, 그의 작업을 방대하게 아우르는 소장품을 갖추고 있어 그의 주택, 교회, 공공건물 등을 둘러보기 위한 출발점으로 좋다. 건물 관람은 무료이니 드라이브하며 전부 둘러보는 것도 괜찮겠다. 12621 Frank Lloyd Wright Blvd, Scottsdale, AZ 85259, www.franklloydwright.org

LOVE IT OR LEAVE IT

BRIAR LEVIT'S
PORT
LAND

ALSO KNOWN AS: STUMPTOWN, CITY OF ROSES, BRIDGE TOWN, RIP CITY, P-TOWN, *AND* P

오리건주 포틀랜드 - 브라이어 레빗

PORTLAND, OREGON BY BRIAR LEVIT

포틀랜드는 자전거 통근, 자연과 벗하기, 예술 작품 활동, 지속 가능한 삶의 방식 등 가치 있는 일을 실천하는 사람들의 도시이다. 포틀랜드의 인구는 꾸준히 증가하는데 이는 캘리포니아나 뉴욕 같은 곳은 젊은 층이나 예술계 종사자들이 살기에는 돈이 너무 많이 들기 때문이다. 이곳에서는 적은 수입으로도 안락한 생활을 해나가면서 개인 작업(음악, 미술, 환경, 사회운동 등)을 할 수 있다. 이곳의 거의 모든 사람이 본업 외에 창의적인 일도 하고 있다.

포틀랜드(정식 명칭 외에도 PDX, 장미의 도시, 스텀프타운Stumptown, 농구 팬들에게는 립시티 Rip City로도 알려져 있다)는 1841년 세워진 후 끊임없이 성장해왔으며, 특히 경제활동이 항구를 중심으로 이루어지던 세계대전 시기에 크게 발전했다(당시 북서부 지방 유일의 항구도시였다). 1970년대에 이르러 포틀랜드는 내부 인프라 구축에 힘썼고 대중교통, 공원, 주택지 재개발 등 오늘날 우리가 누리고 있는 혜택에 투자를 많이 했다.

지형적으로 포틀랜드는 강을 끼고 있다. 시내의 다섯 개 구역 모두 윌래메트강(Willamette River)과 연결된다. 시내 전체를 보면 윌래메트강을 사이에 두고 동서로 번사이드스트리트 (Burnside Street)를 둔 채 남북으로 나뉜다. 다운타운 지역(남서쪽)과 최근 개발된 펄디스트릭트 (Pearl District, 북서쪽)는 예전부터 대부분의 갤러리와 식당이 몰린 곳이지만 최근 강 동쪽의 허름한 지역이 썩 고급스럽지 않아도 더 편하고 즐거운 대안이 되면서 분위기가 점차 바뀌고 있다.

창조 산업에 대한 투자는 포틀랜드의 도시적 매력이 지속적으로 개발되고 변화 중임을 의미하지만, 도시를 둘러싼 자연만은 항상 예외였다. 몇 분만 이동하면 포레스트파크(Forest Park)의 깊은 숲속으로 파고들고, 30분만 운전해 가면 두 강이 만나는 컬럼비아강 협곡(Columbia River Gorge)에 도착한다. 이곳에는 폭포와 많은 하이킹 코스가 있다. 조금 더 멀리 간다면(90분 정도) 바닷가에 닿을 것이다. 같은 거리를 동쪽으로 이동하면 웅장한 후드산(Mount Hood, 포틀랜드의 어디에서나 보이는 산)이 나타날 것이다. 이외에도 상상 이상으로 훨씬 많은 호수, 스키장, 하이킹 코스가 있다. 포틀랜드와 그 주변은 북서부 태평양 연안의 레크리에이션 천국이라 할 만하다.

ACE HOTEL Ace Hotel은 포틀랜드 예술계의 성장을 보여주는 상징이라 할 수 있다. 각 객실에는 현지 아티스트가 그린 벽화와 턴테이블이 있으며 태평양 연안 북서부만의 디자인 감각이 뚜렷하다. 호텔에 있는 식당 Clyde Common(Eat섹션 참조)의 요리는 맛이 좋고 갤러리 The Cleaners에서는 매주 새로운 전시를 개최한다. 1022 Southwest Stark St, Portland, OR 97205, www.acehotel.com/portland

JUPITER HOTEL 강 건너편에 자리한 Jupiter Hotel은 기존의 도심 호텔에 대한 훌륭한 대안이 될 것이다. 같은 단지에 Doug Fir Lounge라는 시내 최고 수준의 음악 공연장과 바가 있어 로큰롤 여행자라면 반드시 들러야 할 곳이다. 현대적인 통나무집을 상상하면 된다. 800 East Burnside St, Portland, OR 97214, www.jupiterhotel.com

HOTEL DELUXE 보다 고급스러운 호텔을 체험하고 싶다면 아르데코 양식의 Hotel Deluxe를 추천한다. 호텔 웹사이트에는 "할리우드 영화 제작의 황금기에 바치는 현대적인 헌사"라고 표현되어 있다. 특히 호화로운 호텔 바 Driftwood Room은 들어설 때마다 시대를 거스르는 듯하다. 729 Southwest 15th Ave, Portland, OR 97205, www.hoteldeluxeportland.com

THE KENNEDY SCHOOL The Kennedy School은 시내 각지의 버려진 건물을 사들여 호텔, 바, 극장 등으로 개조하는 집단인 맥메나민스(McMenamins)가 진행한 프로젝트 중 하나다. 이 호텔은 원래 초등학교였다. Honors Bar와 Detention Bar 중 마음에 드는 바를 하나 골라서 음료를 한잔하거나 수영장에서 수영해도 좋고, 학생 식당 자리에 지어진 안뜰의 레스토랑에서 식사를 만끽해도 좋다. 5736 Northeast 33rd Ave, Portland, OR 97211, www.kennedyschool.com

LE HAPPY 자칭 '오리지널 포틀랜드 프렌치 스타일' 레스토랑. 개인적으로는 타 도시에서 방문한 사람들을 즐겨 데려가는 곳이다. 조명이 은은하고 규모가 작은 이 레스토랑은 새벽 2시 30분까지 맛있는 크레페를 제공한다. 특히 생크림과 염소치즈로 가득 채운 Faux Vegan 또는 베이컨과 체다치즈로 만든 Le Trash와 Pabst Blue Ribbon 맥주의 조합을 추천한다. 1011 Northwest 16th Ave, Portland, OR 97209, www.lehappy.com

BEAST 포틀랜드에 점차 증가하는 젊은 주방장 소유의 레스토랑 중 하나인 Beast는 추측 가능하겠지만 육류에 초점을 맞춘 여섯 코스짜리 정식으로 크게 성공했다. 좌석은 여러 손님이 함께 앉도록 되어 있으며 요리는 테이블 앞에서 마련된다. 독특한 경험이 될 것이다. 5425 Northeast 30th Ave, Portland, OR 97211, www.beastpdx.com

FOOD CARTS 길거리 음식이 국내에서 유행하지만 이 이동식 식사 방식만큼은 포틀랜드에서 부흥했다. 타코나 햄버거를 파는 트럭도 흔하나 이외에 터키부터 하와이와 페루에 이르는 여러 환상적인 요리를 길에서 만날 수 있다. 개별 이동차는 여기저기에 들꽃처럼 생겨나지만 여러 메뉴에서 고르고 싶다면 SW 10th Street & Alder Street 또는 SW 5th& Stark Street를 찾아가보자. www.foodcartsportland.com

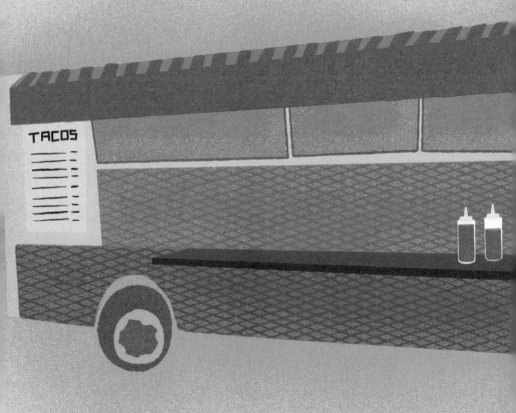

BLOSSOMING LOTUS 건강을 열심히 관리하는 이들에게 채식주의 생식만 제공하는 Blossoming Lotus를 추천한다. 나는 잡식성이라 처음에 그리 기대하지 않았으나 식사를 단 한 번 하고는 이곳과 사랑에 빠졌다. 풍미 가득한 수프, 'Live' 피자와 파스타, 생과일 주스 및 스무디는 휴가철에 섭취한 기름진 음식에서 당신을 해방시켜줄 것이다. 깔끔하고 현대적인 분위기도 음식만큼 새롭다. 1713 Northeast 15th Ave, Portland, OR 97212, blpdx.com

FARM 포틀랜드 최초로 유기농 농작물을 산지에서 식탁까지 직접 전달하기 시작한 식당 중 하나로, 명소가 되었다. 편안하고 아늑한 공간은 우아한 요리 연출과 대조된다. 메뉴는 계속 바뀐다. 사랑할 수밖에 없는 곳. 10 Southeast 7th Ave, Portland, OR 97214, www.thefarmcafe.com

PINE STATE BISCUITS 몹시 인기 있고 몹시 협소한 Pine State Biscuits는 정이 듬뿍 담긴 버터밀크 비스킷 샌드위치를 만든다. 단순한 계란&치즈 비스킷부터 표고버섯 그레이비 비스킷까지, 다양하지는 않아도 모두를 만족시킬 메뉴가 준비되어 있다. 3640 Southeast Belmont St, Portland, OR 97214, www.pinestatebiscuits.com

POK POK 태국 음식점이 즐비한 포틀랜드지만(정말이지 맛있는 태국 음식점이 많다) Pok Pok은 그 중에서도 두드러지는 곳이다. 한 가지 말해두자면, 미국에서 인기 있는 팟타이 같은 메뉴를 기대하지 말라. 이곳 음식은 동남아의 가정과 거리에서 찾을 수 있는 정통 요리다. 인테리어가 안락하고 여유로운 이곳은 실제로 주방장의 집이다. 3226 Southeast Division St, Portland, OR 97202, pokpokpdx.com

KENNY & ZUKES Ace Hotel에서 한 블록 떨어진 Kenny & Zukes는 군침 돋게 하는 뉴욕 스타일 샌드위치와 마음까지 따뜻해지는 수프, 팬케이크, 그리고 시내 다른 곳에서는 찾기 힘든 달콤한 유대인식 델리 메뉴를 제공한다. 1038 Southwest Stark St, Portland, OR 97205, www.kennyandzukes.com

COURIER COFFEE ROASTERS Powell's Books와 Reading Frenzy에서 온종일 책을 구경한 후 허기진 배를 채우는 곳이다. 메뉴는 단순하지만 커피(이곳에서 원두를 볶아 자전거로 다른 카페들에 배달하기도 한다)와 홈메이드 채식주의 디저트가 참 맛있다. 923 Southwest Oak St, Portland, OR 97205, www.couriercoffeeroasters.com

CLYDE COMMON Ace Hotel과 연결된 레스토랑 겸 바로, 품격 있는 공간에서 미국 및 유럽 요리를 선보인다. 식도락가에게 기쁨을 안겨주는 곳. 1014 Southwest Stark St, Portland, OR 97205, www.clydecommon.com

THE BYE AND BYE 이곳은 스스로를 포틀랜드의 자전거 바로 구분짓는다. 그런 만큼 픽시 자전거가 가게 앞에 줄지어서 있다. 유행에 민감한 곳처럼 느껴질 수도 있지만 이 넓은 공간은 실제로 아주 느긋하며 시내에 몇 안 되는 완전 채식주의 바 중 하나이다. 채식주의자가 아니더라도 만족할 것이다. 1011 Northeast Alberta St, Portland, OR 97211

SARAVEZA 내가 최근 즐겨 찾는 곳! 이곳 주인은 위스콘신 주에서 이주해왔으며 이 중서부 지방의 한 모퉁이를 목재 패널과 빈티지 맥주 광고로 꾸며 놓았다. 분위기가 편안하고 친숙하다.벽에 줄지어선 냉장고에는 맥주 200여 종이 들어 있으며 포장해서 집으로 가져가도 된다. 1004 North Killingsworth St, Portland, OR 97217, www.saraveza.com

THE LIBERTY GLASS 진정한 포틀랜드식 바. 북적이는 미시시피 스트리트(Mississippi Street) 근처에 자리한 The Liberty Glass는 테라스에 의자가 놓이고 늙고 게으른 개도 한 마리 있는 오래된 분홍색 집이다. 맥앤치즈, 감자튀김, 트리스킷(Triscuit) 나초 등 엄청나게 맛있는 컴포트 푸드도 골라보자. 938 North Cook St, Portland, OR 97227

THE DOUG FIR LOUNGE Jupiter Hotel의 정원 맞은편에 있다. 통나무집-디스코 콘셉트의 안락한 공간에서 훌륭한 해피아워 식음료 메뉴를 제공한다. 830 East Burnside St, Portland, OR 97214, www.dougfirlounge.com

AMNESIA BREWING 미국의 대부분 도시처럼 포틀랜드에도 맥주 미식가들의 수제 맥주에 대한 욕구를 충족시키기 위한 소규모 양조장이 여기저기 들어서고 있다. Hopworks, Henry's, Dechutes처럼 일반적인 맥주를 만드는 곳이 대부분이지만, 보다 포틀랜드적인 경험을 원한다면 미시시피에서 쇼핑을 즐긴 뒤 Amnesia Brewing Company로 가서 이들의 홈메이드 맥주, 맛 좋은 소시지가 가득 담겨 나오는 안주 메뉴, 그리고 야외 식사를 즐겨보자. 832 North Beech St, Portland, OR 97227

HOLOCENE 자그마한 댄스 클럽으로, 깔끔하고 현대적인 디자인과 DJ 및 일렉트로닉 밴드의 음악이 특징적인 곳이다. 전반적으로 포틀랜드가 요즘 인기를 끄는 인디 록 분야에 집중하고 있는 만큼 이곳만의 색깔이 더욱 빛을 발한다. 1001 Southeast Morrison St, Portland, OR 97214, www.holocene.org

THE WONDER BALLROOM 중간 크기의 음악 공연장인 The Wonder Ballroom은 이 도시를 방문하는 유명 밴드들의 공연이 대부분 이루어지는 곳이다. 전 연령대가 모이니 10대 초반의 아이들과 부딪히지 않도록 조심하자. 128 Northeast Russell St, Portland, OR 97212, www.wonderballroom.com

GROUND KONTROL 내면의 게임광을 깨워줄 Ground Kontrol은 70, 80, 90년대를 주름잡던 빈티지 게임을 90여 종 모은 거대 오락실이다. 게다가 맥주까지 판다! 511 Northwest Couch St, Portland, OR 97209, www.groundkontrol.com

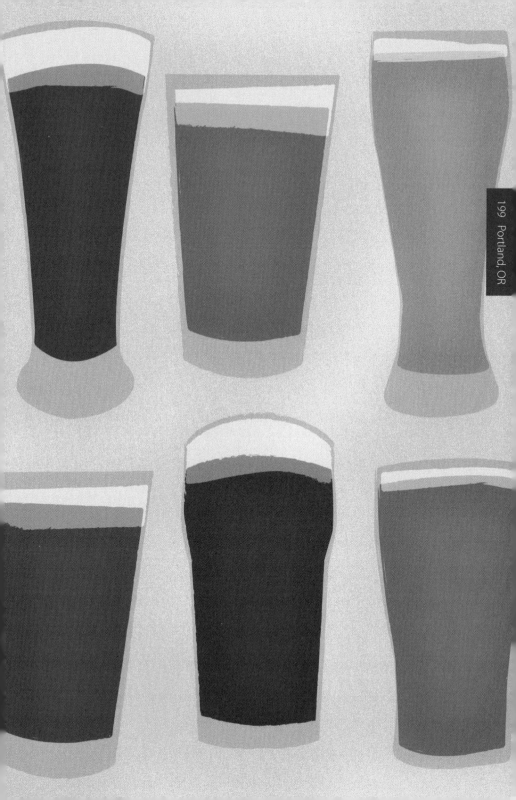

MISSISSIPPI 미시시피 거리 주변은 최근 개발되었다. 과거엔 조용한 주택가였지만 이제는 괜찮은 바와 레스토랑, 작은 상점 들이 들어섰다. 흥미로운 가게는 도시의 농부를 위한 꽃집 Pistils Nursery, 가장 모던하고 스타일리쉬한 섹스숍 She Bop(주인이 여성이다), 그리고 BuyOlympia.com 본사에 있는 Land Gallery 등이다. 참고로 BuyOlympia.com은 최초의 수공예 제품 온라인 쇼핑몰이다(Etsy보다 한참 전에 시작했다). North Mississippi St와 Fremont St 지역

23RD STREET 시내 북서부인 이 지역('trendy third'라고도 불린다)에는 보다 고급스러운 상점과 그리 위압적이지 않은 체인점(Kiehl's나 Restoration Hardware 등) 들도 있다. 흔치 않은 디자인의 옷과 선물을 구입하거나 즐겁게 점심 식사를 하기에 좋다. Northwest 23rd St & Burnside St에서부터 Thurman St까지

POWELL'S CITY OF BOOKS 다운타운에는 볼거리가 가득하지만 Powell's는 그중에서도 주요 방문지이며 포틀랜드에서 가장 인기 있는 곳이다. 신간과 중고 서적 모두를 취급하는 이 서점은 도시의 한 블록을 전부 차지한다. 매장 안내를 위한 지도까지 서점 앞에 설치했다. 그런데도 이곳이 대형 체인점은 아니다. Powell's 의 분위기가 독립적인 소유 및 운영 형태를 반영한다. Powell's를 둘러본 후 근처 Everday Music과 Reading Frenzy도 들렀다가 Couriers Coffee(Eat 섹션 참조)에서 간식을 먹어도 좋다. 1005 West Burnside, Portland, OR 97209, www.powells.com

HAWTHORNE 호손 거리(Hawthorne Street)에서는 다양한 쇼핑이 가능하지만 빈티지 의류와 생활용품 쪽으로 특히 괜찮은 편이다. 나는 집의 절반 이상을 Hawthorne Vintage, Lounge Lizard, House of Vintage 에서 산 저렴한 물건들로 채웠다. 의류를 구입하려면 Red Light Clothing Exchange와 Buffalo Exchange를 추천한다. 중고 및 새 음반은 Jackpot Records에서 찾을 수 있을 것이다. 마지막으로 다운타운의 Powell's City of Books에서 만족하지 못했다면 이곳에도 지점이 있고, 집 꾸미기와 정원 관련 책만 파는 서점도 있다. Southeast Hawthorne & 39th Ave

TOGETHER GALLERY 작고 매력 있는 작가 운영 갤러리. 태평양 연안 북서부에서 주목받는 작가들의 작품을 주로 전시한다. 2916 Northeast Alberta St, Portland, OR 97211

CRAFTY WONDERLAND 작은 행사로 시작된 Crafty Wonderland는 점차 확대되고 성장하여 오늘날 현지 아티스트와 디자이너들의 수제작 제품을 파는 대규모 행사가 되었으며 1년에 두 번씩 열린다. 문구류, 주얼리, 의류 등 모든 것을 찾을 수 있다.

READING FRENZY 미국 최초로 잡지를 팔기 시작한 곳 중 하나인 Reading Frenzy는 수많은 잡지 애호가와 디자이너들에게 역사적인 곳이다. 서적 및 잡지, 현지에서 제작된 공예품 판매하는 데다 벽을 갤러리로 활용한다. 훌륭하면서도 놀라울 만큼 저렴한 작품을 살 수 있는 기회를 놓치지 말자. 921 Southwest Oak St, Portland, OR 97205, www.readingfrenzy.com

CONTEMPORARY MUSEUM OF CRAFT 1937년에 개관한 Contemporary Museum of Craft는 최근 다운타운 중심지 최신식 공간으로 옮겼다. 이 기관은 공예라는 행위의 지평을 지속적으로 넓혀 가고 있다. 724 Northwest Davis St, Portland, OR 97209, museumofcontemporarycraft.org

GRASS HUT 작가가 운영하는 소규모 갤러리 Grass Hut은 예술 서적과 잡지, 사진, 그리고 작품 원본(매달 기획전이 열린다)을 구매할 수 있는 멋진 곳이다. The Doug Fir Lounge와 Jupiter Hotel 맞은편이라 위치가 찾아가기 편리하다. 811 East Burnside, Portland, OR 97214

PORTLAND ART MUSEUM Portland Art Museum은 서부 해안에서 가장 오래된 박물관이다. 북미 원주민 예술품과 영국 은공예 및 시각예술 분야에서 훌륭한 소장품을 갖추고 있다. 1219 Southwest Park Ave, Portland, OR 97205, www.pam.org

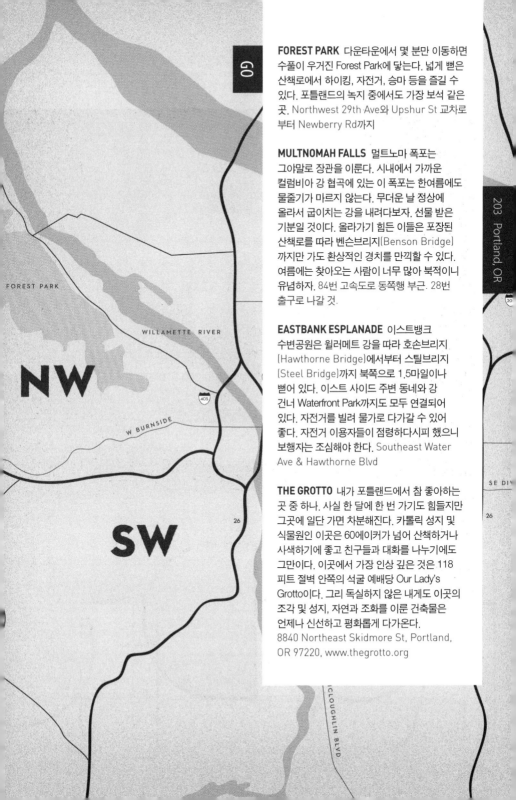

FOREST PARK 다운타운에서 몇 분만 이동하면 수풀이 우거진 Forest Park에 닿는다. 넓게 뻗은 산책로에서 하이킹, 자전거, 승마 등을 즐길 수 있다. 포틀랜드의 녹지 중에서도 가장 보석 같은 곳. Northwest 29th Ave와 Upshur St 교차로부터 Newberry Rd까지

MULTNOMAH FALLS 멀트노마 폭포는 그야말로 장관을 이룬다. 시내에서 가까운 컬럼비아 강 협곡에 있는 이 폭포는 한여름에도 물줄기가 마르지 않는다. 무더운 날 정상에 올라서 굽이치는 강을 내려다보자. 선물 받은 기분일 것이다. 올라가기 힘든 이들은 포장된 산책로를 따라 벤슨브리지(Benson Bridge) 까지만 가도 환상적인 경치를 만끽할 수 있다. 여름에는 찾아오는 사람이 너무 많아 북적이니 유념하자. 84번 고속도로 동쪽행 부근. 28번 출구로 나갈 것.

EASTBANK ESPLANADE 이스트뱅크 수변공원은 윌러메트 강을 따라 호손브리지(Hawthorne Bridge)에서부터 스틸브리지(Steel Bridge)까지 북쪽으로 1.5마일이나 뻗어 있다. 이스트 사이드 주변 동네와 강 건너 Waterfront Park까지도 모두 연결되어 있다. 자전거를 빌려 물가로 다가갈 수 있어 좋다. 자전거 이용자들이 점령하다시피 했으니 보행자는 조심해야 한다. Southeast Water Ave & Hawthorne Blvd

THE GROTTO 내가 포틀랜드에서 참 좋아하는 곳 중 하나. 사실 한 달에 한 번 가기도 힘들지만 그곳에 일단 가면 차분해진다. 카톨릭 성지 및 식물원인 이곳은 60에이커가 넘어 산책하거나 사색하기에 좋고 친구들과 대화를 나누기에도 그만이다. 이곳에서 가장 인상 깊은 것은 118 피트 절벽 안쪽의 석굴 예배당 Our Lady's Grotto이다. 그리 독실하지 않은 내게도 이곳의 조각 및 성지, 자연과 조화를 이룬 건축물은 언제나 신선하고 평화롭게 다가온다. 8840 Northeast Skidmore St, Portland, OR 97220, www.thegrotto.org

adam lucas'

PROVIDENCE

로드아일랜드주 프로비던스 - 애덤 루카스

PROVIDENCE, RHODE ISLAND
BY ADAM LUCAS

나는 항상 지형적인 특성이 두드러진 도시에 매력을 느껴왔다. 처음엔 체사픽만(Chesapeake Bay)의 품에 안겨 있는 볼티모어였고, 그다음 동쪽으로는 포레스트파크(Forest park), 서쪽으로는 8마일에 걸쳐 산마루를 두른 포틀랜드였다. 지금은 로드아일랜드주의 프로비던스에 푹 빠졌다. 이곳은 나라간세트 베이(Narragansett Bay) 안쪽 프로비던스강(Providence River)의 하구에 있다.

포틀랜드와 마찬가지로 프로비던스도 그 지형이 도시를 담아 과도하게 팽창하는 사태를 방지해준다. 강은 다운타운의 동쪽 끝을 따라 흐르며 동서의 차이를 빚어낸다. 서쪽(West Side)은 주요 상업 지구로 몇몇 지역이 붙어 있으며, 동쪽(East Side)은 브라운대학(Brown University), 로드아일랜드디자인대학(RISD, Rhode Island School of Design) 등 대학 캠퍼스들이 차지한다.

나는 프로비던스의 적당한 규모가 마음에 든다. 시내 어디에 있어도 자전거라던가 기타 대중교통을 이용해 다른 지역으로 이동하기가 쉽고, 다운타운은 특히 걸어다니기에 좋다. 자동차 발명 이전에 세워진 타 동부 해안 도시들처럼, 이곳의 도로도 혼잡한 편이다. 길을 잃는다면 동서를 잇는 대로인 웨스트민스터가(Westminster Street)를 찾자. 이 거리는 다운타운을 통과하며 소위 '다운시티(Downcity)'로 알려진 프로비던스 상업지역의 중추를 이룬다. 이 지역에는 시내에서 가장 흥미로운 건축물이 모여 있는데 아르데코 양식의 초고층 뱅크오브아메리카(Bank of America) 빌딩과 미국에서 가장 오래된 실내 쇼핑몰(1828년 건설)인 웨스트민스터아케이드(Westminster Arcade)가 있다.

프로비던스는 초기 식민지 열세 군데 중 한 곳이었다. 이 도시에서 내가 특히 좋아하는 점은 거리 및 주택가에 한 세기 이전의 모습이 여전히 남아 있다는 것이다. 이는 시 차원에서 복원 및 보호를 하기도 했지만, 개발이 이루어지지 않았기 때문이기도 하다. 이런 면이 프로비던스의 매력에서 상당 부분을 차지한다. 그렇게 눈에 보이는 모습과 도시가 창조적인 커뮤니티에 미치는 영향은 일관성이 있다. 음악 이벤트, 미술관, 공연장, 지역 스튜디오 등이 도처에 있어 이곳에 살거나 방문하는 예술가, 디자이너, 학생, 예술 애호가들을 만족시킨다.

PROVIDENCE BILTMORE 합리적인 가격의 우아하고 역사 깊은 호텔. 다운타운 중앙의 케네디 플라자(Kennedy Plaza)에 있다. 세련된 객실과 탁 트인 전망을 자랑한다. 11 Dorrance St, Providence, RI 02903, www.providencebiltmore.com

OLD COURT BED & BREAKFAST 이스트 사이드(East Side) 내 RISD 캠퍼스를 벗어나자마자 보이는 매력적인 전통 B&B. 144 Benefit St, Providence, RI 02903, www.oldcourt.com

MOWRY NICHOLSON HOUSE INN 함께 소개된 나머지 세 군데와 비교해 가격대비 가장 괜찮은 숙소이며 오바마 대통령이 2008년 선거운동 당시 머문 곳이기도 하다. 11 West Park St, Providence, RI 02908, www.providence-inn.com

우리 집 룸메이트가 두 명 있긴 하지만 우리 집에는 큰 소파와 에어매트리스도 있다. 당신이 그 어디에서도 맛볼 수 없는 최상의 요리를 만들어주고 댄스 파티도 열어주겠다. 약속한다.

APSARA PALACE / RESTAURANT 맛 좋은 중국, 베트남, 캄보디아 음식이 있고 BYO가 가능한 곳이다. 원조 격인 웨스트 사이드(West Side)의 Apsara가 조금 더 낫다는 사람들도 있는데 나는 별 차이 못 느끼겠다. 배를 국수로 가득 채운 후 숙소까지 돌아올 길이 좀 더 가까운 식당을 고르는 편이 제일 나은 듯하다. 783 Hope St, Providence, RI 02906 & 716 Public St, Providence, RI 02907

CLASSIC CAFE 코너에 있는 이 카페는 언뜻 보기에 그저 그런 아침 식사 식당 같아서 외관상 실망스러울 수도 있다. 하지만 이곳의 홈메이드 콘비프해시를 한입 무는 순간 생각이 완전히 달라질 것이다. 865 Westminster St, Providence, RI 02903, www.ourclassiccafe.tripod.com

AL FORNO RESTAURANT 이 추천 목록에서 가장 비싼 식당이지만 수준이 가장 높기도 하다. 프로비던스 물가에 맞춰 대도시의 별 다섯 개짜리 만찬을 경험하고 싶다면 Al Forno로 가자. 577 South Main St, Providence, RI 02903, www.alforno.com

THE RED FEZ 음식, 음료, 세련된 분위기 때문에 즐겨 찾는 곳. 내가 먹어본 중 가장 맛있는 풀드포크와 오리고기 퀘사디야 등 메뉴가 절충적이면서도 근사하다. 게다가 이들은 현지에서 얻은 재료만을 사용한다! 49 Peck St, Providence, RI 02903

JULIAN'S 현지 유기농 요리를 선보이는 괜찮은 레스토랑 겸 바. 특히 아침 식사와 브런치 장소로 애용되어 이 시간대에는 손님이 많다. 하지만 기다려서라도 먹을 만한 곳이다. 직원들도 블러디메리도 최고이다. 318 Broadway, Providence, RI 02909, www.juliansprovidence.com

LA LUPITA 최고의 정통 멕시칸 요리가 있는 곳이며 이 목록에서 가장 저렴한 식당이다. 웨스트 사이드의 올니빌 (Olneyville)에 있는 La Lupita는 신선한 재료를 사용하여 내 인생 최고의 부리또와 타코를 만들어낸다. 1950 Westminster St, Providence, RI 02909

LOCAL 121 Al Forno만큼 고급스럽지는 않지만 이 중에서는 우아한 편에 속하는 식당. 역사가 깊고 최근 새롭게 단장한 Drefus Hotel 1층에 있으며 현지 유기농 식단을 제공한다. 121 Washington St, Providence, RI 02903, www.local121.com

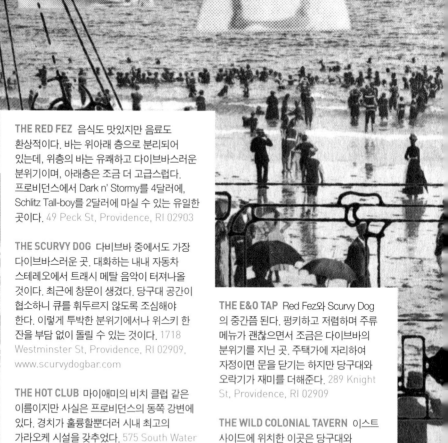

DRINK

THE RED FEZ 음식도 맛있지만 음료도 환상적이다. 바는 위아래 층으로 분리되어 있는데, 위층의 바는 유쾌하고 다이브바스러운 분위기이며, 아래층은 조금 더 고급스럽다. 프로비던스에서 Dark n' Stormy를 4달러에, Schlitz Tall-boy를 2달러에 마실 수 있는 유일한 곳이다. 49 Peck St, Providence, RI 02903

THE SCURVY DOG 다비브바 중에서도 가장 다이브바스러운 곳. 대화하는 내내 자동차 스테레오에서 트래시 메탈 음악이 터져나올 것이다. 최근에 창문이 생겼다. 당구대 공간이 협소하니 큐를 휘두르지 않도록 조심해야 한다. 이렇게 투박한 분위기에서나 위스키 한 잔을 부담 없이 돌릴 수 있는 것이다. 1718 Westminster St, Providence, RI 02909, www.scurvydogbar.com

THE HOT CLUB 마이애미의 비치 클럽 같은 이름이지만 사실은 프로비던스의 동쪽 강변에 있다. 경치가 훌륭할뿐더러 시내 최고의 가라오케 시설을 갖추었다. 575 South Water St, Providence, RI 02903

THE E&O TAP Red Fez와 Scurvy Dog 의 중간쯤 된다. 펑키하고 저렴하며 주류 메뉴가 괜찮으면서 조금은 다이브바의 분위기를 지닌 곳. 주택가에 자리하여 자정이면 문을 닫기는 하지만 당구대와 오락기가 재미를 더해준다. 289 Knight St, Providence, RI 02909

THE WILD COLONIAL TAVERN 이스트 사이드에 위치한 이곳은 당구대와 다트판이 있지만 다이브바는 아니다. 공간이 넓고 음료가 비싼 곳. 250 South Water St, Providence, RI 02903

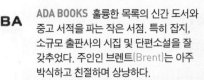

ADA BOOKS 훌륭한 목록의 신간 도서와 중고 서적을 파는 작은 서점. 특히 잡지, 소규모 출판사의 시집 및 단편소설을 잘 갖추었다. 주인인 브렌트(Brent)는 아주 박식하고 친절하며 상냥하다. 717 Westminster St, Providence, RI 02909, www.ada-books.com

CELLAR STORIES 내가 프로비던스에서 특히 좋아하는 서점 Cellar Stories는 중고 및 희귀 서적을 파는 곳으로, 절판된 잡지와 기타 인쇄물까지 취급하고 있다. 111 Mathewson St, Providence, RI 02903, www.cellarstories.com

SHOP

DASH BICYCLE SHOP 전문적인데 마음씨까지 고운 이들이 운영하는 가게. 이미 포틀랜드에서 세 번이나 수리했지만 Dash에서 한 번 수리한 뒤로 내 자전거는 유례없이 쌩쌩 잘 달렸다. 게다가 수리비는 겨우 절반 정도였다. 267 Broadway, Providence, RI 02903, www.dashbicycle.com

THE SALVATION ARMY THRIFT STORE 흔치 않은 일이지만 옷이 필요해지면 가는 곳. 꽤 믿을 만하고 저렴하며 의류 외에 가구, 음반, 책 등 괜찮은 상품이 많다. 201 Pitman, Providence, RI 02906

TROPICAL LIQUORS 내가 가장 좋아하는 주류점. 가격은 말도 안 되게 싸고 맥주 및 주류가 엄청나게 많다. 와인을 원하는 사람은 오지 않는 편이 낫겠다. 310 Cranston St, Providence, RI 02907

AS220 AS220은 온갖 멋진 것이 한데 모인 곳으로, 판화실, 주거 겸 작업 공간, 인화실 외 기타 창작을 위한 시설을 갖춘 비영리 예술 공간이다. 게다가 식당과 음악 공연장, 갤러리, 맥주 및 칵테일이 괜찮은 바도 갖추었다. 프로비던스를 방문한다면 AS220에 한 번은 오게 될 테니 웹사이트에서 행사 일정을 미리 확인하자. 9115 Empire St, Providence, RI 02903, www.as220.org

FIREHOUSE 13 AS220 같은 다용도 예술 공간. 1층은 주로 공연장으로 이용되며, 2층은 예술가들의 공동 레지던스, 3층은 장기 대여가 가능한 주거 겸 작업 공간으로 이루어져 있다. 41 Central St, Providence, RI 02907

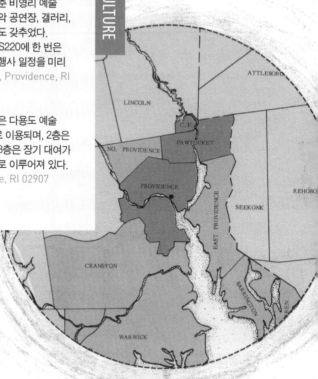

PROVIDENCE WITHIN ITS SPHERE OF INFLUENC

WEST SIDE ARTS · NEW URBAN ARTS West Side Arts는 우리가 사는 세상을 생각하는 현지 예술가, 운동가, 미술 애호가들을 위한 공간이다. 옆에는 New Urban Arts가 있다. 이곳은 고등학생과 신예 아티스트를 위한 학제적 예술 스튜디오로, 국내에서도 널리 인정받는다. 743-745 Westminster St, Providence, RI 02903, www.newurbanarts.org

THE STEEL YARD / RECYCLE-A-BIKE The Steel Yard는 스튜디오, 금속 공예실, 강의실 외 워크숍 공간, 공연장, 전시장으로 사용되는 실내외 공간이다. 이곳에는 Recyle-a-Bike 라는 자원봉사 단체도 입주해 있어 자전거 관련 교육과 수리를 받을 수 있다. 27 Sims Ave, Providence, RI 02909, www.thesteelyard. org, www.recycleabike.org

RISD MUSEUM OF ART 로드아일랜드 디자인 대학(Rhode Island School of Design, RISD) 에는 로드아일랜드 주 최고의 순수미술 및 장식미술 박물관이 있으며, 국제적으로 의미 깊은 예술품 84,000여 점을 소장했다. 상설 및 기획 전시의 수준이 늘 최상이다. 224 Benefit St, Providence, RI 02903, www.risdmuseum.org

WOODS GERRY GALLERY RISD 학부 학생들의 전시 공간으로 주로 이용된다. 무료이며 대중에게 공개된 곳. 62 Prospect St, Providence, RI 02906

SOL KOFFLER GRADUATE STUDENT GALLERY RISD 대학원생들의 전시 공간. 역시 무료이며 일반인 입장이 가능하다. 169 Weybosset St, Providence, RI 02903

GELMAN GALLERY RISD 학생이라면 누구든지 단체 전시를 기획하고 열 수 있는 공간. 20 South Main St, Providence, RI 02903

PROVIDENCE ART CLUB GALLERIES 미국에서 가장 오래된 예술 클럽 The Providence Art Club은 Maxwell Mays와 Dodge House Gallery 두 갤러리를 갖고 있다. 모두 현지 화가들의 작품을 전시한다. 11 Thomas St, Providence, RI 02903, www.providenceartclub.org

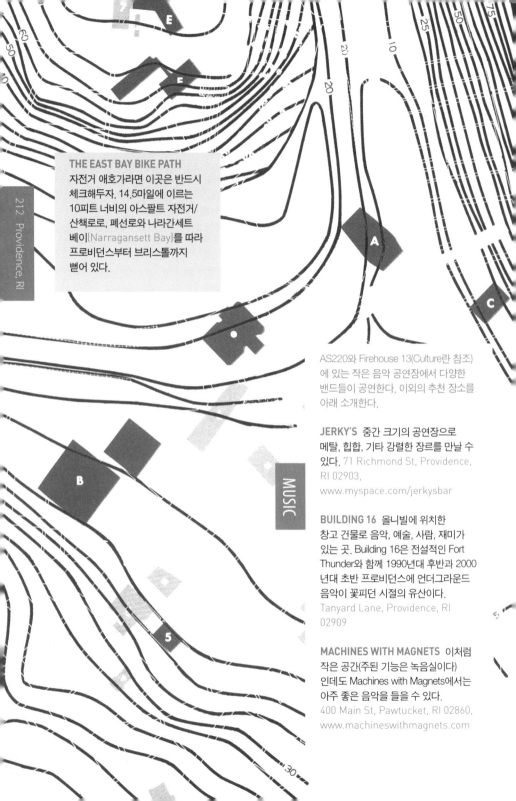

THE EAST BAY BIKE PATH
자전거 애호가라면 이곳은 반드시
체크해두자. 14.5마일에 이르는
10피트 너비의 아스팔트 자전거/
산책로로, 폐선로와 나라간세트
베이(Narragansett Bay)를 따라
프로비던스부터 브리스톨까지
뻗어 있다.

MUSIC

AS220와 Firehouse 13(Culture란 참조)
에 있는 작은 음악 공연장에서 다양한
밴드들이 공연한다. 이외의 추천 장소를
아래 소개한다.

JERKY'S 중간 크기의 공연장으로
메탈, 힙합, 기타 강렬한 장르를 만날 수
있다. 71 Richmond St, Providence,
RI 02903,
www.myspace.com/jerkysbar

BUILDING 16 올니빌에 위치한
창고 건물로 음악, 예술, 사람, 재미가
있는 곳. Building 16은 전설적인 Fort
Thunder와 함께 1990년대 후반과 2000
년대 초반 프로비던스에 언더그라운드
음악이 꽃피던 시절의 유산이다.
Tanyard Lane, Providence, RI
02909

MACHINES WITH MAGNETS 이처럼
작은 공간(주된 기능은 녹음실이다)
인데도 Machines with Magnets에서는
아주 좋은 음악을 들을 수 있다.
400 Main St, Pawtucket, RI 02860,
www.machineswithmagnets.com

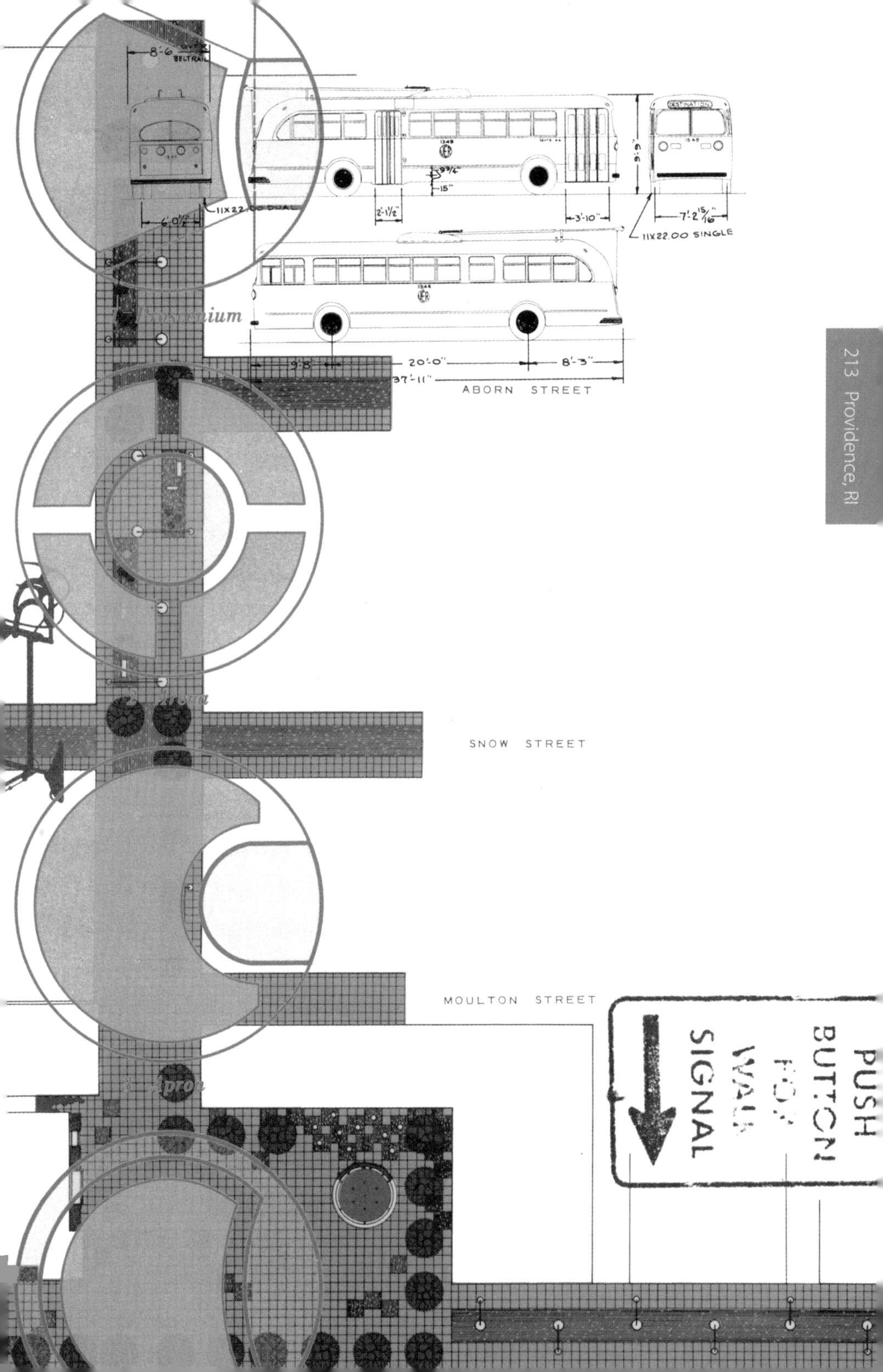

ABORN STREET

SNOW STREET

MOULTON STREET

PUSH BUTTON! FOR WALK SIGNAL

Cameron Ewing's

SAN
FRANCISCO

캘리포니아주 샌프란시스코 - 캐머론 유잉

SAN FRANCISCO, CALIFORNIA
BY CAMERON EWING

샌프란시스코는 종종 미국에서 가장 유럽적인 도시로 표현되는데, 여기에는 그럴 만한 이유가 있다. 보행자의 천국인 데다가 대도시적인 분위기도 한몫한다. 시내의 대부분 지역은 걸어서 다닐 수 있고 음악과 미술계에는 보고 즐길 것이 무수히 많다. 빅토리아, 모던, 아르데코 양식의 건축은 역사적인 깊이를 더해주고 그 어디를 돌아보아도 금문교, 알카트라즈, 자이언츠 구장 등 상징적인 랜드마크가 눈에 띄며 태평양의 드넓은 경치 또한 빼놓을 수 없다. '프리스코 (Frisco, 샌프란시스코의 별칭)'라는 표현만 피해준다면 사람들과 언쟁할 일도 없을 것이다.

샌프란시스코에 올 때는 워킹슈즈(가파른 언덕들 때문)와 껴입을 옷들 이 두 가지만 준비하면 된다. 늦은 오후가 되면 안개가 끼면서 꽤 쌀쌀해지는데, 제대로 갖춰 입지 못한 관광객들을 대상으로 촌스럽고 비싸기만 한 기념품 점퍼를 파는 가게가 수두룩하다. 마크 트웨인은 '내가 경험한 가장 추운 겨울은 샌프란시스코에서의 여름이다'라고 말했다. 그러니 당신은 공식적으로 주의를 들은 것이다. 한편, 날씨가 가장 좋은 시기(주로 늦여름 또는 초가을)에 방문한다면 천국을 맛보게 될 것이다.

많은 사람이 이미 잘 알 테지만 샌프란시스코는 깊은 역사를 자랑한다. 골드러시 마을로 시작하여 주요 항구도시로 발전했고 세계대전 시기에 특히 성장했다. 60년대 후반에 이르러 문화혁명의 중심지로서, 또한 '사랑의 여름(Summer of Love)' 운동으로 더욱 유명해졌다. 표현의 자유와 실천주의의 본거지로서의 명성은 아직까지 유지되고 있고 무정부주의적인 분위기가 여전히 남아 있다. 나는 뉴욕, 로스앤젤레스, 런던, 미니애폴리스에서도 살았지만, 샌프란시스코만이 나의 터전이라 부르고 싶다.

내가 추천한 곳 중 다수는 미션디스트릭트(Mission District, 현지인들은 'the Mission'이라고도 부른다)에 있다. 본래 라틴계 노동자층이 모여 살던 이곳에 지금은 몹시 트렌디하고 다채로운 문화들이 혼합되어 있다. 하지만 당신만의 방식으로 샌프란시스코를 둘러보기를 권한다. 틀에 박힌 코스를 벗어나면 기대보다 더 즐거울 것이다.

STAY

THE CLIFT HOTEL 그야말로 화려하지만 여건이 되는 경우에만 머물기 좋은 호텔. 손님들은 우아하면서도 멋있어 비웃기보다 넋을 잃고 쳐다보게 된다. Redwood Room Bar(Drink섹션 참조)에 가서 비싼 칵테일도 마셔보자. 495 Geary St, San Francisco, CA 94102, www. clifthotel.com

PHOENIX HOTEL Phoenix Hotel 은 자칭 로큰롤 콘셉트의 호텔이다. 5-60년대의 모던한 모텔 분위기이며 스치듯 지나는 따뜻한 시기에 온다면 Bambuddha Bar의 음료를 아담한 야외 수영장에서 즐길 수 있다. 601 Eddy St, CA 94109, www.jdvhotels.com/phoenix

W HOTEL 다운타운 한복판에 위치한 W는 샌프란시스코 모마 (MOMA)의 바로 옆이며 시내 대부분의 주요 명소에서 걸어 다닐 만한 거리에 놓여 있다. 고급스럽고 트렌디한 호텔이다. 181 3rd St, San Francisco, CA 94103, www.starwoodhotels.com

THE GOOD HOTEL The Good Hotel은 환경친화적일뿐 아니라 유행을 선도하는 곳이기도 하다. 재활용 자재로 아늑하게 단장했으며 각 객실의 수익은 여러 자선단체에 기부된다. SOMA에 있어 위치도 좋으며 자전거 대여와 시내 투어 서비스도 제공한다. 112 7th St, San Francisco, CA 94103

ST FRANCIS FOUNTAIN 미션 [Mission] 지구에서 아침 식사 장소로 가장 주목받는 레트로 식당. 너무도 멋진 직원들과 간밤의 숙취를 한 방에 날려줄 메뉴가 당신을 기다린다. 오전 11시 이전에 도착해야 혼잡을 피할 수 있다. 추천 메뉴는 Huevos Rancheros지만 사실 전부 맛있다. 2801 24th St, San Francisco, CA 94110 www. stfrancisfountainsf.com

MISSION STREET FOOD 이것은 미션 지구에서는 귀한 고급 식당 정보이다. 일주일에 5일은 평범한 중식당이지만 목요일과 토요일에는 특별한 BYOB 만찬이 펼쳐진다. 매주 다른 요리사가 지중해식부터 아메리탈리안까지 메뉴를 다양하게 구성해낸다. 그렇다, 훌륭하다. 오후 5시까지 와서 명단에 이름을 올린 후 길 건너 Corner에서 와인을 한 병 사와 호명될 때까지 기다리면 된다. 2234 Mission St, San Francisco, CA 94110, blog.missionstreetfood.com

CHARANGA 하바나의 작은 보데가로 걸어 들어가는 듯한 느낌을 주는 쿠바 식당. 칵테일이 훌륭하고 메뉴도 맛있다. 2351 Mission St, San Francisco, CA 94110

SLOW CLUB 미션과 포트레로힐[Portrero Hill] 사이에 있는 작은 주류점이다. 실로 도회적이며 세련된 곳으로 매주 바뀌는 메뉴가 무척 맛있고 섬세하며 가격도 놀랍도록 저렴하다. 게다가 불꽃 튀는 칵테일 쇼도 근사하다! 2501 Mariposa St San Francisco, CA 94110

EL PAPALOTE 미션 지구에서 어디 부리토가 최고냐는 논쟁은 끊이질 않는다. 타코에 대한 논쟁도 마찬가지이다. 내 주머니 사정을 고려했을 때 최고의 피쉬 타코/부리토는 El Papalote에 있다. 생선은 최고로 신선하며 살사 맛은 매콤하면서도 깊이 있다. 두툼한 칩은 음식을 기다리는 동안 계속 나온다. 3409 24th St, San Francisco, CA 94110, www.papalote-sf.com

EAT

THE RITE SPOT 미션 지구의 조용한 구석에 자리한 The Rite Spot에서는 집처럼 아주 편안한 분위기 속에서 매일 밤 라이브 음악을 들을 수 있다. 운이 좋으면 홈메이드 파이를 살 수 있으니 기회가 된다면 꼭 먹어보기 바란다. 2099 Folsom St, San Francisco, CA 94110, www.ritespotcafe.net

CORNER 역시 미션 지구에 위치한 와인 바. 가만히 앉아서 일상이 흘러가는 모습을 바라보기에 좋다. 친구들과 함께 조금씩 맛볼 수 있는 안주도 종류가 많지만 무엇보다 세련되면서도 아늑한 인테리어와 방대한 와인 때문에 추천하고 싶다. 2199 Mission St, San Francisco, CA 94110

BERETTA 미션 지구 한 켠에 있는 Beretta는 'Rangoon Gin Cobbler', 'the Airmail'과 이곳만의 별미 'Snakebite'(시트러스 칵테일) 등 남다른 칵테일을 만들어낸다. 음식도 흠잡을 데 없다. 대부분 작은 안주 메뉴이다. 화끈하게 보낼 밤을 시작하기에 좋은 곳. 1199 Valencia St, San Francisco, CA 94110, www.berettasf.com

REDWOOD ROOM 호화로운 Clift Hotel에 있는 이 바는 1934년에 개업했으며 몇 년 전 대폭 개조했다. 비교적 고급스러운 술집이지만 사람 구경하며 칵테일을 즐기기 좋은 곳이다. 하룻밤의 마무리보다는 시작에 들를 만한 곳. 495 Geary St, San Francisco, CA 94102, www.clifthotel.com

THE ATTIC Redwood Room과는 대조되는 술집이다. 어둡고 축축하며 독주와 싸구려 미국 맥주가 주를 이룬다. 실컷 마시고 취해보자. 항상 누군가가 최신 음악을 틀어 놓으며 이곳 손님들은 술에 취하는 일을 매우 진지하게 여기니 도와줄 것이 아니라면 방해하지 말자. 3336 24th St, San Francisco, CA 94110

HAYES VALLEY 한 주택가에 있는 아주 아기자기한 거리로 상점과 카페들이 모여 있다. 헤이즈 스트리트(Hayes St)를 따라 프랭클린 (Franklin St)에서 웹스터(Webster St)까지 이어진 이 거리는 커피를 마시거나 산책을 즐기며 오후를 보내기에 좋다. 식사를 하는 데도 그만이다. 상점들은 고급 구두나 캐주얼 여행복까지 다양하게 다룬다. 이곳만의 매력에 빠져들 것이다. Hayes St, San Francisco, CA 94102

UNION SQUARE 샌프란시스코에 여행객으로 온다면 Union Square는 꼭 방문하게 될 것이다. 그런데 이곳이 쇼핑하기에 그리 나쁜 곳은 아니다. 스카이라인을 목 빠지게 구경하는 관광객 사이에서 헤매지 않으려면 오후에 커피를 마시고 상점을 몇 군데 방문하는 등 무언가 목적을 정하는 것이 좋겠다. Union Sq, San Francisco, CA 94102

FORCE OF HABIT 샌프란시스코 제일의 소형 레코드 상점. Amoeba Music(대형 레코드점)이 싸구려 대형 창고처럼 보일 것이다. 미션지구에 있는 구멍가게 같은 상점이지만 LP 마니아라면 만족할 것이다. 단돈 2달러면 시카고(Chicago), 리차드헬앤더보이도이즈(Richard Hell and the Voidoids) 등 다양한 음반을 손에 넣을 수 있다. 쇼핑 리스트 따위는 집에 고이 간직해두자. 비좁아도 곳곳에 보석이 숨어 있는 공간이니까. 3565 20th St, CA 94110

Where cable cars climb halfway to the stars,
And the morning fog may chill the air.

I left my heart in San Francisco
High on a hill it calls my name.

WHITE WALLS AND SHOOTING GALLERY
나는 '어반아트(urban art)'라는 용어를 싫어하지만 이것이 나란히 서 있는 이 두 갤러리가 표방하는 미술이다. 이 영역에 속하는, 또는 경계에 닿기도 하는 국내 작가들의 작품을 볼 수 있다. 악명 높은 텐더로인(Tenderloin) 지역에 있으며 전시 오프닝은 매번 시내의 멋진 인사들로 성황을 이룬다. 오프닝 행사는 BYOB니 유념해두자. 835 & 839 Larkin St, San Francisco, CA 94109, www.shootinggallerysf.com

FECAL FACE GALLERY White Walls와 Shooting Gallery에서 길을 따라 내려가면 나오는 Fecal Face는 생긴 지 오래되지 않은 갤러리 중에서도 괜찮은 곳이다. 넓고 탁 트인 공간에는 신인 사진 작가, 화가, 일러스트 작가, 기타 시각 예술인들의 작품이 전시된다. 66 Gough St, San Francisco, CA 94102, www.fecalface.com/SF

SF MOMA 샌프란시스코의 대표적인 현대미술 공간. 별다른 설명도 필요 없을 것이다. 새로운 영감이 필요할 때 방문하면 더욱 좋다. 공간 자체도 훌륭하며 기획전은 거의 언제나 최상의 수준을 자랑한다. 게다가 옥상에는 조각 공원이 새로 생겼다. 카페에서 커피를 사서 발을 올린 채 난해한 조각 작품들 사이로 불어오는 신선한 공기를 마셔보자. 151 3rd St, San Francisco, CA 94103, www.sfmoma.org

CAL ACADEMY OF SCIENCE: NIGHTLIFE
문화, 과학, 그리고 샌프란시스코의 밤 문화를 섞으면 나오는 결과물. 밤마다 즐겁게 보낼 수 있는 Nightlife는 칵테일과 재치 있는 대화, 그리고 문화의 선두 주자들을 위한 창의적인 박물관 프로그램으로 이루어졌다. 첫째 주 목요일마다 저녁 6-10시에 열린다. 놓치더라도 낮에 진행되는 Exploratorium 역시 참여할 만하다. 55 Music Concourse Dr, San Francisco, CA 94118, www.calacademy.org/events/nightlife

BALMY ALLEY 거리예술 애호가들을 위한 공간인 Balmy Alley는 미션 지구에 위치해 있는 정치적 내용의 벽화 단지로, 그 시작은 80년대로 거슬러 올라간다. 벽화 마니아들을 위해서 패트리샤 로즈 (Patricia Rose)가 주말마다 가이드 투어를 진행한다. 하지만 솔직히 혼자 둘러보며 구경하는 것과 그리 다르지 않을 것이다. 3007 24th St, San Francisco, CA 94110, www.balmyalley.com

THE AUDIUM The Audium은 알려지지 않은 샌프란시스코의 명작이다. 50년대에 지어진 음향 작품으로, 이 공간만을 위해 작곡된 음악을 들려주는 스피커 169대로 이루어져 있다. 하루 저녁 500여 명의 관객을 수용하며, 공연 과정에서 소리가 진정한 미로를 만들어낸다. 마음을 온통 빼앗길 준비를 하고 와야 할 것이다. 1616 Bush St, San Francisco, CA 94109, www.audium.org

THE WAVE ORGAN 마법 같은 공간으로, 콘크리트 튜브와 특별 제작된 석굴을 통해 파도가 인어의 세레나데처럼 들리는 곳이다. 1 Yacht Rd 를 따라 최대한 멀리까지 운전해 가서 주차장에 차를 세운 후 부두 끝까지 걸으면 된다. 방문하기에 가장 좋은 시간은 이른 아침이다. 1 Yacht Rd, Marine Blvd, CA 94123

ALCATRAZ NIGHT TOUR 모두가 알카트라즈 섬(Alcatraz Islands)과 그 역사, 그곳에서 찍은 영화 등에 대한 얘기를 한다. 하지만 이 섬이 밤에도 갈 수 있는 곳이라는 사실은 말해주지 않는다. 야간 투어는 아주 오싹하면서도 멋진 야경을 감상할 수 있는 경험이다. 인기가 많으니 예약해야 하고 오디오 가이드도 가져가는 것이 좋다. 재현되는 온갖 소리에 오금을 저릴 것이다. www.parksconservancy.org/visit/alcatraz, www.alcatrazcruises.com

GOLDEN GATE FORTUNE COOKIE FACTORY 현지인들은 차이나타운을 자주 찾지 않지만 간다면 주로 차를 구매하거나 이 멋진 포춘쿠키 공장에 가기 위해서다. 그늘진 길목의 중간쯤에 위치한 이곳은 온종일 기계에서 포춘쿠키를 찍어낸다. 아주 흥미로운 곳이다. 소문에 의하면 이 공장에서 만드는 포춘쿠키 점괘는 꽤나 정확한 편이라고 한다. 56 Ross Alley, San Francisco, CA 94108

RED BLOSSOM TEA TASTING 차이나타운 복판에 위치한 작은 찻집. 전 세계에서 수백 종류의 차를 수입하는 곳으로, 정성스러운 다도 의식을 체험할 수도 있다. 개인적으로는 다른 기구보다는 차 여과기를 직접 사용하는 방식을 추천하고 싶다. 이렇게 하면 차를 우리는 과정도 즐겁고 좋아하는 찻잎 향이 머그잔에서 종일 나게 할 수 있다. 831 Grant Ave, San Francisco, CA 94108, www.redblossomtea.com

SKY GARDEN, FEDERAL BUILDING Federal Building은 '친환경' 빌딩으로, 건축사무소 Morphosis에서 2007년 설계했다. 콘크리트와 철골 구조의 파사드가 모든 각도에서 노출돼 경이로운 건물이다. 공중 테라스가 대중에 공개되어 있다는 점이 무엇보다 좋다. 출입구로 가서 경비에게 Sky Garden으로 간다고 말하면 된다. 가방 검색대를 지나 엘리베이터를 타고 11층으로 올라가자. 점심 도시락을 준비해 가서 샌프란시스코의 남쪽과 북쪽의 경치를 동시에 즐기기를 권한다. 90 7th St, San Francisco, CA 94103, www.morphopedia.com/projects/san-francisco-federal-building

샌프란시스코만에서 배 타기 샌프란시스코를 방문하는 동안 배를 타고 나가고 싶다면 다양한 옵션이 가능하다. 가장 기본적인 방법은 앨러미다(Alameda)로 가는 페리를 타는 것이다. 그다음으로는 조금 더 합리적인 대안으로 샌프란시스코 세일링 컴퍼니(San Francisco Sailing Company)의 지도에 따라 항해하는 방법이 있다. 샌프란시스코 베이(San Francisco Bay)의 날씨는 종종 거칠어지니 예약 전에 날씨를 확인하자. www.sailsf.com

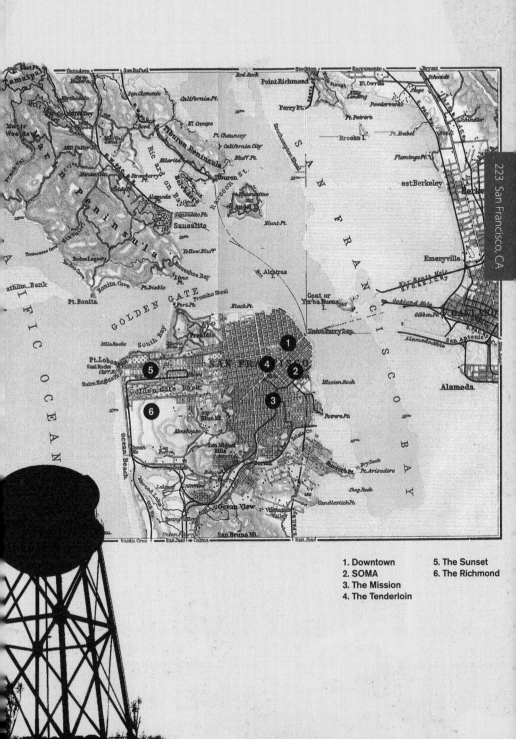

1. Downtown
2. SOMA
3. The Mission
4. The Tenderloin

5. The Sunset
6. The Richmond

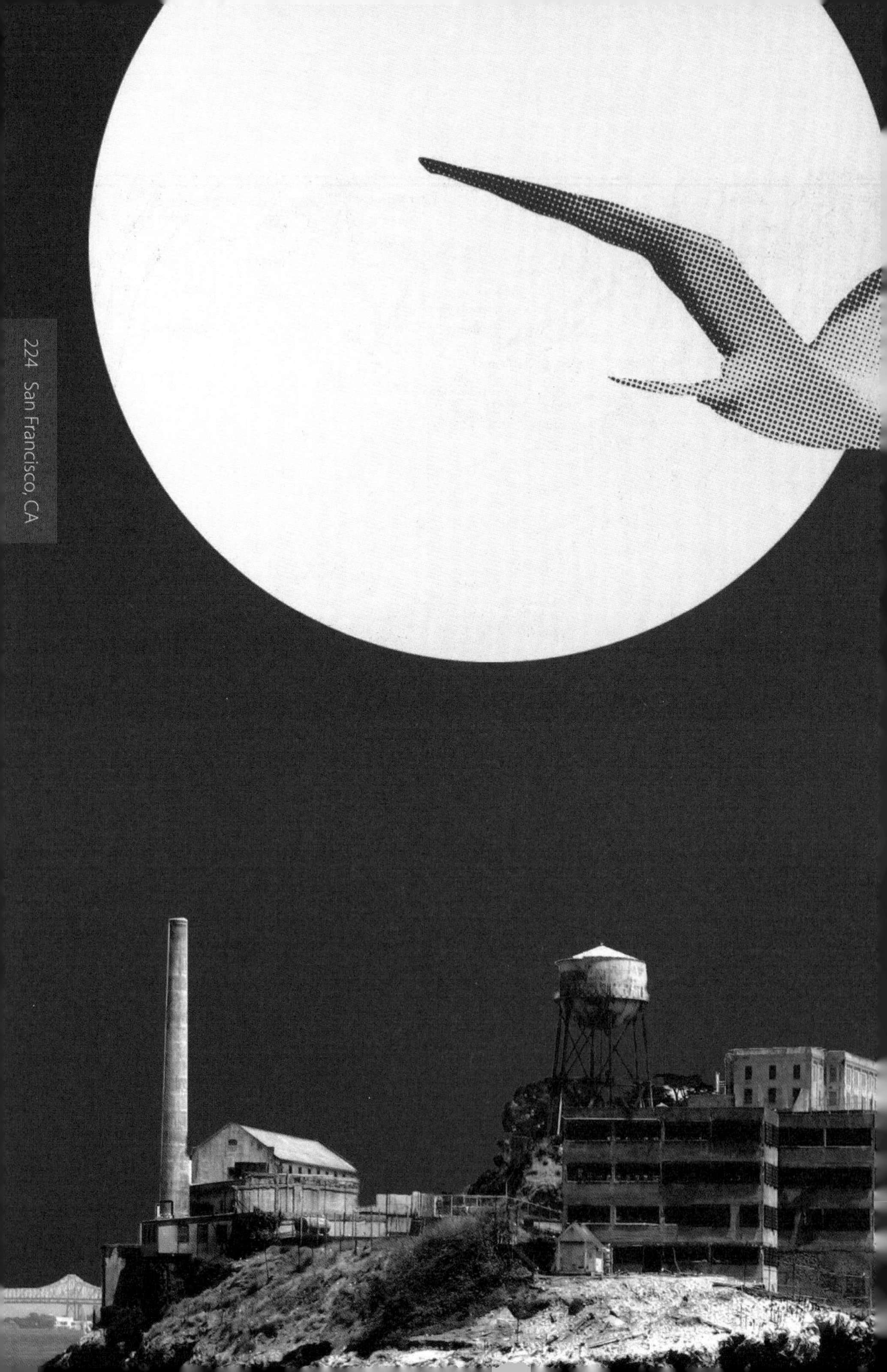

TWIN PEAKS 자동차가 있다면 시내에서 가장 높은 곳으로 올라가보자. 트윈 픽스(Twin Peaks)에서는 이 도시의 가장 아름다운 전망과 이곳 상징인 수트로 타워 안테나(Sutro Tower Antenna)를 볼 수 있다. 낮에 보이는 경치보다 야경이 훨씬 아름답다. 하지만 그 감동적인 순간을 자동차에 한가득 타고 와 말썽을 일으켜대는 10대와 함께할 것이다.

TANK HILL 트윈 픽스는 알아도 탱크 힐(Tank Hill)에 대해 말하는 사람은 드물다. 이곳은 샌프란시스코에서 가장 아름다운 경치를 제공하지만 너무도 작은 공간이라 지도에서조차 표시되지 않은 곳이다. 1977년 이곳에 서 있던 물탱크가 쓸모없어지자 그 자리에 설계된 공공 공간이다. 탱크 힐로 가려면 스탠얀 스트리트(Stanyan Street)의 남쪽 끝까지 간 후 벨그레이브 애비뉴(Belgrave Avenue)로 좌회전한 뒤 길을 따라 끝까지 가면 된다. 막다른 길의 왼쪽으로 지름길이 나오니 이 길을 따라가자. 물론 자동차가 필요하다. 자동차가 있다면 내친 김에 트윈 픽스도 둘러보고 당신의 버킷리스트를 정리하면 된다. Tank Hill, Belgrave Ave, San Francisco, CA 94117

GOLDEN GATE PARK 대부분 관광객은 이곳까지 오지 않지만 약간의 바깥 공기와 모험을 즐기고 싶다면 썩 나쁘지 않은 출발점이다. 일요일 방문을 추천하는데, 공원의 중앙을 가로지르는 도로가 자동차 진입을 제한하기 때문이다. 자전거를 타거나 산책을 하기에 그만이다. 팬핸들(Panhandle)에서 출발하여 태평양 서쪽을 향해 가보자. 가는 길에 저패니즈티가든(Japanese Tea Garden), 드영미술관(De Young Museum of Art), 식물원(Conservatory of Flowers)도 들러보자. 해변에 닿을 때쯤이면 몹시 출출해질 것이다. Beach Chalet나 유서 깊은 Cliff House Restaurant에서 배를 채우면 된다. www.sfgate.com/neighborhoods/sf/goldengatepark

SUTRO BATHS 도시의 경계에서 또다른 체험을 할 수 있는 서트로 목욕탕(Sutro Baths). 과거 샌프란시스코 유일의 빅토리아 시대 실내 염수 목욕탕의 유적으로, 바다와의 경계에 여러 조수 웅덩이와 산책로가 조성되어 있다. 아름다운 유적지는 날씨와 관계없이 방문할 수 있다. Point Lobos Ave & Merrie Way, San Francisco, CA 94121, www.sutrobaths.com

도움을 주신 분들: Mauri Skinfill, Justin Kerr, Matthew Ladra, Chrissy Loader, Terry Ashkinos, Kimi Recor

BJÖRN SONESON'S

SE AT TLE

워싱턴주 시애틀 - 비욘 소네슨

SEATTLE, WASHINGTON BY BJÖRN SONESON

나는 아이오와주 중서부의 평지에서 자랐다. 시애틀로 오게 된 이유에는 여러 가지가 있지만 무엇보다도 이곳의 극적인 지형이 내 마음을 끌었다. 시내와 주변 어디에서나 눈에 보이는 풍경은 이 도시의 영혼이라고 할 만하다. 포틀랜드와 밴쿠버 사이 퓨젓 사운드(Puget Sound)로 파고들어 물과 웅장한 산맥으로 둘러싸여 있으며 기후가 온화해 포근한 회색빛 겨울과 따뜻하고 화창한 여름을 맞을 수 있다. 시내에는 멋진 공원도 많고 해안가에서 도시 풍경을 감상할 수도 있다. 또 잠시만 운전해 나가면 캐스케이드 산맥(Cascade Mountains)의 중심이라 도심에서 백만 리쯤 떨어진 듯 푸르게 우거진 숲속에 들어서게 된다.

이런 시애틀의 매력은 당연히도 샌들을 신은 채 갓 볶은 커피나 계절 특산 맥주를 곁들여 현지의 지속 가능한 공정무역 유기농 채식 먹거리를 찬양하는 야외 활동가들을 끌어들인다. 하지만 이들 외에 빈티지 옷을 입은 느긋한 멋쟁이 무리도 있다. 이들은 훌륭한 극작품이나 음악, 미술 등으로 시애틀의 문화계를 활발하게 유지시켜준다. 도로는 자전거가 점령하고 있고 전기 자동차도 많다. 여름이면 호수와 바다가 수상비행기, 페리를 타고 엘리엇베이(Elliot Bay)를 건너는 사람들, 레이크 유니언(Lake Union)에서 카약을 즐기는 사람들, 워싱턴 호수(Lake Washington)에서 뱃놀이를 하는 사람들로 붐빈다. 겨울에는 스키장이 즐비하다.

가볼 만한 곳은 대개 다운타운에 몰려 있다. 하지만 나는 주로 그 주변에서 시간을 보낸다. 정식 경계가 없는 시내 각 구역은 레이크 유니언을 둘러싼 구릉 지형에 따라 자연스럽게 형성되었다. 당신이 여행을 캐피톨 힐(Capitol Hill)의 파이크/파인(Pike/Pine) 주변이나 다운타운 프레몬트(Downtown Fremont), 발라드(Ballard)의 발라드애비뉴(Ballard Avenue)에서 시작하기를 추천한다. 시내버스 시스템도 괜찮지만 길을 잘 모른다면 버스 노선이 다소 혼란스러울 수도 있다. 혹은 자전거를 빌려도 된다. 언덕 때문에 꽤 힘들겠지만 내가 '집'이라 부르는 이 멋진 도시를 알아가는 데 가장 좋은 방법이다.

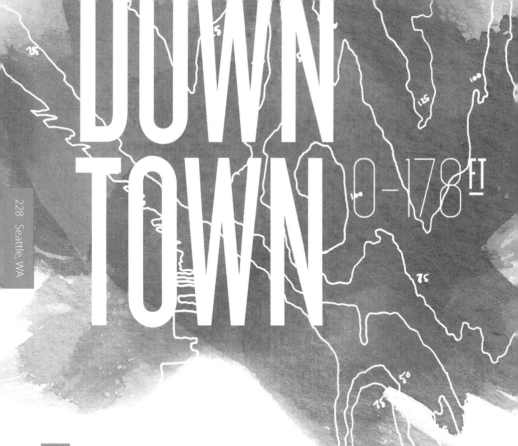

DOWN TOWN 0-178FT

STAY

ACE HOTEL 오래된 건물을 멋지게 개조한 호텔로, 유명 일러스트 작가 셰퍼드 페리 (Shepard Fairey, 오바마 대통령 선거 포스터 디자인으로 유명)의 화제작 중 하나인 앙드레더자이언트(Andre the Giant)의 스텐실 초상이 걸려 있다. 객실은 단순하면서도 세련되고, 옛날 과학 실험실 분위기로 꾸며졌다. 셰퍼드 페리의 작품을 더 감상하고 싶다면, 코너를 돌아 Rudy's Barber Shop 에 들러보자. 2423 1st Ave, Seattle, WA 98121, www.theacehotel.com

FOUR SEASONS 새로 생긴 이 근사한 호텔에 들어가려면 최대한 우아하게 차려입는 것이 좋겠다. 바다를 굽어보고 선 호텔의 독특하고도 매끈한 벽면에는 끝없이 펼쳐진 전경이 반사되어 더욱 매혹적이다. 99 Union St, Seattle, WA 98101, www.fourseasons.com/seattle

HOTEL SORRENTO 고전적인 매력을 갖춘 부티크 호텔로, 어두운 톤의 목재와 조명으로 꾸며져 있다. 이곳에 올 때마다 실크 모자라도 써야 할 것 같은 느낌이 든다. 재산이 수십억쯤 된다면 이곳에서 숙박해도 좋지만, 아니라면 해피아워만 이용해보자. 900 Madison St, Seattle, WA 98104, www.hotelsorrento.com

AURORA AVENUE의 모텔들 딱히 숙박을 권하지는 않지만 이곳에는 세기 중반의 분위기를 그대로 간직한 도로변 모텔이 많으며, 키치한 네온싸인이 특히 멋지다. 미국적 빈티지를 좋아한다면 마음에 들 것이다.

PURPLE 다운타운 중심지에 있는 이 레스토랑의 특색은 바닥부터 천장까지 나선형으로 보관된 와인이다. 그때그때의 메뉴 중 일부는 시식용으로 작은 접시에 담겨 나온다. 의자가 굉장히 무거우니 일어날 때 조심하라. 농담 아니다. 1225 4th Ave, Seattle, WA 98101, www.thepurplecafe. com

MATT'S IN THE MARKET 파이크 플레이스 시장(Pike Place farmers' market)를 내려다보는 식당. 현지 해산물 및 육류, 농산물을 써 일품 메뉴를 선보인다. 특히 양고기 버거의 맛은 최고다. 이곳의 훌륭한 음식을 즐기기에 경제적인 선택지는 샌드위치다. 94 Pike St, Seattle, WA 98101, www.mattsinthemarket.com

LA SPIGA 시장에서 금방 들여온 신선한 재료만 사용하는 이탈리안 레스토랑. 낡은 목재로 꾸민 현대적인 인테리어가 멋지다. 1429 12th Ave, Seattle, WA 98122, www.laspiga.com

VOLTERRA 토스카나 요리 전문점으로, 풍미가 혀끝에 착 달라붙는다. 양질의 재료가 촉촉한 파스타와 육즙 가득한 육류 요리에 생명을 불어넣는다. 프랑스 요리가 더 취향에 맞는다면, 같은 길가의 Bastille에 가보는 것도 좋겠다. 5411 Ballard Ave, Seattle, WA 98107, www.volterrarestaurant.com

MOLLY MOON'S ICE CREAM 아이스크림보다는 전채 요리에서나 볼 법한 재료를 사용하는 이곳의 콤비네이션은 독특하면서도 맛있다. 내가 좋아하는 콤보는 'Balsamic Strawberry'와 'Rosemary Meyer Lemon'이다. 늘 손님들로 붐비지만 줄 서서 기다릴 만한 곳이다. 1622 North 45th St, Seattle, WA 98103, www.mollymoonicecream.com

AGUA VERDE CAFE AND PADDLE CLUB 시애틀의 여름을 제대로 즐기려면 역시 뱃놀이가 정답이다. 카약을 빌려 레이크 유니언으로 노를 저어 가면 다운타운의 멋진 경치가 한눈에 보일 것이다. 출출해지면 패들 클럽의 옆 카페에서 입맛 당기는 멕시칸 요리로 허기를 달래면 된다. 1303 Northeast Boat St, Seattle, WA 98105, www.aguaverde.com

SERIOUS PIE 톰 더글라스 (Tom Douglas)는 시애틀의 유명 인사다. 셰프 겸 레스토랑 사업가인 그는 시내에서 식당 몇 군데를 운영한다. Serious Pie는 조명이 은은해서 분위기가 아늑한 피자 전문점으로, 온갖 토핑을 얹어 화덕에서 구운 피자와 맛있는 전채 요리를 제공한다. 316 Virginia St, Seattle, WA 98101, www.tomdouglas.com

PASEO 시애틀에서 가장 맛있는 샌드위치 집. 양념에 재워서 그릴에 구운 돼지고기, 완벽하게 캐러맬라이즈된 양파, 마늘 아이올리, 실란트로, 할라페뇨를 바삭하게 구운 바게트에 얹은 후 로메인 상추로 마무리한 황홀한 그 맛. 가격도 저렴하다. 현지인들 틈에서 장시간 줄을 서 기다릴 수도 있다. 테이블이 몇 안 되니 포장해서 근처 프레몬트 운하 (Fremont Canal)로 가져가도 좋을 것이다. 4225 Fremont Ave, Seattle, WA 98103, www.paseoseattle.com

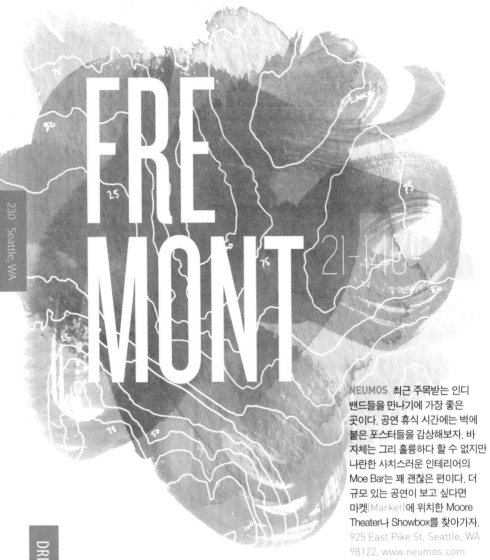

FRE MONT

21-148번

NEUMOS 최근 주목받는 인디 밴드들을 만나기에 가장 좋은 곳이다. 공연 휴식 시간에는 벽에 붙은 포스터들을 감상해보자. 바 자체는 그리 훌륭하다 할 수 없지만 나란한 사치스러운 인테리어의 Moe Bar는 꽤 괜찮은 편이다. 더 규모 있는 공연이 보고 싶다면 마켓(Market)에 위치한 Moore Theater나 Showbox를 찾아가자. 925 East Pike St, Seattle, WA 98122, www.neumos.com

BROUWER'S CAFE 64종의 생맥주와 수백 종의 병맥주가 있는 중세풍 공간. 벨기에 맥주를 전문으로 하지만 이곳의 박식한 바텐더들은 당신에게 현지 맥주를 다양하게 소개할 것이다. 음식도 나쁘지 않은 편이다. 400 North 35th St, Seattle, WA 98103, www.brouwerscafe.com

KING'S HARDWARE King's in Ballard는 옛날 통나무집처럼 꾸며져 편안한 데다 스키볼까지 즐길 수 있는 곳이다. 주말에는 사람이 많지만 테라스에서 Rogue Hazelnut Brown을 한잔하고 있자면 무척 행복한 느낌이 들 것이다. 이곳 분위기가 마음에 든다면 캐피톨 힐(Capitol Hill)에 위치한 Linda's Tavern도 추천한다. 5225 Ballard Ave, Seattle, WA 98107, www.kingsballard.com

GARAGE BILLIARDS 현대적이고 세련된 볼링장이라는 게 존재한다면 바로 이곳일 것이다. 캐피톨 힐의 젊은이들을 위한 장소로, 모던/빈티지 가구가 놓여 있고 벽에는 으시시한 인형 등이 걸려 있다. 긴장을 풀고 편히 쉬거나 거대한 당구장에서 한 게임 즐겨도 된다. 1130 Broadway, Seattle, WA 98122, www.garagebilliards.com

BAUHAUS COFFEE 휴식하거나 벽면에 꽂힌 책을 구경하거나, 컴퓨터 앞에서 골몰하는 시애틀 젊은이들 틈에서 최근 맡은 프로젝트를 작업하기에도 좋은 카페. 넓은 창으로 스페이스 니들(Space Needle)과 올림픽 마운틴(Olympic Mountains) 의 경치가 한눈에 들어온다. 301 East Pine St, Seattle, WA 98122

ZOKA COFFEE ROASTER & TEA COMPANY 외진 그린 레이크(Green Lake)에 진정한 동네 커피숍이자 내가 시애틀에서 가장 좋아하는 카페가 있다. 잎 차와 함께 소량씩 볶아내는 커피가 다양하고, 라떼 만드는 법을 제대로 아는 곳이다. 2200 North 56th St, Seattle, WA 98103, www.zokacoffee.com

CUPCAKE ROYALE·CAFE VÉRITÉ Cupcake Royale은 컵케이크 업계에서 혁신적인 곳이다. 이 특별한 컵케이크에 Verite Coffee(같은 건물에 위치)의 카푸치노를 곁들여보자. 테디베어의 티파티에 온 양 앙증맞은 분홍색 잔에 커피가 담겨 나올 것이다. 아직도 부족한가? 그렇다면 월링포드 (Wallingford)에 있는 Trophy Cupcake을 함께 추천한다. 2052 NW Market St, Seattle, WA 98107, www.cupcakeroyale.com

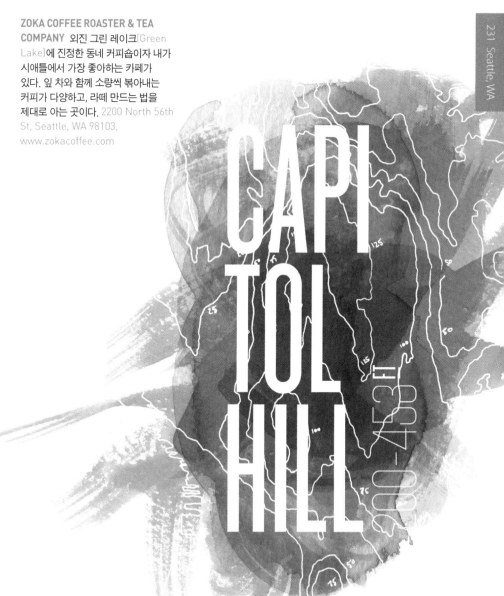

CAPI TOL HILL

PETER MILLER BOOKS Terminal Sales Building(내 직장이 있는 곳) 1층에는 디자이너라면 반드시 들러야 할 서점 Perter Miller Books가 있다. 건축, 디자인, 예술 서적의 보물 창고이자 디자인 제품 컬렉션마저 훌륭한 이곳에서 당신의 심장은 몹시 뛸 것이다. 북서부 지방의 무료 디자인&건축 잡지인 ARCADE를 한 부 챙기자. 그래도 심미적 욕구를 충족시키지 못하겠다면 길을 좀 더 내려가 고급 미술 재료를 취급하는 Paperhaus에 들르자. 1930 1st Ave, Seattle, WA 98260, www.petermiller.com

METSKER MAPS Metsker에는 항해 지도부터 지형도까지 없는 것이 없다. 이곳에서 미국 북서부 지역이나 당신의 다음 목적지의 지도를 살펴봐도 좋겠다. 1511 1st Ave, Seattle, WA 98260, www.metskers.com

AREA 51 눈이 호강하는 곳. 임스(Eames) 부터 허만 밀러(Herman Miller)에 이르는 현대 디자인 거장들의 오리지널 가구를 판매한다. 빈티지 활자판들이 집에 데려가달라고, 당신 책상에서 타이포그래피에 대한 애정을 드러내게 해달라고 애원하는 듯하다. 대부분 제품은 꽤 고가지만 비교적 저렴한 제품도 몇 가지 있다. 401 East Pine St, Seattle, WA 98122, www.area51seattle.com

SONIC BOOM 시애틀은 자신들의 음악을 사랑하는 도시다. 바로 여기는 음악 애호가들의 입맛을 만족시켜주는 레코드점이다. 상품 구성도 괜찮고, 최근 캐피톨 힐에 새 지점을 열었다 (본점은 발라드에 있다). 1525 Melrose Ave, Seattle, WA 98101, www.sonicboomrecords.com

SHOP

FREMONT MARKET & BALLARD MARKET 시애틀에는 여러 종류의 다양한 시장이 있는데 두 군데가 특히 가볼 만하다. 모두 일요일에도 문을 연다. Fremont Market은 예술가, 장신구, 빈티지, 길거리 음식 등 벼룩시장 분위기이며, Ballard Market에서는 농산물과 식품류를 판다. 특히 여름철, 사람 구경도 하며 일요일을 시작하기에 좋을 것이다. **FREMONT:** North 34th St, Seattle, WA 98103, www.fremontmarket.com **BALLARD:** Ballard Ave, Seattle, WA 98107

THEO CHOCOLATE 유기농 및 공정거래 카카오가 시애틀에 들어오자 이것으로 테오(Theo)는 깊고 진한 맛의 초콜릿을 만들기 시작했다. 코코넛커리나 무화과펜넬아몬드바 같은 색다른 초콜릿을 즐겨보자. 초콜릿을 사기 전에 시식해볼 수 있도록 샘플이 가득하다. 공장 투어도 아주 재밌다. 3400 Phinney Ave North, Seattle, WA 98103, www.theochocolate.com

SEATTLE ART MUSEUM (SAM) SAM은 과거와 현대를 아우르는 소장품이 빼어나며 볼 만한 기획전도 종종 열린다. 나는 호주 원주민 관련 소장품을 좋아한다. 이외에도 흥미로운 행사가 열리고 뮤지엄숍과 카페 역시 괜찮은 편이다. 대형 작품들은 1번 가를 따라가다 Olympic Sculpture Park에서 볼 수 있다. 1300 1st Ave, Seattle, WA 98101, www.seattleartmuseum.org

HENRY ART GALLERY 워싱턴대학 (Universityof Washington) 캠퍼스 내에 위치한 현대미술관으로 사진 분야에서 독보적이다. 마음이 평온해지는 제임스 터렐 (JamesTurrell)의 작품 'Skyspace'를 놓치지 말자. 15th Ave NE, NE 41st St, Seattle, WA 98105, www.henryart.org

UNIVERSITY OF WASHINGTON SUZZALLO LIBRARY READING ROOM 웅장한 고딕 양식을 좋아한다면 이곳이야말로 당신을 위한 장소이다. 드높은 고딕 양식의 천장 아래 조명 시설이 차분하게 놓인 책상이 늘어서 있다. Red Square, Seattle, WA 98195, www.lib.washington.edu/suzzallo

SEATTLE CENTRAL PUBLIC LIBRARY 렘 쿨하스(Rem Koolhaas)가 설계했고 브루스 마우(Bruce Mau)가 환경 그래픽을 작업한 건물로, 시애틀 내에서 손꼽히는 건축물이다. 그래픽이 가득한 1층 바닥, 샤르트뢰즈 컬러의 에스컬레이터, 혈관 역할을 하는 바닥 등 디자인이 혁신적이다. 꼭대기 층에서는 엘리엇베이(Elliot Bay)의 경치가 보인다. 시애틀건축협회(Seattle Architecture Foundation)을 통해 투어 정보를 얻을 수 있다. 1000 4th Ave, Seattle, WA 98164, www.spl.org, www.seattlearchitecture.org

CHAPEL OF ST IGNATIUS 시애틀대학 (Seattle University) 캠퍼스에 자리한 미니멀 양식의 예배당으로 스티븐 홀(Stephen Holl)에 의해 세세한 부분까지 빈틈없이 디자인되었다. 창틈으로 들어온 빛이 반사되어 전체 공간을 분위기 있게 채운다. 901 12th Ave, Seattle, WA 98122

CENTER FOR WOODEN BOATS 시애틀은 물에 둘러싸인 곳인 만큼 선박의 역사가 오래됐다. 여기는 물에 떠 있는 박물관 같은 곳으로, 온갖 종류의 목재 선박을 볼 수 있다. 이런 선박 한 척을 대여하거나 일요일 오후의 무료 항해를 이용해도 좋다. 보다 현대적인 배를 보고 싶다면 Fisherman's Terminal의 선창에 가서 시애틀의 날렵한 어선들을 구경하면 된다. 1010 Valley St, Seattle, WA 98109, www.cwb.org

GUM WAL·PIKE PLACE MARKET 어떤 사람들은 이곳을 역겨워하지만 Pike Place Market 아래 붙은 추잉껌 모자이크는 꽤나 주목할 만하다. 이 모든 것은 Market Theater의 공연을 보려고 줄을 한참 서곤 했던 사람들에 의해 시작됐다. 껌 한 통을 사서 흔적을 남겨보자. 그런 다음 올라가서 시장을 구경하러 가자. Post Alley, Seattle, WA 98101

KERRY PARK 두말할 필요 없이 시내 최고의 수려한 경관을 자랑하는 곳. 레이너 산(Mount Rainer)과 엘리엇베이 (Elliot Bay), 그리고 그 앞에 우뚝 선 스페이스 니들(Space Needle)과 푸젯 사운드(Puget Sound) 위로 비행기가 날아가는, 그야말로 그림과 같은 사진을 찍을 수 있을 것이다. 211 West Highland Dr, Seattle, WA 98119

BALLARD LOCKS Hiram MChittenden Locks라는 공식 명칭을 지닌 이 수문은 새먼 베이(Salmon Bay)와 레이크 유니언(Lake Union)을 푸젯 사운드의 염수로 이어주는 역할을 한다. 한쪽에서 다른 쪽으로 이동하고 싶은 배는 반드시 이 수문을 이용해야 하므로 대형 어선이나 취미용 요트, 작은 목선 등 갖가지 배를 구경하기에 좋다. 이외에 대규모의 연어 떼가 산란을 위해 몰려드는 어제(魚梯)도 볼 만하다. 3015 Northwest 54th St, Seattle, WA 98107

GAS WORKS PARK 레이크 유니언에 접한 Gas Works는 원래 정유 공장이었던 곳을 녹지로 바꾼, 넓은 공원이다. 완전히 개발된 주변환경과 수려한 스카이라인이 대조를 이룬다. 나는 여름이면 배 수백 척이 서로를 지나치며 볼 수 있는 화요일 저녁에 이 공원으로 피크닉을 오곤 한다. 연을 날리기에도 좋은 공원이다. 2101 North Northlake Way, Seattle, WA 98103

WASHINGTON PARK ARBORETUM 드넓은 공간에 산책로로, 연못, 아름다운 조경이 세심하게 배치되어 있는 로맨틱한 곳이다. 모두를 위한 공간이며 입장 또한 무료다. 2300 Arboretum Dr East, Seattle, WA 98112

시내에서 자연을 즐기기 자동차를 이용할 수 없는 상황이라면, 시내에서도 자연을 만끽할 수 있는 방법은 충분히 많다. 디스커버리주립공원(Discovery State Park)에는 수 마일에 이르는 산책로가 있고 그린 레이크(Green Lake)에서는 조깅을 즐길 수 있다. 골든 가든즈(Golden Gardens) 해변에서 여유를 만끽하거나, 27 마일이나 되는 부르크 길먼 트레일 (Burke Gilman Trail)에서 자전거를 빌려 시애틀을 가로지를 수도 있다.

교외 나들이 자동차를 빌려 돌아다닐 수 있는 사람들에게 시애틀은 아주 쉽게 대자연으로의 문을 열어 줄 것이다. 90번 도로를 타고 동쪽으로 달리면 캐스케이드 산맥(Cascade Mountain)의 끝없는 하이킹 코스로 갈 수 있다. 북쪽으로 가면 디셉션패스주립공원 (Deception Pass State Park)과 장엄한 풍경의 샌후안아일랜즈(San Juan Islands)에서 물가를 따라 하이킹을 할 수 있다. 남쪽으로의 드라이브는 웅장한 레이너산(Mount Rainer)으로 이어질 것이다. 겨울에 방문한다면 여기저기에 스키장이 있어 더욱 좋을 것이다.

BALL ARD

FREMONT SOLSTICE PARADE
매년 하지에 프레몬트의 거리들은 재밌는 꽃수레를 달고 바디페인트로 분장한 누드 사이클리스트들이 가득 채운다. 창의성을 즐겁게 나눌 수 있는 이벤트이다.
www.fremontartscouncil.org

SEATTLE INTERNATIONAL FILM FESTIVAL 매년 오월, 시애틀은 전 세계의 영화광을 초대한다. 여러 극장이 참여하는 이 행사는 영화뿐 아니라 역사적인 극장 건축을 볼 수 있는 좋은 기회가 된다. www.siff.net

FIRST THURSDAY ARTWALK IN PIONEER SQUARE 시내에서 가장 오래된 곳인 파이오니어 스퀘어 (Pioneer Square)는 오늘날 여러 갤러리와 예술 단체의 둥지가 되었다. 첫째 주 목요일마다 이들은 대중에게 문을 연다. 종종 아주 괜찮은 전시도 진행된다. 이 날은 대부분 박물관이 무료 입장이니 비용은 전혀 들지 않는다.
www.firstthursdayseattle.com

EVENTS

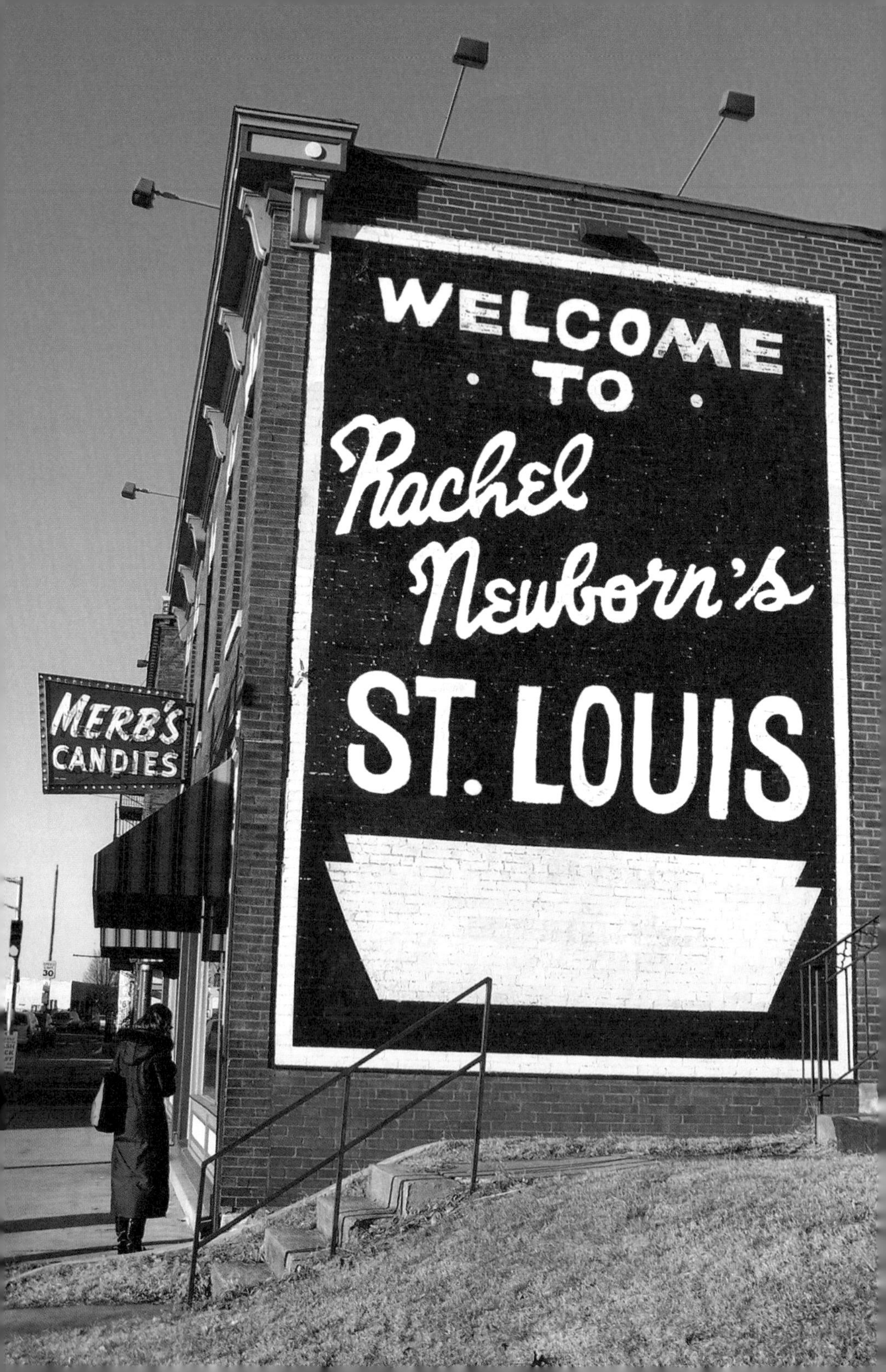
WELCOME
TO
Rachel
Newborn's
ST. LOUIS
MERB'S
CANDIES

미주리주 세인트루이스 - 레이첼 뉴본

ST LOUIS, MISSOURI BY RACHEL NEWBORN

나는 보스턴에서 자랐기에 대중교통을 당연시했다. 친구 집, 박물관, 새로 생긴 동네를 쉽게 돌아다녔고 시내를 구석구석까지 알고 있었다. 대학에 진학하려고 처음 세인트루이스로 왔을 때 나는 새로운 도시의 매력과 문화를 알고 싶어 신이 난 상태였고, 곧바로 적응하리라 자신했다. 하지만 일주일이 채 지나기도 전에 이것은 예상보다 어려운 일이라는 사실을 깨달았다. 대부분의 시내 주요 장소에 가려면 자동차가 필수였을 뿐 아니라, 당시 미국에서 가장 위험한 도시에서 미지의 지역을 돌아다닌다는 사실을 내 자신이나 친구들에게 설득하기가 힘들었다.

대학 과정이 반쯤 남았을 무렵이 되어서야 나는 이 도시를 이해하기 시작했다. 1900년대 초기의 상인 또는 선장의 집이었던 곳 모두가 박물관으로 바뀐 보스턴과는 달리 렘프 양조장(Lemp Brewery)이나 새뮤얼 클레멘스(Samuel Clemens)의 집 같은 세인트루이스의 주요 랜드마크는 허물어졌다. 경치 좋은 항구도 독립 전쟁 기념비 같은 것도 전혀 없다. 산업의 요충지로서 빛나던 과거가 빌딩 옆면 광고물의 흔적과 레트로 스타일의 기묘한 사탕 가게 등으로 스러져버렸다. 인구 밀집으로 붐비던 상업지역이 현재 적막하게 버려져 있다.

물론 이런 점들이 항상 나쁜 것만은 아니다. 벽돌 건물로 이루어진 풍경에는 무시하기 힘든 비극적인 아름다움이 서려 있다. 예술가와 기업가들은 역사적 공간을 취하여 예술과 비즈니스 등 뜻밖의 용도로 탈바꿈시켰다. 예를 들어 시립 박물관은 세기 전환기에 세워진 신발 공장 자리에 있는데, 건물의 역사를 끊임없이 기리는 동시에 순수하고도 재미있는 공간이 되었다. 세인트루이스에는 자의식이 부족한 자유사상도 존재한다. 이곳에는 독립적인 커피숍과 양조장이 많은데 자신들만의 원두를 볶고 자신들만의 맥주를 만들어내고 있다. 공공 박물관 및 동물원 등은 전부 입장료가 무료이다.

세인트루이스는 더욱 위대한 도시가 될 수 있다고 여겨지는 곳으로, 저 틈새들이야말로 이곳의 자존심, 전통, 예술을 지키고 키울 공간이 되어왔다.

MOONRISE HOTEL 불행히도 내가 세인트루이스를 여행자 입장에서 방문했을 때는 이 호텔이 없었다. 하지만 언젠가 내 주머니가 두둑해서 이 도시에 또 온다면 반드시 이곳에 묵겠다. 현지 기업가이자 레트로팝 마니아인 조 에드워즈 (Joe Edwards)가 소유한 이곳은 1950년대의 키치한 간판, 형광빛 찬란한 계단, 만화책 주인공이 그려진 포스터, 플라스틱 광선검 등이 곳곳에 있어 눈이 즐거워지는 곳이다. 6177 Delmar Blvd, St Louis, MO 63112, www.moonrisehotel.com

LEMP MANSION RESTAURANT AND INN 1800년대 후반 세인트 루이스의 맥주 양조업계를 독점했던 렘프(Lemp) 일가는 아주 호화로운 저택에 살았다. 기묘하게도 모두가 자살 또는 의문사로 비극적인 결말을 맞았다. 오늘날 저택은 으시시한 헬로윈 행사와 귀신 체험 투어 등을 주최한다. 나머지 기간에는 여관으로 운영된다. 테라스에서는 근사한 아트리움과 양조장이 보인다. 3322 Demenil Pl, St Louis, MO 63118, www.lempmansion.com

LEHMANN HOUSE 간소하고 아기자기하며 가격도 저렴한 B&B. 아름다운 라파예트 파크(Lafayette Park)에 있다. 내부에는 앤티크 가구와 소파로 꾸며진 방이 네 개 있다. 내가 직접 이용해보지는 않았지만, 주인이 아주 친절하고 조식도 맛있게 차려주며 화술이 대단한 사람이라고 한다. 10 Benton Pl, St Louis, MO 63104, www.lehmannhouse.com

CAFE NATASHA'S KABOB INTERNATIONAL

사우스그랜드(South Grand)에는 괜찮은 식당이 많지만 Kabob International은 유달리 맛있는 페르시안 요리로 특히 유명하다. 코발트블루로 도색된 벽과 알록달록한 조명으로 꾸며진 조용한 식당이다. 양념에 재운 케밥과 메뉴판에 적힌 나머지 요리 전부 맛이 훌륭하고, 채식주의자를 위한 메뉴도 있다. 3200 South Grand Blvd, St Louis, MO 63112, www.cafenatasha.com

AL-TARBOUSH DELI

이 중동 요리 델리는 델마스트리트(Delmar Street)의 길가에 있어 눈에 잘 띄지 않지만 지금까지 먹어본 중 최고의 허머스(hummus)를 판다. 크리미하고 마늘 향이 도는 완벽한 맛이다. 포장도 되니 샌드위치로 즐겨도 좋다. 602 Westgate Ave, St Louis, MO 63130

THE LONDON TEA ROOM

독특하고도 영국적인 개성이 뚜렷한 카페로, 영국 출신의 여성 두 명이 운영한다. 이 성공적인 카페의 티 제품은 국내 각지로 배송된다. 카페에서는 니티 쿠튀르(Knitty Couture) 등 뜨개질 프로그램도 진행한다. 사람 구경을 즐기는 이들을 위해, 젊은 아빠들이 정말 많다는 사실도 언급하고 싶다. 1520 Washington Ave, St Louis, MO 63103, www.londontearoom.com

피자 맛집: DEWEY'S, THE GOOD PIE, PI

세인트루이스는 피자로 유명한 곳은 아니다. 특히 세인트루이스가 피자를 싫어한다고 생각하는 동부지역 사람들 사이에서는 더욱 그렇다(거대한 마쪼 크래커 위에 프로볼로네향의 아메리칸치즈가 한껏 올려진 광경을 상상해보라). 그런데도 엄청나게 사랑받는 피자집이 몇 군데 있다. Dewey's는 빵처럼 두꺼운 도우에 신선한 토핑을 가득 얹어주며, The Good Pie는 화덕에서 정통 나폴리 피자를 구워내며, 오늘의 스페셜메뉴가 특히 괜찮다. Pi는 시카고 스타일의 딥디쉬 피자를 만드는데, 오바마 대통령은 이 피자를 너무나도 좋아하며 백악관으로 특별 주문을 했다고 한다. **DEWEY'S PIZZA:** 559 North And South Rd St Louis, MO 63130, www.deweyspizza.com, **THE GOOD PIE:** 3137 Olive St, St Louis, MO 63103, **PI:** 400 North Euclid Ave, St Louis, MO 63108, www.restaurantpi.com

BOOSTER'S CAFE

이 작은 카페는 케빈 윈터(Kevin Winter)와 바바라 해링턴(Barbara Harrington)이 소유하여 직접 운영하는 곳으로, 카페의 수익은 나이지리아에서 에이즈 교육을 위해 힘쓰고 있는 배우자들에게 보낸다. 이들의 값진 활동을 알기 전에도 나는 이곳을 좋아했다. 군침 돌게 하는 블루베리펌킨 팬케이크는 늦은 밤 지친 심신을 달래고 싶을 때 딱이다. 집에서 먹던 맛이 그리울 때는 이곳이 최고다. 전부 정성껏 만들어지기 때문이다. 567 Melville Ave, St Louis, MO 63130

WORLD'S FAIR DOUGHNUTS

식물원 근처에 있는 도로변 도넛 가게로, 1960대 미국이 담긴 타임캡슐 같은 곳이다. 이곳을 운영하는 할머니 세 명은 당시의 올림머리와 푸른색 아이섀도를 여전히 고수하고 있다. 도넛의 맛은 환상적이다. 겉은 바삭하고 속은 부드럽다! 1904 South Vandeventer Ave, St Louis, MO 63110

LORUSSO'S CUCINA

언급된 다른 식당들보다 한층 고급스러운 레스토랑이다. '더힐(The Hill)'이라고 불리는 이탈리아인 지역에 있으며 즐겁고 로맨틱한 분위기가 아주 괜찮다. 이곳 정통 이탈리안 요리의 풍미는 신선하고도 뚜렷하다. 따라서 항상 손님이 가득하니 예약을 꼭 하자. 3121 Watson Rd, St Louis, MO 63139, www.lorussos.com

TASTE BY NICHE

Taste는 작고 아늑한 레스토랑으로, 편안하고 가벼운 저녁 식사와 음료를 즐기기에 완벽한 곳이다. 직원들은 아주 친절하며 메뉴 조합도 몹시 흥미롭다. 고추냉이와 대추야자 또는 오이, 넛맥, 소금물을 이용한 조리법 등이 의외로 무척 어울린다. 1831 Sidney St, Benton Park, MO 63104, www.nichestlouis.com

DRINK

241 St Louis, MO

BLUEBERRY HILL 대학생과 베이비붐 세대 모두가 즐겨 찾는 Blue Hill(학생들은 줄여서 이렇게 부르는데, 세인트루이스 토박이들은 이 이름을 쓰지 않는다)은 서로 어울리지 않을 듯한 요소들이 뒤섞인 곳이다. 이 지역 출신 스포츠 영웅이나 음악계 거장들의 기념품이 목재로 된 벽을 가득 채우고 있다. 운이 좋다면 80대에 접어든 척 베리(Chuck Berry)가 무대에 오르는 토요일 밤 공연 표를 구할 수도 있을 것이다. 6504 Delmar Blvd, St Louis, MO 63112, www.blueberryhill.com

BAILEY'S CHOCOLATE BAR Bailey's는 상상 가능한 호화로운 디저트 레스토랑과 바의 모습을 그대로 갖춘 곳이다. 테이블은 붉은 벨벳과 양초들로 장식되고 테라스는 겨울에도 이용 가능하도록 난방기가 설치되어 있으며 천장을 뚫고 자라는 나무가 있다. 주말에는 예약하는 것이 좋다. 1915 Park Ave, St Louis, MO 63104, www.baileyschocolatebar.com

THE FOUNTAIN 자동차 쇼룸이었던 공간을 가족적인 분위기의 레스토랑 겸 아이스크림 가게로 개조했다. 밤에는 스타일리시한 바로 바뀌며 코미디 연극 등의 월례 행사도 열린다. 내부에는 화려한 벽화가 그려지고 20세기초 미국 가구로 꾸며져 있다. 이곳의 별미는 아이스크림 칵테일, 밀크셰이크, 구운 디저트류와 홈메이드 핫퍼지(homemade hot fudge)이다. 이외 다른 요리도 좋으니 디저트 순서는 천천히 기다리자. 2027 Locust St, St Louis, MO 63103, www.fountainonlocust.com

VENICE CAFE 이 바는 노먼 베이츠(Norman Bates)의 다락방을 본딴 유령의 집 같다. 볼링 수집품, 동물 머리 박제, 깨진 유리, 기괴한 인물 사진들이 벽을 채우고 다채로운 네온 조명이 비춘다. 여름에는 조각 테라스에서 식당도 연다. 1903 Pestalozzi St, St Louis, MO 63118, www.thevenicecafe.com

FOAM 세인트루이스에는 커피 볶는 집이나 맥주 양조장이 많은 만큼 이들이 한데 모이는 것은 당연할 것이다. 이 재밌는 카페는 시내 여느 카페와 마찬가지로 커피와 맥주를 함께 판다. 인더스트리얼 양식의 공간은 밝은색의 빈티지 가구로 꾸며져 있다. 아침에는 차분하고 여유로운 분위기 속에서 빵과 커피로 식사할 수 있고 밤에는 다양한 맥주 셀렉션과 라이브 밴드의 공연으로 분위기가 조금 더 활발해진다. 3359 South Jefferson Ave, St Louis, MO 63118

THE MAP ROOM 독특하고 아늑한 바 겸 디저트 카페. 주말이면 밴드가 재즈나 스윙을 연주하고 연인들은 일어나 춤을 추기도 한다. 작은 공간에 손님이 가득하지만 동석할 수 있는 자리를 직원들이 금세 마련해줄 것이다. 1901 Withnell Ave, St Louis, MO 63118

BB'S JAZZ, BLUES, AND SOUPS 밤에는 떠들썩하고 연기 자욱한 바. 사람들 사이에서 프리재즈의 선율에 빠져들고 싶다면 이곳을 추천한다. 낮에는 포보이, 빈앤라이스, 검보 등 케이준 음식을 파는데 가정식 수프가 이 집의 대표 메뉴이다. 700 South Broadway, St Louis, MO 63102, www.bbsjazzbluessoups.com

BLACK BEAR BAKERY 메밀로 만든 채식주의 팬케이크에 공정무역 커피를 곁들이며 무정부주의 혁명가들에 대한 이야기도 들어보자. 직원들이 직접 운영하는 협동조합 베이커리 겸 정치적 예술 공간인 이곳은 지역에서 꽤나 유명하며 여러 현지 상점 및 시장과 제휴해 홈메이드 제품을 판다. 2639 Cherokee St, St Louis, MO 63118

CROWN CANDY KITCHEN 세인트루이스 북쪽에 자리한 Crown Candy Kitchen은 외졌는데도 수제 초콜릿과 월즈페어선데(World's Fair Sundae)를 찾는 단골의 발길이 백 년 가까이 이어진다. 1401 St Louis Ave, St Louis, MO 63107, www.crowncandykitchen.net

JAY'S INTERNATIONAL MARKET 소문이 자자한 오징어 먹물을 찾거나 요거트 소다가 궁금하다면 이 재미있는 시장으로 가보자. 상상할 수 있는 모든 류의 식재료와 상상하지 못한 것까지도 팔고 있는 시장이다. 3172 South Grand Blvd, St Louis, MO 63118

SOULARD FARMERS' MARKET/ TOWER GROVE FARMERS' MARKET Tower Grove Farmers' Market은 여름과 가을에만 운영되는 야외 시장이다. 주택지 한가운데의 타워그로브파크(Tower Grove Park)에서 열린다. Soulard Farmers' Market은 미시시피 서부에서 가장 오래된 직거래 시장이다. 200 여 개의 좌판이 서는 거대한 시장으로 현지에서 구운 빵부터 악어 및 다람쥐 고기 등 없는 것이 없다. **TOWER GROVE:** Northwest Dr & Central Cross Dr, St Louis, MO 63110, www.tgmarket.org, **SOULARD:** 730 Carroll St, St Louis, MO 63104, www.soulardmarket.com

TREASURE AISLES ANTIQUE MALL 내가 빈티지 액세서리나 가구, 주방용품 등을 살 때 즐겨 찾는 곳이다. 이곳 상품은 가격이 저렴하고 깨끗하며 신상품도 언제나 들어온다. 근처에 앤티크 상점이 몇 군데 더 있지만 나는 여기가 가장 좋다. 2317 South Big Bend Blvd, St Louis, MO 63143

ST LOUIS ART MUSEUM 이 박물관의 소장품은 방대해서 누구나 만족할 정도이다. 상설 전시 관람료는 항상 무료이며 기획 전시는 매주 금요일 오후 무료 입장이다. 프랭크 스텔라(Frank Stella)와 도널드 저드 (Donald Judd)의 작품이 루이즈 부르주아 (Louise Bourgeois)의 거대한 조형물 옆에 전시되어 있다. 조각 정원은 반드시 둘러봐야 하는데, 온갖 식물 사이에서 은으로 만들어진 실물 크기 나무도 찾아보자. 1 Fine Arts Dr, St Louis, MO 63110, www.slam.org

THIRD DEGREE GLASS FACTORY Third Degree Glass Factory는 단순히 전시 공간과 상점에서 벗어나 지역 주민을 유리공예로 안내하는 활발할 활동으로 더욱 유명해졌다. 파티나 시연회 등을 주최하고 현지 대학과 협력하여 저녁 강의도 진행한다. 이들이 마련한 행사는 꼭 한 번 가볼 만하다. 5200 Delmar Blvd, St Louis, MO 63108, www.stlglass.com

MAD ART GALLERY 옛 경찰서 건물에 둥지를 튼 재미있는 예술 공간이다. 오래된 감방 안에 작품이 설치되는 등 다양한 기획 전시가 열리지만 대체로 콘서트, 드래그쇼, 자선단체 모금 행사 등이 열리는 행사장으로 쓰인다. 2727 South 12th St, St Louis, MO 63118, www.madart.com

THE MOOLAH THEATER

새인트루이스에는 색다른 매력의 영화관이 여럿 있다. 티볼리(Tivoli) 극장은 1924년에 개관한 유서 깊은 극장이며 독립영화 및 해외작품을 주로 상영한다. 웹스터대학(Webster University)과 워싱턴대학 (Washington University)은 매해 영화제를 주최한다. 하지만 내가 좋아하는 곳은 The Moolah이다. 마치 파라오에게 바치는 라스베가스 건물처럼 생긴 오래된 전당에 자리하고 있다. 벽돌은 붉은색, 금색, 녹색으로 칠해져 있으며 이집트 죽음의 가면이 입구를 지키고 있다. 상영관 자체는 푹신한 좌석과 작은 테이블이 있는 거대한 방 하나로 이루어져 있다. 한 달에 한 번씩 자정에 'brew&view' 행사를 열어 '록키호러픽쳐쇼'나 '위대한 레보스키' 같은 컬트 고전을 상영한다. 3821 Lindell Blvd, St Louis, MO 63108, www.stlouiscinemas.com

CITY MUSEUM

아마도 미국에서 가장 특이하고 당황스러우며 동시에 행복해지는 박물관일 것이다. 성인과 어린이들을 동시에 만족시키는 이곳에는 알록달록한 종이 롤러, 천장에 매달린 낡은 비행기, 건물과 야외 조각 전시공간을 연결하는 거대한 용수철 같은 구조물 등이 설치되어 있다. 이외에도 만화경 터널, 카니발 유령의 집, 그리고 마시멜로우를 직화로 구워 먹는 공간도 마련되어 있다. 절대 놓치지 말고 꼭 가보길 바란다. 701 North 15th St, St Louis, MO 63103, www.citymuseum.org

FIRECRACKER PRESS

세인트루이스에서 내가 참 좋아하는 곳 중 하나인 Firecracker는 디자인 스튜디오이자 지역 문화행사용 포스터를 제작하는 인쇄소이기도 하다. 이따금씩 활판인쇄 아티스트들이 작업하는 모습을 손님들이 지켜보거나 직접 참여하는 행사가 열리기도 한다. 스튜디오에는 포스터, 카드, 잡지 등을 살 수 있는 상점도 있다. 2838 Cherokee St, St Louis, MO 63118, www.firecrackerpress.com

LAUMEIER SCULPTURE PARK

시내 밖으로 조금 운전해 나갈 시간이 있다면 이 엄청난 조각공원을 방문해야만 한다. 입장은 무료이고 관람은 놀라움 그 자체이다. 구상 작품부터 완전히 추상적인 작품까지, 떠올릴 수 있는 그 모든 재료와 방식으로 제작된 작품 수백 점을 감상할 수 있다. 12580 Rott Rd, St Louis, MO 63127, www.laumeier.com

THE PULITZER / THE CONTEMPORARY ART MUSEUM

1+1 세일이나 마찬가지인 곳. 두 박물관 관람료가 다 무료라서가 아니라, 박물관들이 서로 이어져 있기 때문이다. The Pulitzer는 안도 다다오가 설계한 유선형의 미니멀 건축물과 리차드 세라 (Richard Serra)의 거대한 금속 조각품 '조(Joe)' 때문에라도 둘러볼 만한 곳이다. 두 박물관 모두 흥미로운 이벤트를 개최하기도 한다. 일례로 'Prints Gone Wild'라는 행사에서는 중서부 판화가들이 모여 각자의 작품을 판매하고 파티를 즐겼다. 댄 플래빈(Dan Flavin) 전시에서는 풀리처 측에서 조명 작품을 제대로 보여주려고 늦게까지 개관했었다. 3716 Washington Blvd, St Louis, MO 63108, www.pulitzerarts.org, www.contemporarystl.org

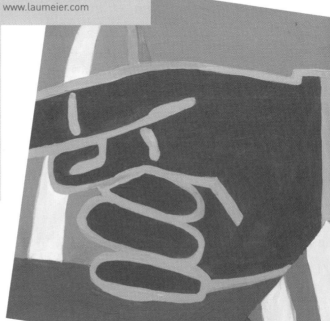

ST LOUIS RIVERFRONT TRAIL / CEMENTLAND 10마일 길이의 산책로 겸 자전거로, 아치(Arch)와 라클리드 랜딩(Laclede's Landing)에서 시작해 미시시피강을 따라 북쪽으로 뻗어 있다. 대중교통으로 출발점까지 간 후, 옛날 공장들과 세인트루이스의 산업시대 유적지를 지나며 길을 따라가면 된다. City Museum의 설립자 밥 카실리 (Bob Casilly, Culture 섹션 참조)가 만든 시멘트랜드(Cementland)라는 조각공원도 지날 것이다. City Museum과 마찬가지로, 시멘트랜드는 아이와 어른 누구나 신나게 놀 수 있는 놀이터이다.

WATERFRONT 한때 번영한 부둣가를 부흥하려던 노력이 완성되지 못한 모습을 그대로 보여준다. 아치에서 출발해 강을 따라 루미네어 카지노(Luminaire Casino)와 이즈 브리지(Eads Bridge) 밑을 지나 옛날 공장들을 스치며 산책할 수 있다. 일부 공장은 예술가의 작업실로 쓰이지만 나머지는 폐지로 남았다. 산책로 끝까지 가면 세인트루이스 리버프런트 트레일(St Louis Riverfront Trail)로 이어질 것이다. 자기 영역을 남이 침범하는 것을 싫어하는 불법 거주자들을 조심하자.

THE LOOP

FOREST PARK 이 지역에서 가장 큰 공공 공원이다. 센트럴 파크보다 1.5배나 넓으며 세인트루이스 미술관 (StLouis Art Museum), 동물원(St LouisZoo), 미주리 역사박물관(Missouri HistoryMuseum)과 인접해 있다. 공원은 피크닉이나 자전거를 즐기는 사람들로 꽉 차 있다. 공원에서는 가을철의 'Balloon Glow(열기구 경주)'나 'Shakespeare in the Park (셰익스피어 연극 공연) 같은 행사도 열린다. Lindell Blvd 와 Skinker Blvd S 사이

LAFAYETTE PARK 길게 늘어선 아름다운 벽돌 주택들은 세인트루이스의 전형적인 풍경이지만 라파예트 스퀘어 (Lafayette Square)의 장식적인 파사드는 그중에서도 두드러진다. 이 주변은 걷기도 좋고 주민들이 여름철과 주말에 행사를 열곤 한다. 공원에서 영화나 콘서트를 감상하거나 오픈하우스와 벼룩시장을 구경해보자. 2101 Park Ave, MO 63104, www.lafayettesquare.org

MISSOURI BOTANICAL GARDENS 세인트루이스에서 최고로 손꼽히는 녹지 공간이다. 식물원 공간이 아기자기하고 극장 및 온실이 있어 연중 어느 때고 볼거리가 다양하다. 여름에는 입장료가 없는 음악 축제와 미술 강의 및 소셜 이벤트가 열린다. 데일 치힐리(Dale Chihuly)가 식물에서 영감을 받아 작업한 유리 작품들이 언젠가 전시됐는데 개중 일부 작품이 식물원에 아직도 전시되어 있다. 4344 Shaw Blvd, Tower Grove, MO 63110, www.mobot.org

CAHOKIA MOUNDS 일리노이 주 경계를 살짝 넘을 정도로 멀지만 거기까지 갈 만한 가치가 있다. 카호키아(Cahokia)는 8-14 세기경 미시시피 원주민이 살던 도시 유적이다. 오늘날 이곳에는 박물관과 가이드 투어 프로그램이 있지만, 구경하기에 가장 좋은 방법은 당시 인디언들이 직접 쌓은 평평한 제단에 올라 경치를 감상하는 것이다. 30 Ramey St, Collinsville, IL 62201, http://cahokiamounds.org

JOSHUA GRAHAM GUENTHER'S

WASHINGTON, DC

워싱턴 DC - 조슈아 겐터

WASHINGTON, DISTRICT OF COLUMBIA BY JOSHUA GRAHAM GUENTHER

흔히 '더 디스트릭트(the District)' 또는 단순히 DC로 불리우는 미국의 수도는 그 현란한 기념비, 박물관, 유적지, 대사관, 국가기관, 연방기관 건물들의 향연이 타의 추종을 불허한다. 이곳은 미국의 경제적, 문화적, 그리고 말할 필요도 없이 정치적 중심이며 이는 특정한 류의 소음 (지역단체 활동이나 정치적 사건, 집회를 떠올려보라)이 함께한다는 뜻이기도 하다. 이 소음은 많은 영감을 주기도 한다. 워싱턴 DC의 단점이라 하면 이곳이 연간 2천만 명의 관광객이 몰려드는 유명 관광지라는 것이다. 관광객을 대상으로 하는 터무니없이 비싼 식당 및 상점은 피하고 훌륭한 데다 무료이기까지 한 박물관 및 갤러리, 그리고 대안 문화에 관심을 가져보자.

　　워싱턴 DC는 여행하기 좋은 도시다. 18세기 건축가인 샤를르 랑팡(Charles L'Enfant)이 꼼꼼히 설계한 이곳 도시계획은 전 세계적으로 유명하다. 그리드 시스템을 바탕으로 하여 대로가 도시 구역을 양분하며 녹지도 풍부하다. 시내는 네 구역으로 나뉘어 있으며(서북, 동북, 동남, 서남) 국회의사당을 중심으로 뻗어 있다. 거리 이름에 해당 지역이 포함되어 있으니 어디에서든 현재 위치를 파악하기가 쉬울 것이다. 걸어서도 충분히 돌아볼 수 있고, 아니면 공영 자전거 대여 시스템인 스마트바이크 DC(SmartBike DC)를 이용해도 된다. 지하철도 이용하기 매우 편리한데 웬만한 곳이 모두 연결되어 있다. 자동차를 빌려도 된다. 하지만 DC는 통근자가 많은 도시라 주차 공간이 부족하고 비싸며 혼잡하기까지 하다.

　　나는 1년 중 10월을 가장 좋아한다. 낮에는 날씨가 쾌적하고 관광객도 줄어든다. 하지만 야외 행사와 나이트라이프로 풍요로워지는 여름도 재미있다. 언제 오든지 현지인들과도 이야기를 나누며 정보를 얻어보자. 당신은 DC 주민들이 꽤 친절하고 상냥하다는 사실을 알게 될 것이다. 그들은 외지인은 잘 보지 못할 또 다른 도시 생활로 당신을 안내해줄 것이다.

HOTEL PALOMAR 디자인과 미술에 중점을 두고 세워진 고급 부티크 호텔로, 위치도 좋다. 넓은 객실마다 미술용품과 아트 게임이 구비되어 있어 아이디어와 재치를 마구 뽐낼 수 있을 것이다. 2121 P St Northwest, Washington, DC 20037, www.hotelpalomar-dc.com

KALORAMA GUEST HOUSE 트렌디한 아담스 모건(Adam's Morgan)에 자리한 합리적인 가격의 B&B. 새로 개조된 타운하우스 건물에 있으며 이 지역 내 예술 구역과도 무척 가까우면서도 조용한 곳이다. 집에 온 듯한 편안함을 느끼고 싶다면 이곳으로 가자. 1854 Mintwood Pl Northwest, Washington, DC 20009, www.kaloramaguesthouse.com

AVERAGE LENGTH OF OVERNIGHT STAY (DAYS)

3.0

116

HOTELS
(27,000 ROOMS)

$
14.5
HOTEL TAX (%)

555
HEIGHT EVERY DISTRICT BUILDING
DOES NOT EXCEED (FEET)

COUCH SURFING 나는 카우치서핑 베테랑이다. 카우치서핑이란 한마디로 서로 잠잘 곳을 제공하고 제공받는 여행자들의 공동체이다. 내가 원하는 대로 맞출 수 있으면서도 몹시 경제적인 여행 방식이다. 강력하게 추천하는 바다. 워싱턴 DC는 카우치서핑을 경험하기에 아주 적절한 곳이니 시도해보자. www.couchsurfing.org

BUS BOYS & POETS 독특한 곳이다. 식당이고 서점이며 공정무역 시장인 동시에 '사회 정의와 평화를 주제로 한 대화의 장'(그들의 강령을 인용하자면)이다. 아나스 '앤디' 샬랄(Anas 'Andy' Shallal)이 2005년 개업한 이곳의 이름은 어릴 적에 버스보이로 일한 시인 랭스턴 휴즈(Langston Hughes)에서 따왔다. 채식주의 요리를 전문으로 하지만 육식가들을 위한 메뉴도 충분히 마련되어 있다. 2021 14th St Northwest, Washington, DC 20009, www.busboysandpoets.com

AMMA VEGETARIAN KITCHEN 내가 점심을 빨리 간단히 먹고 싶을 때 들르는 인도 식당이다. 집에서 식사하는 듯 분위기가 편하다. 3291 M St Northwest, Washington DC, 20007, www.ammavegkitchen.com

JAVA GREEN CAFE 공정무역 유기농 에코카페로 패러것 노스(Farragut North) 근처에 있다. 이곳엔 육류 요리가 전혀 없지만 아주 맛있는 채식 아침 메뉴가 있으며 무(無)글루텐 또는 생식 요리도 선택 가능하다. 1020 19th St Northwest, Washington, DC 20036

MIDCITY CAFFE 독특한 분위기의 작은 커피숍. 14번 가와 U스트리트를 잇는 길목의 골동품 상점 위층에 있다. 스낵 메뉴도 맛있고 커피 맛은 그야말로 최상이다. 무선 인터넷이 제공되며 화요일 저녁에는 시 낭독회나 음악회도 열린다. 1626 14th St Northwest, Washington, DC 20009

1

AUGUST
THROUGH
SEPTEMBER

LEAST TOURIST-FILLED MONTHS

251 Washington, DC

INSIDE RESTAURANTS, BARS
& PUBLIC BUILDINGS

NO
SMOKING

CITY AREA (SQ. MI.)

68.3

STICKY FINGERS 비건 베이커리로 제과류, 식사, 커피가 모두 훌륭하다. 건강에는 그리 좋지 않겠지만 단 음식이 당길 때는 이곳에서 만족할 수 있을 것이다. 무료 인터넷도 사용 가능하고 주말 브런치도 괜찮은 편이다. 또 수요일마다 '컵케이크 해피아워'를 운영한다. 1370 Park Rd Northwest, Washington, DC 20010, www.stickyfingersbakery.com

THE RED DERBY 색다른 현지 맥주들을 맛볼 수 있는 곳으로, 아는 사람만 아는 (적어도 지금까지는) 비밀 맛집이다. 대화가 통하는 아티스트들과 조우할 수 있는 훌륭한 동네 술집이다. 재밌는 행사들도 진행되니 홈페이지에서 이벤트를 살펴보자. 3718 14th St Northwest, Washington, DC 20010, www.redderby.com

THE PHARMACY BAR 애덤스 모건(Adam's Morgan) 근처 18번 가에 위치한 이곳은 주변 어디에서도 찾기 힘든 것을 갖추고 있다. 바로 아늑한 분위기이다. 당신 면전에서 술을 튀기는 만취 주정뱅이도 없을뿐더러 공간에 여유가 흐르고 인테리어는 재미있다. 벽을 따라 약장이 죽 늘어서 있으며 테이블 유리 아래에는 알약 수천 개가 깔려 있다. 2337 18th St Northwest, Washington, DC 20009, www.bardc.com

RANKED U.S. CITY BEST FOR SINGLES

4TH

MINIMUM DRINKING AGE (YEARS)

21

2AM SUN.-THURS.
3AM FRI.-SAT.

LAST CALL FOR ALCOHOL IN BARS

106 3/4

METRO RAIL TRACK (MILES)

THE VELVET LOUNGE 허름해도 손님들은 개성 있고 술을 다양하게 갖춘 멋진 술집이다. 바는 1층에 있고 입구로 들어가자마자 한 층 올라가면 현지 밴드의 쇼케이스가 벌어지는 라운지가 있다. 힙합부터 재패니즈 프로그레시브/스페이스락 등 온갖 장르를 접할 수 있을 것이다. 915 U St Northwest, Washington, DC 20001, www.velvetloungedc.com

BLACK CAT 워싱턴 DC의 음악계를 처음 접하는 이들에게 안성맞춤인 곳. 현지, 국내, 해외 인디밴드를 바로 코앞에서 볼 수 있는 기회를 제공한다. 온라인으로 공연 정보를 확인할 수 있다. 가게 안의 구식 비디오 게임기도 눈여겨보기 바란다. 1811 14th St Northwest, Washington, DC 20009, www.blackcatdc.com

MADAME'S ORGAN 라이브 공연과 음료를 즐길 수 있는 괜찮은 술집. 애덤스 모건에 있으며 건물 옆면 가득 붉은 머리 여인이 그려져 있어 찾기도 쉽다. 지하에 공연장이 있고 위층에는 당구대가 있으며 모든 곳에 바가 잘 갖추어져 있다. 시내 대부분의 술집이 그렇듯, 주말에는 입장료를 받는다. 2461 18th St Northeast, Washington, DC 20018, www.madamsorgan.com

GALAXY HUT 워싱턴 DC에 있지는 않지만 지하철로 연결되는 데다 장시간 이동할 만한 가치가 있는 곳이니 소개하겠다. 볼거리가 더 필요한 이들에게는 그 주변에 있는 다른 술집과 상점, 식당들도 권한다. 이곳은 내가 참 좋아하는 술집 중 하나로, 분위기가 한껏 느긋하고 구식 비디오 게임기와 크리스마스 조명이 있는 곳이다. 내 집에서처럼 편할 것이다. 2711 Wilson Blvd, Arlington, VA 22201, www.galaxyhut.com

THE SALOON Galaxy Hut과 흡사한 공간으로, 벽돌 인테리어로 꾸며져 있다. 이곳만의 근사한 규정은 사교와 소통이다. 나는 친구들과 좋은 시간을 보내고 싶으면 이곳에 온다. 테이블 반대편에 앉은 친구에게 소리치듯 이야기하지 않아도 되는 곳. 1207 U St Northwest, Washington, DC 20009

SOLLY'S TAVERN 다양한 이벤트와 현지 맥주가 있는 괜찮은 모임 장소. 이곳의 하이라이트는 코스튬 카라오케(Kotsume Karaoke)로, 헬러윈 복장을 다시 걸칠 핑계를 대주니 신나게 목청껏 노래할 수 있다. 1942 11th St Northwest, Washington, DC 20001

시내에는 예술적인 감각으로 가득 찬 세련된 상점이 가득하다. 하지만 일반적으로 가장 가볼 만한 쇼핑지는 노스웨스트(Northwest)의 애덤스 모건(Adam's Morgan)과 조지타운 (Georgetown), 사우스이스트 (Southeast)의 이스턴마켓(Eastern Market)에 있는 아래 상점들이다.

SMASH! RECORDS 1984년 문을 연 시내 최초의 프리미어 펑크 & 얼터너티브 음반 및 의류 매장이다. CD와 LP가 다양하게 갖추어져 있으며 빈티지나 인디 디자이너 의류도 취급한다. 2314 18th St Northwest, 2nd Floor, Washington, DC 20009, www.smashrecords.com

CAPITOL HEMP 지하에 위치한 가게로, 산업용 대마로 만든 각종 고품질 제품을 취급한다. 모두의 취향에 맞진 않겠지만 내가 좋아하는 곳! 1802 Adams Mill Rd, Washington, DC 20009. www.capitolhemp.com

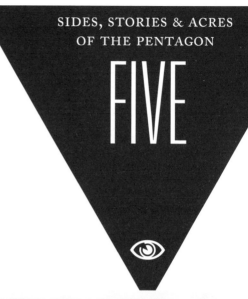

SIDES, STORIES & ACRES
OF THE PENTAGON

FIVE

MEEPS VINTAGE FASHIONETTE 빈티지 의류점으로 남성복과 여성복을 골고루 갖추고 있다. 현지 디자이너가 제작한 단일품도 판매한다. 2104 18th St Northwest, Washington, DC 20009, www.meepsdc.com

EASTERN MARKET 나는 토요일이면 이스턴 마켓에서 시간을 보낸다. 농산물부터 꽃, 의류, 예술품 등 온갖 물건을 팔고, 공동체적인 분위기도 있어 늘 친구들과 마주친다. 주말에 워싱턴 DC에 머문다면 꼭 와보길 바란다. 특별 행사가 있을지도 모르니 웹사이트를 미리 확인해보자. 225 7th St Southeast, Washington, DC 20003, www.easternmarket.net

POLITICS AND PROSE 체비 체이스(Chevy Chase) 에서 조금 떨어진 이 멋진 독립서점에는 거장의 작품들과 아랫층 카페, 그리고 무척 친절하면서도 과하게 성실하지는 않은 직원들이 있다. 워싱턴 DC 답게 유쾌한 곳. 5015 Connecticut Ave Northwest, Washington, DC 20008, www.politics-prose.com

N

2M./9FT.

38:54:18 N

77:00:58 W

ALTITUDE & COORDINATES

HIRSHORN MUSEUM AND SCULPTURE GARDEN 내셔널몰(the National Mall)의 뒷 켠에 있으며 언제나 놀랍도록 평화롭다. 스미소니언 단지의 일부이며, 도넛 모양의 건물 가운데에 분수가 있는, 우주비행선 같은 외관이다. 앤디 워홀, 잭슨 폴록, 마크 로스코, 루치안 프로이트 등 유명 작가들의 작품을 소장하고 있다. 내가 특히 좋아하는 곳은 옥상의 조각 정원과 휴식 공간으로, 내셔널몰의 경치가 한눈에 보이는 곳이다. Independence Ave Southwest, Washington, DC 20024 www.hirshhorn.si.edu

TRANSFORMER GALLERY 작은 비영리 갤러리로, 신진 아티스트들의 재기 넘치는 전시 등 볼거리가 다양하다. 작품 수집에 관심이 있는 이들을 위한 미술품 경매도 운영한다. 1404 P St Northwest, Washington, DC 2005

HEMPHILL FINE ARTS 유명 작가뿐 아니라 유능한 신인 작가의 작품까지 모두 접할 수 있는 세련된 공간이다. 최근 매우 예술적으로 변모한 노스웨스트 14번 가(로건서클Logan Circle 내)에 있으며, 근처에는 G Fine Art ,Irvine Contemporary, Curator's Office 등 가볼 만한 곳이 많다. 1515 14th St Northwest, Washington, DC 2005, www.hemphillfinearts.com

ADAMSON GALLERIES 작지만 분위기가 우아한 갤러리로, Hemphill과 같은 빌딩에 있다. 들어가려면 초인종을 눌러야 한다. Hemphill 과 마찬가지로 유명 작가들의 작품이 전시되며 (척 클로스Chuck Close와 제니 홀저Jenny Holzer 등의 작품이 다뤄졌다), 디지털 프린트와 사진에 중점을 둔다. 1515 14th St Northwest, Washington, DC 2005, www.adamsongallery.com

RANKED U.S. CITY FOR BEST MUSEUMS

NUMBER ONE

CULTURE

CORCORAN GALLERY OF ART 돈을 내고 들어가야 하는 몇 안 되는 갤러리 중 하나이니 미리 전시 내용을 확인할 것. 과거에 꽤 괜찮은 사진전들도 열었다(윌리엄 이글스턴 William Eggleston전이 특히 인상 깊었다). 영구 소장품은 고전 미술과 현대 작품들이 골고루 구성되어 있다. 510 17th St Northwest, Washington, DC 20006, www.corcoran.org

ARTOMATIC 워싱턴 DC의 아티스트들을 보기 위한 최고의 방법은 Artomatic이다. 한 달 동안 무료로 개최되는 페스티벌로, 임대한 사무용 빌딩공간에서 펼쳐진다. 매해 시각 예술인 1,000여 명과 공연 예술가 600여 명이 한데 모인다. 프로그램이 매년 변경되니 웹사이트를 통해 장소와 일정을 확인하자. www.artomatic.org

SCREEN ON THE GREEN 여름철 취미: 내셔널몰(the National Mall)의 대형 스크린으로 고전 영화 무료로 보기. 여름철 상영회는 주로 월요일 저녁 8시 30분쯤 시작된다. 어떤 이들은 5시부터 자리를 맡아두기도 하니 너무 늦게 도착하지는 말자. 즐거움을 더하기 위해 담요, 먹을거리와 맥주를 미리 준비하자. 4th St와 7th St 사이의 National Mall

DC INDEPENDENT FILM FESTIVAL AND INDEPENDENT MUSIC FESTIVAL 매해 3월이면 상업영화, 단편영화, 애니메이션, 다큐영화 등으로 온 시내가 생기를 띤다. 동시에 인디뮤직 페스티벌이 개최되어 전 세계 아티스트들이 모인다. 열흘 내내 업계 최강의 아티스트와 작품들을 만날 수 있는 기회. 3월 4-14일, www.dciff.org

워싱턴 메트로폴리탄(Washington Metropolitan) 지역은 자전거로가 잘 갖춰진 곳으로 유명하다. 대부분 경로가 단순하며 틀에 박힌 관광 코스와는 또 다른 경험을 줄 것이다.

CHESAPEAKE & OHIO CANAL

운하는 역사적인 랜드마크이면서 시내에서 산책, 조깅, 카약, 오프로드 자전거를 즐기기에 가장 좋은 장소이다. 한없이 뻗은 길은 조지타운(Georgetown)에서 시작해 매릴랜드(Maryland)의 컴버랜드 (Cumberland)에서 끝난다. 자연과 조우하고 운동을 하기에 참 좋다. http://bikewashington.org/canal

BIKE

DRUM CIRCLE 자발적인 이벤트 중 최고의 수준을 자랑하는 이 행사는 메리디안힐파크(Meridian Hill Park)의 유서 깊은 '드럼서클 (drum-dircle)'에서 열린다. 날이 따뜻해지면 일요일 저녁마다 현지 주민과 방문객들이 공원에 모여 춤을 추고, 노숙자에게 식사를 제공하고, 북을 친다! 1950년대부터 시작된 이 행사는 삶의 질을 진정 높여준다. Meridian Hill Park (별칭은 Malcolm X Park), Northwest, Washington, DC

CRITICAL MASS 자전거 타기를 좋아하는 사람이라면 이 이벤트를 꼭 알아두자. 첫째 주 금요일마다 열리는 행사로, 저녁 6시에 듀퐁 서클(Dupont Circle)에서 출발한다. 한마디로 표현해 한 무더기의 사이클리스트들이 나타나는 자리다. 이들 표현에 따르면, "석유 위기에 대응하여 깨끗한 공기를 마시기 위해 자전거를 탄다"고 한다. Dupont Circle, Washington, DC 20036

#1

RANKED FOR MOST
WALKABLE U.S. CITY

ANNUAL RAINFALL (INCHES)

39.1

COMMON PLUG OUTLET (VOLTS):
60 CYCLES

110-120

$
5.75
SALES TAX (%)

EASTERN
STANDARD
TIME
TIME ZONE

TELEPHONE AREA CODE

202
#

1 MILE
X
400 FEET
NATIONAL MALL DIMENSIONS

M
86
METRO RAIL STATIONS
(41 LOCATED WITHIN THE DISTRICT)

디자이너 소개

로라 페라코
앵커리지

나는 낮에는 그래픽 디자이너로 일하고 그 일이
끝나면 양각 인쇄 전문가, 포장 디자이너, 책 제작자,
지류 디자이너로서 밤을 지새운다. 가장 친한
친구이자 최고의 비평가인 스캇과 결혼했으며,
말썽꾸러기 고양이 두 마리와 함께 산다.
내 목표는 기능성 디자인을 추구하며, 사람들이
자신과 이웃, 지구에 미치는 영향에 대해 스스로
고민할 수 있도록 사고를 자극하는 작품을 만드는
것이다.

내 성격: (장단점) 친절함, 똑똑함, 침착함, 성급함,
냉소적임, 완벽주의자, 고집스러움.
남몰래 좋아하는 것: 영국 코미디.
모성애의 대상: 야생과 지구의 보호와 보존.
디자인 학생 시절 친구들의 놀림을 받은 이유: 내가
진심으로 미술사학을 좋아해서.
거주했던 도시의 수: 10.
정체성: 아웃사이더.
지금껏 최고의 식사: 상그리아, 만체고(manchego)
치즈, 바게트, 따뜻하게 데운 복숭아 - 스페인
네르하의 작은 해변에서 지중해의 햇살을 쬐며
즐겼던 식사.
살아오면서 얻은 별명의 수: 11.
디자인 모토: 여백의 미(항상 지키지는 못함).
디자인 관심 분야: 타이포그래피와 건축.
최악이라 생각하는 것: 미니 사이즈의 모든 것.
관심 끄는 것: 경솔한 사람들.
최근의 깨달음: 겨울에 대한 새삼스러운 사랑.

www.feracodesign.com
www.etsy.com/shop/sushibites

로리 포핸드
애틀랜타

자연의 색채, 형태와 질감에서 영향을 받는 디자이너
로리 포핸드의 구성 감각은 절충적이고 현대적이다.
그녀는 그래픽 라인아트, 아르데코 모티프, 수작업
스케치 등을 창의적으로 활용하여 그 어느
매체에서든 적절하게 자신만의 스타일을 구축해
나가고 있다.

스칸디나비아 혈통과 모던 그래픽 디자인 테크닉
에 대한 독특한 시각은 로리 자신이 디자인 브랜드
1201AM의 문구류를 개발하는 데 원동력으로
작용했다. 최근 로리의 브랜드는 인테리어 제품 및
직물 디자인 시장까지 진출했으며, 카페트 및 벽지
디자인 라이센스도 계약했다.

www.1201am.com

브라이언 케플레스키
오스틴

브라이언 케플레스키는 2002년부터 전문
디자이너로 활동했다. 버지니아 주 리치몬드에서
일을 시작한 그는 2004년 오스틴으로 이주했고,
이후 줄곧 이곳에서 지내며 브렉퍼스트 타코로
아침 식사를 한다. 독립 광고 에이전시인 Door
Number 3에서 아트디렉션, 디자인, 저작권 등의
업무를 하는 동시에 2005년도에는 오스틴 지역
잡지인 Misprint Magazine을 공동 창간했다.
이외에도 친구네 밴드, 바, 상점과 페스티벌 등을
도와 다양한 디자인 작업을 하고 있다.

그의 작업은 Communication Arts, Print, Step Inside
Design, Nylon Magazine, 시카고 국제 포스터
비엔날레, 지금 당신이 보고 있는
이 책, 그리고 가장 중요한 Side Bar에 소개됐다.

위에 언급된 일을 하지 않는 시간에 브라이언은
커트 러셀의 영화를 보거나, 싸구려 맥주와 고급
데킬라를 즐기며 거대 오징어에 대한 기사를 읽곤
한다.

www.roundobject.com
www.misprintmagazine.com
www.dn3austin.com

엘리자베스 그래이버
볼티모어

엘리자베스는 볼티모어 외곽에서 태어났고 2007년
매릴랜드 예술대학(Maryland InstituteCollege of
Art)을 졸업했다. 현재 그녀는 워싱턴 DC에 살면서
프리랜스 일러스트레이터로 활동하고 있다.

예술 작품을 우편으로 받을 수 있는 정기구독
서비스 Project Dispatch의 일원이기도 하다. 항상
스케치북을 가지고 다니면서 매일 그림을 그린다.
그녀가 제작한 문구류나 회화 작품, 드로잉, 직물
인쇄 제품 등은 Etsy에서 구매할 수 있다.

www.elizabethgraeber.com
www.projectdispatch.biz

에스더 울
보스턴

에스더는 독일 서남부에서 태어나 아우스부르크 응용과학대학에서 커뮤니케이션 디자인을 전공했다. 학창 시절에는 스페인 발렌시아에서 1년간 머물며 관심 분야였던 애니메이션, 영상, 사진에 대해 탐구하기도 했다. 대학 졸업 후 PUMA에 입사해 보스턴으로 오게 되었으며, 이 국제적 브랜드의 CI 및 마케팅을 위한 미술 작업을 했다. 이 기간 동안 제품 디자인과 일러스트에 대해 흥미를 느꼈다.

현재 에스더는 뮌헨에서 Saint Elmo's의 아트디렉터로 활약 중이다. 고객사로는 BMW, Lufthansa City Center, Credit Swiss, SportScheck 등이 있다. 그녀는 업무를 통해 혁신적인 디자인 콘셉트를 도출하고 사진 촬영을 감독한다. 개인 프로젝트를 진행할 때면 모든 창작 방식에 대해 개방적인 자세로 임한다. 그녀는 주 분야인 디자인과 일러스트 작업 외에도 패션 디자인, 에칭, 조소, 목공을 넘나들며 재능을 발휘하고 있다.

www.estheruhl.com

제이 플레처
찰스턴

나는 6학년이었을 때 물고기를 미라로 만든 적이 있다. 정확히 말하자면 송어였다. 당시 우리반은 6개월에 걸쳐 로마, 그리스, 이집트 등 고대 문명을 배우고 있었고, 마지막 단계에서 모든 학생은 몇 주간 개인 프로젝트를 해야 했다. 성적에 지대한 영향을 미치는 과제였다. 그래서 난 생선으로 미라를 만들기 위해 우선 내장을 제거하고 소금으로 채워 몇 주를 기다렸다. 그 후 가죽처럼 남은 그것을 거즈로 감싸 관에 안치했다. 관은 금색으로 칠한 종이에 검정색 사인펜으로 상형문자를 그려넣어 만들었다.

성적이 어떻게 나왔는지 공개할 순 없지만 프로젝트 자체는 제법 성공했다(타 학교 선생님과 학생 들이 오로지 내 작품을 보러 우리 학교에 올 정도였다). 이 이야기는 내가 창조 산업에 발을 들인 이유를 어느 정도 설명해준다. 독특한 아이디어가 떠올라 시간을 들여 만들어냈고, 그 결과물은 호응을 얻었다. 단순한 이야기지만, 당시 내 안의 무엇에 시동이 걸렸다. 어떻게 보면 그 후로 내가 만들어낸 모든 것은 그저 또 하나의 죽은 생선일지도 모른다.

www.jfletcherdesign.com

대니얼 블랙맨
시카고

대니얼 블랙맨은 펜실베니아 주 앨러게니국유림 (Allegheny National Forest)의 작은 마을인 워렌(Warren)에서 태어나고 자랐다. 그래서인지 야외 활동을 좋아하고 자연에서 영감을 얻는다. 대니얼은 워렌을 떠난 후 여러 곳을 거쳐 현재 시카고에 산다.

그는 플로리다 주 사라소타 소재의 링링미술디자인 대학(Ringling College of Art and Design)에서 그래픽·인터랙티브 커뮤니케이션을 전공했고, 졸업 후 프리랜스로서 Fwis, VSA Partners, Arlo, Tribal DDB, 160over90 등의 회사를 위한 프로젝트를 작업했다. 이외에 일러스트, 사진 촬영, 북아트, 수집 등을 즐긴다. 그는 한 가족의 종이 성냥 디자인과 타이포그래피 소장품을 소개하는 Match- book Registry라는 블로그를 작업하기도 했다.

대니얼은 작업에서 단순함과 참신함을 중시하며 항상 새로운 방식에 도전한다. 가까운 친구와 가족, 동료 들에게서 영감을 받곤 한다. 그에게 디자인이란 기술적이든, 미학적이든, 사업적이든 전부 평생 배워 가는 과정이다.

www.thematchbookregistry.com

그웬다 캑조어
덴버

그웬다 캑조어는 콜로라도 주 덴버에서 활동하는 프리랜스 일러스트레이터이자 디자이너다. 아트센터디자인대학(Art Center College of Design)을 졸업한 그녀는 일러스트레이터, 캐릭터 디자이너, 애니메이터로서 경력을 쌓아왔다. Mother Jones, The Wall Street Journal, The New York Times, Utne Reader, American Express, AT&T, NPR 등이 고객이다.

American Illustration, Communication Arts, 뉴욕 일러스트 작가 협회, HOW, Print 등에서 주는 상을 받았으며 Illustrationmundo.com에 소개되기도 했다.

www.gwenda.com

앤젤라 던컨
디트로이트

안녕하세요! 이 멋진 책을 제작하는 데 참여할 수 있다는 것만으로도 좋았는데, 당신이 지금 이 책을 읽고 있다니 더욱 기쁩니다. 우리가 만나서 함께 여행하는 듯한 기분이네요. 고맙습니다.

미시건 주는 손처럼 생겼으니 손으로 설명해 볼게요. 저는 새끼손가락 끝에서 태어나 손바닥 가운데에서 대학을 다녔고, 현재는 엄지손가락 옆인 디트로이트에서 이 글을 쓰고 있습니다.

저는 미시건주립대학(Michigan State University)에서 광고학을 전공했는데, 언젠가 복권에 당첨되면 명문 미대에 진학할 계획입니다. 뻔뻔스럽게 기부금을 바라는 것은 물론 아닙니다…만 그럴 가능성을 닫아두지는 않고 싶네요. 음… 저는 사진, 광고 카피라이팅 등의 분야에서도 일했지만 진정 열정을 쏟는 분야는 물리적인 형태를 갖춘 쪽입니다. 일러스트레이션과 수작업 서체 분야지요. 이렇게 열정을 직업으로 연결시키는 행운은 오로지 많은 시간을 투자하고 스스로의 한계에 도전하면서 얻은 결과입니다. 하지만 이것도 시작일 뿐이겠죠. 그리고 앞으로도 제 꿈을 이루기 위해 크고 작은 모든 기회를 이용할 겁니다.

램지 마스리 & 모간 애슐리 앨런
캔자스 시티

램지 마스리 (일러스트, 글)
제 소개를 할 기회가 올 때마다 이렇게 자문합니다. 눈먼 아이에게 내가 하는 일을 어떻게 설명할 수 있을까? 저는 이렇게 말하겠습니다. 나는 느낌을 다루는 일을 해. 나는 느낌을 받지. 그리고 그것을 한동안 느껴봐. 그러고 나서 주변을 둘러보며 느낌이 같은 것들을 모은단다. 모두 모은 다음엔 수없이 많은 방법으로 섞어보지. 그러면 결국엔 내가 받았던 느낌 그대로를 다른 사람들에게도 줄 수 있는 무엇인가가 나온단다.

www.ramzymasri.com

모건 애슐리 앨런 (글)
저는 효율성과 현명함을 추구합니다. 저는 임스, 아인슈타인, 그리고 책을 존경하지요. 3/4박자, 두운법, 일화 등을 좋아합니다. 제 우상은 케니 숍신(Kenny Shopsin, 요리사, 요리책 저자)이고, 항상 "당신이 믿는 가치에 대한 무관심은 죄악이다"라는 아인슈타인의 명언을 되새기며 이를 따르려 노력합니다. 당신이 잠수, 양조 맥주, 제빵이나 불리 품종('bully breeds')에 대한 주제를 던진다면, 우리는 당신 시간이 허락하는 한 얼마든지 대화를 나눌 수 있을 것입니다.

www.morganashleyallen.com

탈 로스너
로스앤젤레스

탈은 디지털 아티스트이자 영화감독이다.
예루살렘에서 태어나 이스라엘의 분주한 도시
레호보트(Rehovot)에서 자랐다. 이후 런던에서
거의 10년 간 지내며 일해왔다.

그의 작업은 주로 클래식 음악가나 연극 연출가,
안무가와의 컬래버레이션으로 진행되며 소리나
리듬을 개인적인(주로 추상적인) 시각 언어로
해석하는 일에 중점을 두고 있다. 이외에도 다수의
단편영화 제작에 참여했으며 최근에는 'Family Tree'
라는 갤러리 설치 작업도 진행했다. 탈의 작품은
LA의 Disney Hall, 파리의 Forum des Images,
런던의 Barbican, Royal Festival Hall, Tate Modern
등에서 전시됐다. 또한 그는 TV드라마 'Skins'의
타이틀 시퀀스로 영국 아카데미 영화제의 상을
받았으며 프랭크 게리가 설계한 마이애미의 New
World Symphony 새 음악당의 작업을 의뢰받아
열심히 일한 바 있다.

탈은 독일 표현주의, 요제프 알베르스(Josef Al-
bers), 산업 불모지, 드라마 Mad Men, 외젠
이오네스코(Eugene Ionesco), 바스키아
(Basquia), 땅콩, 체크무늬 셔츠, 테크놀로지,
빵을 좋아한다.

www.talrosner.com

알렉스 워블
멤피스

알렉스 해리슨(Alex Harrison, 알렉스 워블Alex
Warble라고도 불린다)은 멤피스에 사는 미술가이자
음악가이고 벽화 작가이자 몽상가이다. 미시시피주
풀튼(Fulton)의 미술가 & 음악가 집안 출신인 그는
멤피스예술대학(Memphis College of Arts)에서
공부하기 위해 멤피스로 왔다.

알렉스는 CD 커버와 광고지, 벽화 작업 등
여러 프로젝트를 진행했다. 꿈에서 아이디어를
얻곤 하는 그의 그림은 초현실적일 때가 많지만
무척 재미있기도 하다. 음악은 그의 인생을 차지하는
또 다른 주제이다. 그는 미술에 투자하는 것만큼
많은 시간을 그의 밴드 'the Wable'에 할애한다.
일러스트는 다양한 책과 잡지, 블로그에 소개되었고
밴드는 시내 곳곳에서 꾸준히 공연한다.

www.josephalexharrison.blogspot.com
www.myspace.com/thewarble

미셸 와인버그
마이애미

미술가이자 디자이너로서 내 목표는 사람이 사는 공간을 그리는 것이다. 그림, 러그, 타일, 공공 예술품의 색과 패턴 등은 인간 행위에 영향을 준다.

나는 인공적인 주변 환경에서 영감을 받는다. 그 환경에는 높은 층고, 개조된 정원, 파스텔색 창고 외벽, 변화무쌍한 관점, 벽이나 게시판에 적힌 메시지 등이 있다. 개별 작업에서 나는 독특한 공간을 만든 다음 관람객이 몸소 들어와 그 공간을 창의적으로 채울 수 있게 문을 열어둔다. 공연자가 무대에서 영감을 불어넣는 것과 같은 작업이다. 산업화된 마이애미의 무미건조한 건축이 내 작업의 출발점이다. 나는 도시 공간을 유쾌하고도 이상적인 내러티브로 표현하는 식으로 내 경험을 시적으로 기록하고 있다.

www.michelleweinberg.com

앤디 브로너 & 마이크 크롤
밀워키

앤디 브로너

1인칭이나 3인칭 시점보다 2인칭, 그러니까 '당신'이라는 표현이 들어가는 방식으로 나를 소개해보겠다. 앤디 브로너, 당신은 와이오밍주 매디슨(Madison) 소재의 Planet Propaganda라는 회사에서 카피라이터로 일하고, 밀워키에서는 10년 가까이 살았지. 당신은 Time Since Western 이라는 밴드에서 음악도 연주하지. 당신은 마이크 크롤(Mike Krol)과 함께 음악을 했는데 앞서 언급된 Planet에서도 그와 함께 일했지. 그런데 어느날, 마이크 크롤이 떠나버렸어.

마이크 크롤

마이크 크롤은 밀워키에서 나고 자랐다. 어렸을 적 그는 밀워키를 사랑했지만 고등학교 졸업 후 SVA(School of Visual Arts)에 진학하기 위해 뉴욕으로 떠났다. 그는 4년간 뉴욕에서 대학생으로 지낸 후 고향으로 돌아왔지만, 이번에는 매디슨에 자리잡고 Planet Propaganda에서 디자이너로 일하게 되었다. 3년간 운과 명예, 산전수전을 겪고 나니 독립적으로 일해 나갈 수 있다고 믿게 되었다. 마이크 크롤은 코네티컷 주의 뉴헤이븐(New Haven) 에서 자신의 이름을 내걸고 Nike, MTV 등의 고객에게서 작업을 의뢰받고 있다. 또한, 예일 대학 미술관에서도 파트타임 디자이너로 일하고 있다.

www.mikekrol.com

애덤 터만
미니애폴리스

나는 미니애폴리스에서 활동하는 일러스트레이터 겸 스크린프린터이다. 내 집에 마련한 나만의 스튜디오에서 세계 최고의 고객들을 위해 예술 작품을 제작한다. 고객의 대부분은 지역 기반의 단체들이며 내 작품의 주제도 대체로 이 지역에 관한 것이다. 나는 집에 있기를 좋아하지만 너무 오랜 기간이 아니라면 미니애폴리스를 떠나 휴가와 여행을 즐긴다.

나는 한평생 그림을 그려왔고, 학교를 졸업하자 마자 취업했지만, 곧 내 디자인에 수작업 일러스트를 활용하지 못하고 있다는 사실을 깨달았다. 2003년 DWITT를 만나면서 상황은 바뀌었다. 그가 나를 Squad 19의 스티브에게 소개한 후 나는 Squad 19를 통해 방대한 양의 일러스트 작업을 맡았다. 나의 작품은 곧 시내에서도 인지도를 높였다. 무료로 해준 일들이 유료 프로젝트가 되어 돌아왔다. 브랜드, 사업체, 각종 단체 및 개인이 작업을 의뢰해와 그들의 이벤트와 프로젝트를 위해 일러스트 및 인쇄물을 제작했다.

'미니애폴리스의 그 어느 거리를 지나더라도 애덤 터만의 작품이 보인다'는 말을 들은 적이 있다. 이 말이 사실이었으면 한다. 길거리에서 내 작업을 찾지 못했다면 내 웹사이트를 방문해 봐주길 바란다.

www.adamturman.com
www.dwitt.com
www.squad19.com

톰 바리스코
뉴올리언스

톰 바리스코는 뉴올리언스의 디자인/브랜딩 회사인 Tom Varisco Design의 대표이자 크리에이티브 디렉터이다. 그의 회사는 다양한 클라이언트와 작업하면서 많은 상을 받았다. 2007년에는 AIGA(미국그래픽아트협회) 뉴올리언스 지부에서 'Fellow Award'상을 받았다.

톰이 자비출판한 사진집 'Spoiled'는 허리케인 카트리나가 휩쓴 후 버려진 냉장고들을 찍은 사진들이 담긴 것으로, 출간 후 지역 베스트셀러가 되어 2006년 AIGA의 디자인 서적 톱 50에 선정되었다. 두 번째 자비출판 서적인 'Signs of New Orleans'는 도시 '간판의 언어'에 대해 간략히 기록한 디자인 사진집이다. 또 다른 수상작이자 뉴올리언스에 대한 관찰 및 견해를 담은 책인 'Desire'는 현지 작가들의 작품과 글을 실었으며 뉴올리언스 공공 도서관과 튤래인대학 (Tulane University) 도서관의 영구 소장서가 되었다.

톰 바리스코는 1985년부터 로욜라대학(Loyola University)의 비주얼아트 전공 4학년생들에게 그래픽 디자인을 가르치고 있다. 그는 AIGA 뉴올리언스 지부의 설립위원이다.

www.tomvariscodesigns.com

카밀리아 벤배셋
뉴욕

Avec은 카밀리아 벤배셋이 2006년에 설립한 디자인
스튜디오로, 브랜드 아이덴티티 시스템 디자인
및 어플리케이션, 인쇄물, 기업 홍보물, 웹사이트,
모바일 어플리케이션 등을 작업해왔다. 이 경험을
바탕으로 언제나 높은 수준의 디자인과 관리를 통해
혁신적이고 가치 있는 솔루션을 성공적으로
구현해낸다고 자부한다.

우리 작업은 1000 Fonts, The Freelance Design
Handbook, All Acces: The Making of Thirty Extraor-
dinary Graphic Designers 등에 소개되었다.
Avec은 Print지의 Regional Design Annual과 Step
Design 100의 상도 받았다. 2010년에는 greentech-
media.com과 함께 한 작업으로 Webby Award를
받았는데, '환경(green)' 부문이 신설된 후 첫
수상자였다.

2010년 Avec은 디자이너들이 자신의 아이디어를
구현할 수 있게 여러 자원과 연결해주는 온라인 포털
및 디렉토리인 DesignersAnd.com을 런칭했다.
우리의 목표는 이를 통해 디자인 산업의 전 분야를
지원할 수 있는 커뮤니티와 포럼을 형성하여
디자이너들이 경험을 공유하고 영감을 얻으며 서로
소통할 수 있는 허브를 만들어내는 것이다.

www.avec.us

케이티 해츠
필라델피아

그림 같은 전원 지역 펜실베니아 주의 랭캐스터
(Lancaster, 필라델피아에서 약 70마일 거리)에서
태어나고 자란 케이티 해츠는 2010년 타일러예술
대학(Tyler School of Art)에서 그래픽 디자인
석사학위를 취득했다. 그녀는 현재 필라델피아에서
고양이들(레이디, 인디애나존스), 그리고 의식하지
못할 테지만 생각보다 많은 벌레와 함께 살고 있다.
자전거 타기, 걷기, 앉기, 서 있기, 먹기, 그리고 길
잃기를 좋아하는데, 마지막 부분에 대해서는 '모험
떠나기'라고 주장한다.

회계사가 되는 것이 한때 꿈이었지만 케이티는
스스로 결정한 인생에 만족하고 있다. 그녀는
디자이너라는 직업을 사랑하며 이 일에 끝없이
수반되는 조사, 도서 구입, 잡동사니 수집,
끄적거리기, 단어 조합하기, 말도 안 되는 소리하기
등 모든 것을 사랑한다. 케이티의 작업은 AIGA 365,
American Illustration, Communication Arts,Creative
Quarterly, HOW International, The Big Book of
Green Design, Logo Lounge 등에 게재됐다.
글쓰기, 일러스트, 핸드레터링에 주력한다.

존 애쉬크로프트
피닉스

나는 애리조나 주 피닉스에서 활동하는 디자이너 겸
일러스트 작가이다. 헤어스타일리스트인 아내
페이지, 애완견 샘과 피닉스 중심의 오래된
주택가에 살고 있다. 페이지와 나는 둘 다 뉴멕시코
북부 출신으로, 우리의 가족과 친지 대부분은
여전히 그곳에 산다.

나는 뉴멕시코 주립대학(New Mexico State
University)에서 그래픽 디자인과 사진을 공부했다.
이 시기에 Fender Musical Instruments Corporation
에서 그래픽 디자이너로 일했는데, 작지만 멋진 팀에
소속되어 Fender, Gretsch, Jackson 등 유명 악기
제조사의 광고물과 각종 홍보물을 제작했다.
이 밖에도 Praxis Church 일에 관여해 크리에이티브
팀에서 작품이나 영상, 정보지 등을 제작하고 있다.

나는 피닉스의 디자인계에서도 활발히 활동하고
있다. 개인 일러스트 작품을 전시하고 동료
디자이너나 작가들과 함께 사회 봉사 프로젝트도
기획한다. 나는 열혈 음악팬이며 디자인 감정가이고,
소소한 즐거움을 사랑한다.

브라이어 레빗
포틀랜드

브라이어는 모든 면에서 서부 출신의 매력이 가득한
아가씨이다. 캘리포니아의 해변에서 자라난 그녀는
런던에서 그래픽 디자인을 전공했으나, 다시 미국의
'왼쪽 해안가(left coast)'로 돌아왔다. 얼마 전
그녀는 오레건 포틀랜드에 정착했다.

브라이어는 포틀랜드주립대학(Portland State
University)에서 디자인을 강의하며 프리랜스
디자이너로서도 활동하고 있다. 프리랜서로서
그녀는 'BriarMade'라는 이름을 쓰며 주로 비영리
기관이나 지속 가능한 경영을 추구하는 업체를
위해 작업한다.

www.briarmade.com

애덤 루카스
프로비던스

나는 오하이오 감비에(Gambier, 아쉽게도 이 책의 도시 목록에서는 빠진 대도시)에 있는 케니언 컬리지(Kenyon College)에서 영문학과 미술을 전공했으며, 라크로스를 쳤다.

RISD에서 그래픽 디자인 석사 과정을 마쳤다. 이 기회를 빌어 우리 가족이 키우는 개 툿시 베어(Tootsie Bear)에게 인사하고 싶다. 이제는 나이가 많이 들었지만 여전히 귀엽다.

캐머론 유잉
샌프란시스코

캐머론 유잉은 브랜드 및 혁신 디자이너이다. 그는 야심찬 클라이언트들과 함께 일하며 관습에 도전하고 상상력 넘치는 시각 커뮤니케이션을 창조해낸다. 그의 작업은 기존의 인쇄물, 브랜드와 아이덴티티 작업, 디지털 및 모션 그래픽 등 여러 매체를 아우르고 있다.

캐머론은 캘리포니아 예술대학(California Institute of the Arts)에서 그래픽 디자인 석사 학위를 취득했으며 미니애폴리스 미술 디자인 대학(Minneapolis College of Art & Design)에서 디자인 과정을 이수했다. 또 프린스턴 대학(Princeton University)에서 정치학을 전공하고 스페인 문학을 부전공했다. 캐머론은 타이포그래피, 브랜딩 및 기타 디자인 분야에서 워크숍을 진행하는 등 학계에서 활발히 활동하고 있다.

캐머론은 상도 많이 받았다. ID Magazine에서 주최하는 디자인리뷰어워드(Design Review Award)에서는 칼아츠 졸업 작품으로 전시 분야의 애디상(Addy Award)을 받았다. 또한 로스앤젤레스, 뉴욕, 런던 등 주요 도시의 일류 디자인 회사에서 일해왔다. 샌프란시스코에서 애플의 시니어 디자이너로서 경력을 이어가고 있으며, 개인 작품활동도 계속하고 있다.

www.cameronewing.com

비욘 소네슨
시애틀

동부에서 태어나 중서부 지방에서 자라난 비욘 소네슨은 다양한 분야를 넘나드는 디자이너로, 시애틀에서 멋진 여자친구 리아와 함께 일과 인생을 즐기고 있다. 디자인이 그의 열정의 일부라면, 나머지는 여행이 채운다. 비욘의 호기심은 스웨덴 방문하기부터 일본의 수산물 시장 관찰하기, 스위스의 고산 정복하기, 팜플로나의 물소와 달리기, 런던에서 일하기를 거쳐 시애틀의 집 근처 캐스케이드 산맥 탐험하기에 이르렀다.

비욘과 작업, 거주 지역에 대해 더 궁금한 점이 있거나 그의 종이 냅킨 컬렉션에 기부하고 싶다면 연락주기 바란다. 시애틀에 머무는 동안 비욘과 리아를 만나보고 싶다면 couchsurfing.com에 접속해보자.

www.bjornsoneson.com

레이첼 뉴본
세인트루이스

레이첼 뉴본은 북부 보스턴에서 자랐고 세인트 루이스의 워싱턴대학(Washington University)에서 학부 과정을 마쳤다. 이후 출판 업계에서 그래픽 디자이너로 커리어를 쌓기 위해 보스턴으로 돌아왔다.

레이첼은 음악, 사진, 팝 문화, 공예를 좋아한다. 한편, 여가 시간에는 미국 각지를 여행하며 탐험한다. 그녀는 이 책을 통해 앞으로 더욱 알차게 여행할 수 있기를 고대한다.

http://newbornrachel.blogspot.com

조슈아 겐터
워싱턴 DC

조슈아 그레이엄 겐터는 워싱턴 DC에서 포스터,
도서, 잡지, 신문, 의류, 사진 및 일러스트 작업을
하고 있다. 밤낮을 가리지 않고 작업한 새 서체와
다양한 그래픽은 어느새 작품으로 진화한다. 그는
끊임없이 누적된 작품들이야말로 창조 과정의
진정한 형태라는 신념을 실천해내고 있다.

문의 사항이 있거나 디자인, 서체, 아트 디렉션
및 기타 예술적인 도움이 필요하다면 그에게
연락주기 바란다.

www.cargocollective.com/guenther

감사의 글

우선 시간과 정성을 쏟아 이토록 근사한 결과물을
안겨준 기고가 모두에게 감사드립니다.

Studio-April의 조안나 니마이어가 '그래픽 가이드'라
는 콘셉트를 고안했고, 리사 슈쿠르와 함께
전체적인 레이아웃을 담당했습니다. 늘 창의적이고
전문적인 자세로 애써준 두 분에게도 감사의
인사를 전합니다.

Thames and Hudson의
안드리우스 주크니스와 마크 갈랜드,
D.A.P.의 토드 브래드웨이,
SNP-Toppan의 캐서린 호킨스와 매기 청,
디자인을 도운 톰 너스와 교정을 맡아 준 다이애나
해너오어에게도 고마움을 전합니다.

인내를 갖고 기다려준 노미 엘슬리와 에디에게도
감사를 표합니다.

그래픽 USA | **1판 1쇄 발행일** 2016년 12월 10일 | **지은이** 지기 해너오어 외 | **옮긴이** 권호정 | **펴낸이** 김문영 | **펴낸곳** 이숲 **등록** 2008년 3월
28일 제301-2008-086호 | **주소** 서울시 중구 장충단로 8가길 2-1 | **전화** 2235-5580 | **팩스** 6442-5581 | **Email** esoopepub@naver.com
Homepage www.esoope.com | **facebook page** EsoopPublishing | **ISBN** 979-11-86921-27-2 03980 ⓒ 이숲, 2016, printed in Korea.
▶ 이 도서의 국립중앙도서관 출판예정도서목록(CIP)은 서지정보유통지원시스템 홈페이지(http://seoji.nl.go.kr)와 국가자료공동목록시스템
(http://www.nl.go.kr/kolisnet)에서 이용하실 수 있습니다. (CIP제어번호 : CIP2016026497)